普通高等教育“十三五”规划教材

安全学原理

（第2版）

金龙哲　汪澍　主编

北京
冶金工业出版社
2020

内 容 提 要

本书总结回顾了安全科学的发展历程，分析了安全和安全科学的概念、属性特征，理清了安全科学的研究范畴和学科体系，介绍了安全科学基础知识，并系统地阐述了安全流变—突变理论、事故致因理论与模型和事故预测预防理论等安全科学基本原理，以及安全生产事故的统计分析与调查处理、重大危险源辨识与监控等安全应用方法。全书内容丰富、结构完整、重点突出。

本书适用于高等院校安全专业本科生教学，也可供相关专业的研究生和工程技术人员参考。

图书在版编目(CIP)数据

安全学原理/金龙哲，汪澍主编．—2版．—北京：冶金工业出版社，2018.5（2020.11重印）
普通高等教育“十三五”规划教材
ISBN 978-7-5024-7416-4

Ⅰ.①安…　Ⅱ.①金…　②汪…　Ⅲ.①安全科学—高等学校—教材　Ⅳ.①X9

中国版本图书馆CIP数据核字(2018)第096225号

出 版 人　苏长永
地　　址　北京市东城区嵩祝院北巷39号　邮编　100009　电话　(010)64027926
网　　址　www.cnmip.com.cn　电子信箱　yjcbs@cnmip.com.cn
责任编辑　宋　良　郭冬艳　美术编辑　吕欣童　版式设计　彭子赫
责任校对　王永欣　责任印制　禹　蕊
ISBN 978-7-5024-7416-4
冶金工业出版社出版发行；各地新华书店经销；三河市双峰印刷装订有限公司印刷
2010年10月第1版，2018年5月第2版，2020年11月第3次印刷
787mm×1092mm　1/16；16印张；385千字；242页
39.00元

冶金工业出版社　投稿电话　(010)64027932　投稿信箱　tougao@cnmip.com.cn
冶金工业出版社营销中心　电话　(010)64044283　传真　(010)64027893
冶金工业出版社天猫旗舰店　yjgycbs.tmall.com
（本书如有印装质量问题，本社营销中心负责退换）

第2版前言

安全是人类文明和进步的重要标志之一。安全科学是认识和揭示人的身心免受外界（不利）因素影响的安全状态及保障条件与其转化规律的学问，它是专门研究安全的本质及其转化规律和保障条件的科学。

安全学原理是安全科学的基础性理论课程，其内容涵盖安全管理、安全认识论、安全方法论、安全社会原理、安全经济原理、安全预测与预防等。本书在系统梳理和借鉴现有文献、国内外相应领域研究和实践成果的基础上，结合本科教学的需求和特点，从现有体系框架中提取实际应用较多的安全科学基础知识、理论、模型及各类预测、评价和预防方法，重点讲述了事故致因、事故预测预防、重大危险源辨识与监控、安全流变－突变规律等内容，结合各行业实际案例，力求让学生在符合专业特色的基础理论体系的基础上，建立系统、客观的安全学认知，培养学生自主分析和解决问题的能力，为形成正确的安全认识论、方法论等打下坚实的基础。

本书第1版自2010年10月出版发行以来，被北京科技大学、华北科技学院、西安建筑科技大学、中国劳动关系学院等十余所高等院校采用，作为安全科学及安全工程类本科教学专业的教材。近几年，安全科学发展迅速，为适应行业发展需要和新的教学改革要求，编者对一版内容进行了修订。本书共分7章，第1章安全科学总论，介绍了安全的概念和特征、安全科学的产生与发展现状、安全科学的定义与学科体系、安全科学的基本术语和学习方法；第2章安全科学基础知识，介绍了安全科学的哲学基础、方法论、基本原理和数理基础；第3章事故概述，介绍了事故的定义与特征、分类、统计分析及调查处理等内容；第4章事故致因理论及模型，介绍了事故致因理论的产生与发展历程，并重点介绍了几种常用的事故致因理论，如事故因果连锁理论、能量意外释放理论、系统观点的人失误主因论、动态变化理论、轨迹交叉论等；第5章事故的预测与预防理论，介绍了事故的几种常用预测方法，如德尔菲法、时间序列法、回归分析法、马尔科夫链法、灰色预测法、贝叶斯网络预测法、BP神经网络预测法，以及事故的预防原理、原则与安全对策理论；第6章重大危险源的辨识与控制，介绍了重大危险源的相关基础知识、我国的重大危险源辨识标准、重大危险源的评价与监控；第7章安全流变—突变理论，介绍了安全流变—突变理论的基本特征、基本理论与应用研究。为了加强读者对概念的理解，结合每章所述内容，每章末尾都附有习题与思考题。本书兼顾实用性、基础性和系统性，可作为安全科学和安全工程类本科教学专业教材，也可作为不同行业安全技术和安全管理从业人员学习和参考用书。

本书由北京科技大学金龙哲、汪澍主编，国家安全生产专家何学秋教授主审。参加编写工作的人员有：金龙哲、杨继星（第1章），汪澍（第2章），欧盛南、汪澍（第3章），金龙哲、汪澍（第4章），汪澍（第5章），刘建、卢尧（第6章），汪澍、何生全（第7章）。另外，孙振超、申义德、李玉丹、宋重阳、王可伟、马韵彤、朱洪民、王洋等人参与了本书的编校工作。在编写和修订过程中，参阅了大量的文献，在此对所引用参考文献的原作者一并表示感谢。

由于作者学术水平和经验等方面的局限，书中不足之处，恳请广大读者批评指正！

作　者

2017年12月

第1版前言

安全是人类得以生存、生活、生产的必要前提，是促进社会和经济持续健康发展的基本条件，也是人类文明和进步的重要标志之一。近年来，在党和国家的高度重视与领导下，社会各界对安全的重视程度也达到了前所未有的高度，使得我国的安全生产水平得到了较大幅度的提高，安全事业也得到了快速发展。在社会对安全专业人才有大量需求的同时，也对安全科技工作者和安全教育工作者提出了更高的要求。

安全科学是一门综合性科学，与自然科学、社会科学、系统科学等科学交叉融合，其内容广泛而且复杂。作为安全科学的基础性理论课程，安全原理这门课程主要讲述安全科学的一些基本原理与方法。希望通过这门课程，能够使广大学子了解安全科学的来龙去脉，理清安全科学的研究范畴和学科体系，掌握安全科学的基本原理与方法，为以后学习安全科学的其他专业课程打下良好的基础。

本书是在参考同类教材的基础上，为适应新的教学改革需要而编写的高校安全工程专业的基础课教材。本书共分7章，第1章安全科学总论，介绍了安全的概念和特征、安全科学的产生与发展现状、安全科学的定义与学科体系、安全科学的基本术语和学习方法；第2章安全科学基础知识，介绍了安全科学的哲学基础、理论基础和数理基础；第3章安全流变—突变理论，介绍了安全流变—突变理论的基本特征、基本理论与应用研究；第4章事故概述，介绍了事故的定义与特征、事故的分类、统计分析及调查处理等内容；第5章事故致因理论，介绍了事故致因理论的产生与发展历程，并重点介绍了几种常用的事故致因理论及模型，如事故因果连锁理论、能量意外释放理论、系统观点的人为失误主因论、动态变化理论、轨迹交叉论等；第6章事故的预测与预防理论，介绍了事故的几种常用预测方法，如德尔菲法、时间序列法、回归分析法、马尔科夫链法、灰色预测法，以及事故的预防原理、原则与预防措施；第7章重大危险源的辨识与控制，介绍了重大危险源的相关基础知识、我国的重大危险源辨识标准、重大危险源的评价与监控。为加强读者对概念的理解，结合每章所述内容，每章末尾都附有习题与思考题。

本书结构合理，内容精炼，以介绍安全科学基础知识和基本原理为重点，并充分吸纳安全科学最新研究成果，紧密结合安全生产，适合于不同行业安全工程的教学，也可供从事安全生产的技术人员和管理人员参考。

本书由北京科技大学金龙哲、杨继星主编，国家安全生产专家杨鹏教授主审。参加编写工作的人员有：金龙哲（第1章、第5章）、杨继星（第2章、第6章）、欧盛南（第3章）、杨馥合（第4章）、汪澍（第7章）。本书在编写过程中参阅了大量的文献，在此，对所引用的参考资料的原作者一并表示感谢。

由于作者学术水平和经验等方面的局限，书中不足之处在所难免，恳请读者批评指正！

编　者
2010年8月

目　　录

1 安全科学总论

1.1 安全的概念与特征

1.1.1 安全问题的产生及其认识过程

1.1.1.1 安全问题的产生

任何事物的发展，都有两个流向：一个是自然流向；另一个是人为流向。按事物本身的动力作用来说，它总要按自然状态发展，但也受随机因素的控制与调节。这种自然发展不会完全符合人们的需要，在生产力水平较低时，人们只能适应自然。随着科学技术和生产力水平的发展，人类开始不满于现状，要设法遏制事物的自然流向，改变事物的发展过程，使其向有利于人类的方向流动，这就构成了事物发展的人为流向。但是，人类往往不能完全扭转事物发展的自然流向，就出现了保持协调、相互适应的问题。人类处于不同的社会发展阶段，对自然界或生产、生活系统的改变是不同的，也就出现了不同的安全问题。

（1）在远古的石器时代，生产力极为低下，人类祖先挖穴而居，栖树而息，完全是大自然的一部分，是一种纯粹的“自然存在物”，完全依附于自然。当时的人类，在自然界面前是软弱被动的，不仅受到雷电、风暴、地震和火灾等自然灾害的困扰，甚至野兽的侵袭也可以造成局部氏族的消亡。这一时期的安全问题主要来自于自然，比如水灾、野兽侵袭等。

（2）在农业经济时代，人类开始逐渐摆脱大自然的桎梏，但在人类改造自然，创造人类文明的过程中，人为灾害也越来越多了起来。在这一时期，由于人类对客观世界的认识还十分肤浅，与大自然抗争的手段也十分简单、有限，同时，利用的自然资源也极为有限，因此产生的安全问题大多数仍来自于自然，只有少数的人为灾害，如人为引起的火灾、耕作中受到的伤害等。

（3）到了工业时代，人类的科技水平和生产力水平飞速发展，人类利用技术开发资源，制造机器，生产物质财富，可以说技术无处不在。然而技术给人类带来了文明和财富的同时，也随之带来了新的灾难。现代高科技的发展更是功过参半：人类在20世纪所创造的成就多于此前人类所创造的全部成就，但是20世纪人类所经受的灾害事故也比历史上任何一个时期都更惨重，从根本上更加危及人类的生存。

科学技术的进步在很大程度上改变了灾害的原有属性，使得许多自然灾害成为人为灾害，使许多原本危害程度轻的灾害上升为人类无法控制、造成巨大损失的灾难。

1.1.1.2 人类对安全的认识过程

安全是人类生存和发展的基本要求，是生命与健康的基本保障。自从人类诞生以来，就离不开安全这个基本要求。安全与人类所从事的各种活动是密不可分的，纵观人类社会的进步与发展，安全思想贯穿始终。人类对安全认识的历程大致可以分为以下5个阶段：

（1）无知安全认识阶段。在远古人类时代，人类完全依附于自然，生产力极为低下，人类几乎没有任何主动的安全意识，对自然灾害毫无反抗与预防能力，只有动物性的躲避灾害行为。

（2）初级安全认识阶段。进入农业社会后，人类的生产力和科技水平有了较大的提高，对灾害有了防御的意识，但是由于生产力和仅有的自然科学都处于自然和分散发展的状态，人类对安全的认识停留在表面，是自发的、模糊的，从未探究过安全的内在规律，而采取的安全技术措施也是简单的、被动的。

（3）局部安全认识阶段。大型动力机械和能源在生产中的使用，导致生产力和危害因素的同步增长，迫使人们对这些局部人为危害问题不得不进行深入认识并采取专门的安全技术措施。在这一时期，各个行业经过无数次血的教训，逐渐形成了各自较为深入的安全理论与技术。但是这些安全理论与技术都是局部的、分散的，以至于人们对安全规律的认识停留在相互隔离、重复、分散和彼此缺乏内在联系的状态。

（4）系统安全认识阶段。由于军事工业、航空工业，特别是原子能和航空技术等复杂的大型生产系统和机器系统的形成，局部的安全认识和单一的安全技术措施已经无法解决这类生产制造和设备运行系统的安全问题，因此必须通过深入揭示安全的本质规律并将其系统化、理论化，变成指导解决各种具体安全问题的科学依据，并发展与生产力相适应的生产系统和制定相应的安全技术措施。人们对安全的认识进入了系统的安全认识阶段。

（5）动态的安全认识阶段。当今的生产和科学技术发展，特别是高科技的发展，虽然极大地促进了生产力的发展，但由于系统的高度集成，一旦发生事故，带给人类的灾害也是相当严重的，加之系统是不断发展和变化的，静态的系统安全技术措施已不能满足人们对安全的需求。因此，人们要求对系统的运行进行动态的掌握，以达到安全生产的目的，随之带动人们对安全的认识进入一个新阶段。

1.1.1.3 现代社会的安全问题

现代社会高科技的发展，改变了人类生存的环境，在给人们带来更多便利的同时，也带来了巨大的灾难。

A 化工安全问题

化工生产过程涉及多种易燃、易爆、有毒、强腐蚀性危险化学品，以及高温、高压等生产条件，具有巨大的潜在危险性。随着科学技术的不断发展，大型化、高度自动化和连续化的化工生产装置在各领域广泛使用，化工园区也进入了高速建设和发展阶段，大型化工装置的分布日益密集，重大危险源高度集中，在促进经济发展的同时也带来了严峻的安全问题。

1984年，墨西哥首都墨西哥城国家石油公司液化气管道泄漏，LPG持续泄漏5~10min，形成了巨大的蒸气云，遇到明火后，LPG蒸气云被点燃，发生蒸气云爆炸，导致储罐发生BLEVE事故，储罐爆炸产生的碎片撞击邻近储罐，使周边储罐接连发生爆炸，事故死亡人数达到650人，周边设施也损毁殆尽。

1997年，印度HPCL炼油厂的一个球罐发生爆炸，引发其他25个储罐相继爆炸。事故造成60多人死亡，19座建筑物损毁，经济损失达1.5亿美元。

2005年11月13日，中国石油天然气集团公司下属子公司吉林石化双苯厂苯胺装置硝化单元发生连续爆炸事故，泄漏的苯类污染物造成了重大的水污染事件。

2013 年 11 月 22 日，山东省青岛市发生中石化输油储运公司输油管道泄漏爆炸事故，共造成 63 人遇难，156 人受伤，直接经济损失 7.5 亿元。

2015 年 8 月 12 日，天津港“8 · 12”瑞海公司危险品仓库发生特大火灾爆炸事故，造成 165 人遇难、8 人失踪、798 人受伤，直接经济损失 68.66 亿元。

B 核安全问题

核能的开发和利用给能源危机带来新的希望，核反应堆在世界各国陆续建成。但是核能的开发和利用在缓解能源危机的同时，也会由于其失控而造成人员伤亡和环境灾害等危害。核反应堆的放射性物质可以杀伤动植物的细胞分子，破坏人的 DNA 分子，并诱发癌症。

1979 年 3 月，美国三里岛核电站发生了大量的放射性气体和气溶胶外泄事件。

1986 年 4 月 26 日凌晨，苏联切尔诺贝利核电站发生了严重的堆芯爆炸事故，周围居民不同程度地受到辐射，其中受到严重辐射的有 237 人，共有 28 人死亡，24 人致残。另据专家估计，在一段时间内，苏联有 45000 人因此次事件的核污染死于癌症。这次事件的直接损失为 80 多亿卢布，使普里皮亚特这座城市成为空城。

2011 年 3 月 11 日，日本福岛第一核电站 1 号反应堆所在建筑物爆炸，2 号机组高温核燃料发生“泄漏事故”，3 号机组反应堆面临遭遇外部氢气爆炸风险。此次事故中共有 21 万人紧急疏散，长远影响和损失不可估量。

C 航空、航天事故

1977 年 3 月，泛美航空公司和荷世航空公司两架波音 747 飞机在西班牙机场相撞，机上 582 名乘客全部遇难。

1980 年 8 月 19 日，沙特阿拉伯一架飞机在首都机场紧急着陆时失事，死亡 265 人。

1982 年 4 月 26 日，从广州飞往桂林的 266 号飞机在桂林上空失事，112 人全部死亡。

1986 年 1 月 28 日，美国“挑战者”号航天飞机在升空 73s 后起火爆炸，机组人员全部丧生。

2000 年 6 月 22 日，某航空公司 Y7 – 100/B3479 号飞机，在武汉市汉阳区水丰乡四台村汉江南岸坠毁，飞机解体，造成 49 人死亡。

2003 年 2 月 1 日，美国“哥伦比亚”号航天飞机在高空分裂解体，7 名宇航员全部遇难。

2004 年 11 月 21 日，由内蒙古包头飞往上海的 MU5210 航班，在起飞后不久坠入机场附近南海公园的湖中，机上 53 人全部罹难。

2006 年 8 月 27 日，美国一架载有 50 人的客机在肯塔基州列克星敦的布卢格拉斯机场附近坠毁，除在坠机现场发现的一名幸存者外，其他人全部罹难。

2009 年 5 月 31 日，法航 AF447 航班空客 A330 型客机起飞几小时后，失控坠入大西洋，机上 228 人全部遇难。

2010 年 8 月 24 日，河南航空有限公司 B3130 号 ERJ – 190 支线客机在距伊春林都机场跑道 690m 处场外提前接地坠毁，造成 42 人遇难。

2014 年 7 月 17 日，马来西亚航空公司 MH17 航班在乌克兰上空失联，机上 283 名乘客和 15 名机组成员悉数罹难。

D 交通运输事故

自1886年世界上第一辆内燃机汽车问世以来，全世界已经有3350多万人死于交通事故。全世界每年死于交通事故的人数约为120万人，这相当于每年有一个大城市被摧毁。因车祸受伤的人就更多，每年平均约有5000万人。

近年来我国的道路运输业发展迅速，道路运输服务能力大幅提高，国家投入大量资金用于改善道路交通安全状况，使得我国交通安全状况逐渐好转，但是群死群伤的重特大道路交通事故仍时有发生，给经济社会和人民生活带来了灾害性的负面影响。1993～2012年，我国共发生925起一次死亡10人以上的重特大道路交通事故，共造成14702人死亡。

E 矿山、工业灾害

2004年10月20日，河南大平矿难死亡148人；2004年11月28日，陕西铜川矿难死亡166人；2005年2月14日，辽宁孙家湾矿难死亡214人；2005年8月7日，广东兴宁市大兴煤矿发生透水事故，123人遇难。不到一年时间，接连发生4起百人以上死亡矿难，在新中国历史上罕见。

2007年4月18日，辽宁铁岭市清河特殊钢有限公司发生钢水包整体脱落事故，共造成32人死亡，6人重伤。

2007年8月13日，湖南省凤凰县正在建设的堤溪沱江大桥发生特别重大坍塌事故，造成64人死亡，4人重伤，18人轻伤，直接经济损失3974.7万元。

2008年9月8日，山西省襄汾县新塔矿业有限公司新塔矿区980平硐尾矿库发生特别重大溃坝事故，事故造成277人死亡、4人失踪、33人受伤，直接经济损失达9619.2万元。

2009年11月21日，黑龙江省龙煤矿业集团股份有限公司鹤岗分公司新兴煤矿三水平南二石门15号煤层探煤巷发生煤（岩）与瓦斯突出，引发严重瓦斯爆炸事故，造成108人死亡、133人受伤（其中重伤6人），直接经济损失5614.65万元。

2010年6月21日，河南省平顶山市卫东区兴东二矿发生炸药爆炸事故，造成49名矿工死亡、24名矿工受伤，直接经济损失1803万元。

2014年4月7日，云南省曲靖市麒麟区黎明实业有限公司下海子煤矿重大透水事故，造成21人死亡、1人下落不明。

2016年9月27日，宁夏回族自治区石嘴山市林利煤炭有限公司三号矿井采煤工作面发生瓦斯爆炸事故，造成18人遇难。

1.1.2 安全的概念与属性

1.1.2.1 安全的定义

安全，泛指没有危险、不出事故的状态。“安”字是指不受威胁、没有危险，即所谓无危则安；“全”字是指完满、完整、齐备或指没有伤害、无残缺、无损坏、无损失等，可谓无损则全。因此，安全通常是指免受人员伤害、疾病或死亡，或设备、财产破坏或损失的状态。安全的英文为Safety，指健康与平安之意；梵文为Sarva，意为无伤害或完整无损；韦氏大词典对安全的定义为“没有伤害、损伤或危险，不遭受危害或损害的威胁，或免除了危害、伤害或损失的威胁”。

从以上的安全定义中可以看出，安全表述的是一个复杂物质系统的动态过程或状态，过程或状态的目标是使人和物将不会受到伤害或损失。安全还可表述的是人们的一种理念，即人和物将不会受到伤害和损失的理想状态。安全也可表述的是一种特定的技术状态，即满足一定安全技术指标要求的物态。

但更重要的是，安全与否是从人的身心需求的角度或着眼点提出来的，是针对与人的身心存在状态直接或间接相关的事或者物而言，因此，对于与人的身心存在状态无关的事物来说，根本不存在安全与否的问题。这里“直接或间接相关的事或者物”包括人的躯体和身心存在状态，也包括造成这种存在状态的各种外界客观事物的保障条件。因此，我们对安全的定义是人的身心免受外界（不利）因素影响的存在状态（包括健康状况）及其保障条件。这一定义包括两个方面的内容：一个方面是人的身心存在的安全状态，另一个方面是物的客观保障条件，且这一保障条件并不仅仅限于生产过程之中。

1.1.2.2 安全的属性

从人的生存和生活方式来看，人的本性表现为自然属性和社会属性，而作为人的最基本的需要——安全，也就相应地具有自然属性和社会属性。因此，安全一词所涉及的纷繁复杂的因素与它的自然属性和社会属性有着密切的关系。

安全的自然属性可以从两个方面来讨论：

（1）安全是人的生理与心理需要，或者说由生命及生的欲望决定了自我保护意识，这是天生的，是安全存在的主动因素。

（2）人类对天灾的无奈以及新陈代谢、生老病死等规律的不可抗拒，使人们不得不把生命安全经常提到议事日程，这虽然是被动因素，但它与前一个主动因素相结合，就决定了安全是自古以来人类生活、生存、进步的永恒主题。

安全的社会属性也可以从两方面来阐述，自从人类有组织活动以来，社会安定、有序、进步始终是各社会阶段追求的目标，而这一目标实现的重要标志之一就是安全，这是社会促进安全的主动因素。但是人类的社会活动如政治、军事、文化、社交等，有的对安全直接起破坏作用，有的间接影响着安全；人类的经济活动导致的安全问题如生产事故（职业病）、高技术灾害（化学品致灾、核事故隐患、电磁环境公害、航天事故、航空事故）、交通灾害等则是自人类开展经济活动以来就存在的突出的安全问题。如今更加突出的一个安全问题是环境问题，环境恶化（包括自然环境和人为环境）是人类生活、生存安全的重要威胁。总之，人类的社会活动、经济活动一方面本身在不断制造事故，另一方面也通过技术和管理措施不断消除隐患，减少事故。但由于受政治利益和经济利益的驱使，安全技术管理措施多数是被动的。严格来讲，安全的社会属性是指安全要素中那些同人与人的社会结合关系及其运动规律相联系的演化规律和过程。

实际上，安全的自然属性与社会属性是不可分割的。因为在安全要素中，不可能单独来研究某个要素，或者是它们之间的隔离的、静态的关系，只能用系统的观点来研究安全要素之间的动态的、有机的联系，正确地把握安全的发展动态及其规律。因此，从这个意义上来说，安全的系统属性正是安全的自然属性和社会属性的耦合点。随着生产力水平的不断提高和科学技术的不断进步，人们解决安全的能力也在不断提高，安全的自然属性和社会属性在耦合的过程中，同安全系统的特点一样，也是在追求其在一定时期、一定条件下的可为人们所接受的耦合条件。

1.1.3 安全的基本特征

1.1.3.1 安全的必要性和普遍性

安全是人类生存的必要前提，安全作为人的身心状态及其保障条件是绝对必要的。而人和物遭遇到人为的或天然的危害或损坏极为常见，因此，不安全因素是客观存在的。人类生存的必要条件首先是安全，如果生命安全都不能保障，生存就不能维持，繁衍也无法延续。实现人的安全又是普遍需要的。在人类活动的一切领域，人们必须尽力减少失误、降低风险，尽量使物趋向本质安全化，使人能控制和减少灾害，维护人与物、人与人、物与物相互间的协调运转，为生产活动提供必要的基础条件，发挥人和物的生产力作用。

1.1.3.2 安全的随机性

“安全”一词描述的是种状态，但这种状态也决非是一种确定的、静止不变的状态。平安也好，安全也好，其本身就带有很大的模糊性、不确定性，所以“安全状态”具有动态特征，就是说安全所描述的状态具有动态特征，它是随时间而变化的。安全取决于人、机、环境的关系协调，如果失调就会出现危害或损坏。安全状态的存在和维持时间、地点及其动态平衡的方式都带有随机性。如果安全条件变化，人、机、环境之间的关系失调，事故会随时发生。

1.1.3.3 安全的相对性

长期以来，人们一直把安全和危险看作截然不同的、相互对立的概念，这是绝对的安全观。从科学的角度讲，“绝对安全”的状态在客观上是不存在的，世界上没有绝对安全的事物，任何事物中都包含有不安全的因素，具有一定的危险性。安全只是一个相对的概念，它是一种模糊数学的概念：危险性是对安全性的隶属度；当危险性低于某种程度时，人们就认为是安全的。安全性（S）与危险性（D）互为补数，即 $S=1-D$。

从安全技术的角度讲，绝对的安全，即100%的安全性是安全性的最大值（理想值），这很难，甚至不可能达到，但却是社会和人们努力追求的目标。在实践中，人们或社会客观上自觉或不自觉地认可或接受某一安全性（水平），当实际状况达到这一水平，人们就认为是安全的，低于这一水平，则认为是危险的。安全的程度和标准取决于人们的生理和心理承受的程度、科技发展的水平和政治经济状况、社会的伦理道德和安全法学观念、人民的物质和精神文明程度等现实条件。产品的安全性能及其安全技术标准要求是随着社会的物质文明和精神文明程度的提高而不断发展完善和提高的。

1.1.3.4 安全的局部稳定性

无条件地追求系统的绝对安全是不可能的，但有条件地实现局部安全，是可以达到的。只要利用系统工程原理调节和控制安全的三个要素，就能实现局部稳定的安全。安全协调运转正如可靠性及工作寿命一样，有一个可度量的范围，其范围由安全的局部稳定性所决定。

1.1.3.5 安全的经济性

安全是可以产生效益的。从安全的功能看，可以直接减轻或免除事故或危害事件给人、社会和自然造成的损伤，实现保护人类财富、减少无益损耗和损失的功能；同时还可以保障劳动条件和维护经济增值过程，实现其间接为社会增值的功能。

1.1.3.6 安全的复杂性

安全与否取决于人、机、环境及其相互关系的协调，实际上形成了人－机－环境系统。这是一个自然与社会结合的开放性系统。在安全系统中，人是安全的主体，由于人的主导作用和本质属性——生物性和社会性，包括人的思维、行为、心理和生理等因素以及人与社会的关系，使得安全问题具有极大的复杂性。

1.1.3.7 安全的社会性

安全与社会的稳定直接相关，无论是人为的灾害还是自然的灾害，如生产中出现的伤亡事故，交通运输中的车祸、空难，家庭中的伤害及火灾，产品对消费者的危害，药物与化学产品对人健康的影响，甚至旅行娱乐中的意外伤害等，都将给个人、家庭、企事业单位或社会群体带来心灵和物质上的危害，成为影响社会安定的重要因素。安全的社会性的一个重要方面还体现在对各级行政部门以及对国家领导人或政府高层决策者的影响，如“安全第一，预防为主”的基本国策，反映在国家的法令、各部门的法规及职业安全与卫生的规范标准中，从而使社会和公众在安全方面受益。

1.2 安全科学的产生和发展

1.2.1 安全科学的产生

科学是人类认识事物本质和规律的知识体系。由于人类在不同历史时期对事物认识的局限性以及所处时代背景不同，需要解决的矛盾各异，历史上形成了自然科学和社会科学两大科学体系。随着科技进步和社会发展，各门类科学在纵向高度分化的同时，又形成了横向高度综合的趋势，导致自然科学和社会科学日趋交叉和融合。当代社会的纵横发展，拓展了人类对客观事物从宏观到微观的认识领域，提高了对事物本质的洞察力。与此同时，出现了学科间相互交叉、综合、渗透、重构的趋势，在各学科间的交叉地带孕育着新兴学科群。交叉科学的出现是历史的必然，这为安全科学的诞生创造了良好的条件。

随着科技进步和社会的飞速发展，要减少意外事故，保障安全、健康的生产条件和作业环境，急需把有关安全的科学技术从众多学科中分化出来，形成与各工程学科不同的独立分支，如通风安全、电气安全、机械安全、防火防爆、锅炉与压力容器安全、工业防尘、工业防毒、噪声与振动控制以及矿业、交通、建筑、化工、航空、航天、农业、林业、能源、纺织、食品等产业安全技术。半个多世纪以来，各国为尽可能减少或消除事故和灾害对生产和人身安全的危害，科学地估量风险与评价灾害，进行了大量的防灾减灾、风险控制以及安全设计、施工、验收等工作。历史的教训和成功经验表明，要处理好生产和生活领域的重大安全问题，绝非某单一学科的理论或技术所能解决的。

为了适应现代工业发展的进程和国民经济发展的需要，减少灾害给人类带来的伤害和风险，世界各国均对原有学科体系进行调整，促使原来分散并寓于各学科的安全科学技术，在分化、独立的基础上，以人的安全为出发点，或者说以人的身心安全与健康为研究对象，重新进行高度综合与系统化，尤其是在联合国提出将20世纪90年代确定为“国际减灾十年”，并提出总体规划要求后，世界各国加快了大安全学科的建设，力图以大安全观为主旨，反映安全的本质和运动规律，运用减灾的一切手段和方法，融合、协同构建综合的安全减灾交叉科学，这就是安全科学技术这一新兴学科产生的时代背景。

1.2.2 国外安全科学的发展与现状

1.2.2.1 国外安全科学的形成与初步发展

16 世纪，西方开始进入资本主义社会。到了 18 世纪中叶，蒸汽机的发明给人类发展提供了新的动力，使人类从繁重的手工劳动中解脱出来，劳动生产率空前提高。但是，劳动者在自己创造的机器面前致死、致伤、致残的事故与手工业时期相比也显著增多。起初，资本所有者为了获得最高利润率，把保障工人安全、舒适和健康的一切措施视为不必要的浪费，甚至还把损害工人的生命和健康以及压低工人的生存条件本身看做不变资本使用上的节约，以此作为提高利润的手段。后来由于工伤事故的频繁发生以及劳动者的斗争和大生产的实际需要，促使人们不得不重视安全工作。这也迫使西方各国先后颁布劳动安全方面的法律和改善劳动条件的有关规定，工业革命导致安全事故的快速增长，使得资本所有者不得不拿出一定资金改善工人的劳动条件。与此同时，一些工程技术人员、专家和学者开始研究生产过程中出现的不安全和不卫生的问题。许多国家先后出现了防止生产事故和职业病的保险基金会等组织，并赞助建立了一部分无利润的科研机构，如德国于 1863 年建立了威斯特伐利亚采矿联合保险基金会；1887 年建立了公用工程事故共同保险基金会和事故共同保险基金会等；1871 年，建立了研究噪声与振动、防火与防爆、职业危害防护理论与组织等内容的科研机构；1890 年荷兰国防部支持建立了研究爆炸预防技术与测量仪器，以及进行爆炸性鉴定的实验室等。到 20 世纪初，许多西方同家建立了与安全科学有关的组织和科研机构。

1.2.2.2 20 世纪国外安全科学的发展历程

20 世纪是国外安全科学的迅猛发展时期，大致可分为三个阶段。

A 第一阶段：世纪初至 50 年代

在这一阶段，英国、美国、日本等工业发达国家成立了安全专业机构，形成了安全科学研究群体，研究工业生产中的事故预防技术和方法。海因利希 · 格林伍德等学者研究了事故致因理论。

1906 年，美国联合钢铁公司提出了“安全第一”的口号，首次指出了安全与生产的关系，通过开展群众性的安全活动，该公司 1912 年伤亡事故率下降了 43.1%。

1911 年，美国成立了安全工程师学会；1913 年，美国成立了国家安全委员会（National Safety Council)；1916 年，英国成立了伦敦安全第一协会；1917 年，加拿大成立了工业事故预防协会；同年，日本成立了安全第一协会并发行了《安全第一》杂志。

1919 年，格林伍德（Greenwood）和伍兹（Woods）研究了“事故倾向”问题，1926 年贝德（Beid)、1939 年法默（Farmer）等人提出了事故倾向性（Aceident Proneness）理论。

1931 年，海因利希（W. H. Heinrich）在纽约出版了《工业事故预防》，海因利希根据大量的工业事故统计资料，提出用概率来表述事故造成的人身伤害程度，并提出事故原因学说，认为事故是由于人的不安全行为和物的不安全状态造成的。海因利希根据统计提出的比率是，当发生总计为 330 次树桩引起的跌倒事故时，其中 300 次为无伤，29 次为轻伤，1 次为骨折性重伤，这就是著名的海因利希法则，又称 1:29:300 法则。法则数字表明：事故伤害大小为偶然性支配，且具有一定的概率（若把跌倒事故换成触电或坠落，发生重伤或死亡的比率则应更高）。

海因利希还阐明了：对于企业而言，职业伤害的费用远远高于保险机构提供的赔偿部分。职业事故经济损失的间接费用与直接费用的关系为4∶1。

海因利希法则和事故原因学说，确定了伤害的概率和事故规律的概念，认为事故的发生是可以预测和预防的。首次用科学方法从事故统计中揭示了事故规律，被认为是20世纪安全科学研究的先驱。

1938年，纽约大学成立了安全教育中心，率先开创了大学的安全教育培训工作。

1943年，美国的布莱克和罗兰德（Blake，Roland）出版了《工业安全》专著。1949年葛登（Gorden）提出了事故的流行病学理论，认为工伤事故和流行病一样，与人员、设施和环境条件相关，有一定的规律，往往集中在一定时间和地点发生。

B 第二阶段：50年代至70年代中期

二次世界大战后，随着新型武器装备、航空航天技术和核能技术的发展，工业生产的大型化和现代化，以及重工业事故的不断发生，各领域中的安全技术受到广泛重视，同时，系统论、控制论、信息论的发展和应用促进了安全系统分析和安全技术的发展。这一时期发展了系统安全分析方法和安全评价方法，如事故树分析（FTA）、事件树分析（ETA）、故障模式及影响分析（FMEA）、危险可操作性研究（Hazard Operability Study，HOS）、火灾爆炸指数评价方法、概率风险评价方法（PRA）等，提出了事故的心理动力理论，社会－环境模型、多米诺骨牌模型、人－机系统模型等事故致因理论。安全工程学受到广泛重视，在各生产领域中逐渐得到应用和发展。

1961年，美国贝尔电话公司试验室承担了美国空军的研究任务，确定民兵式导弹（minutemen missile）未经批准即发射后可能引起的各种事故及其后果。贝尔电话公司在长期使用布尔逻辑方法的基础上，创建了事故树分析方法。事故树分析方法采用由原因到结果的逆过程进行分析，即先确定事故的后果（称为顶上事件或目标事件），然后依次找出它的下一层原因，一层一层地分析下去，直到找出最基本的原因为止。每层之间用逻辑符号连接以说明它们之间的关系。使用该方法可以预测系统事故发生概率，鉴别出最重要的影响因素。在进行工程或设备的设计、事故调查以及编制新的操作方法时都可以使用。事故树分析是安全科学研究的重要分析方法之一，它体现了用系统思想研究安全问题的特点，即能做到系统性、准确性和预测性。

1962年，美国成立了系统安全学会。

1964年，美国道化学公司提出了火灾、爆炸指数法第一版。火灾、爆炸指数评价方法最初的目的是作为选择火灾预防方法的指南，该方法能够真实地量化潜在火灾、爆炸和反应性事故预期损失，确定可能引起事故发生或使事故扩大的装置。分析中定量的依据是以往的事故统计资料、物质的潜在能量和现行安全措施的状况，火灾、爆炸指数方法被公认为重要的危险指数，得到了广泛应用。

1967年，日本国立横滨大学设立了安全工程系并开设了反应安全工程学、燃烧安全工程学、材料安全工程学及环境安全工程学讲座。

1969年，美国国防部正式颁布了《系统、相关子系统和设备的系统安全程序要求》标准（Mil－STD－882），1977年修改后又颁布《系统安全程序要求》（Mil－STD－

882A)，该标准第一次提出了系统安全的概念和系统安全工程有关名词的定义，规定了编制、实施系统安全分析的步骤和内容，提出了安全定性、定量分析的方法。《系统安全程序要求》标准最先用于导弹和飞机的安全设计与分析，取得了良好的效果，随后，日本、欧洲等纷纷引进，在化工、石化、电子、冶金、核能等领域得到广泛应用。

随着计算机的发展和在各领域的应用，1970 年波皮（Pope）发表了“计算机在安全管理中的应用”。

1974 年，美国原子能委员会发表了关于核电站的危险性评价报告书（Reactor Safety Study，RSS，WASH－1400）。在这项研究中，对核电站反应堆事故发生的概率和严重程度进行了评价。该报告采用事故树和事件树分析方法，把各种事故率数据作为输入，定量评价危险性。该报告发表之后，引起了世界各国的关注，推动了概率风险评价方法的研究和应用。

C 第三阶段：70 年代中期以后

随着系统安全分析方法和安全工程学的广泛应用和发展，人们逐渐认识到局部安全缺陷，从多学科分散研究各领域的安全技术问题发展到系统地综合研究安全基本原理和方法，从一般安全工程技术应用研究提高到安全科学理论研究，逐步建立了安全科学的学科体系，发展了本质安全、过程控制、人的行为控制等事故控制理论和方法。

1975 年，美国出版了《安全科学文摘》，是安全科学发展过程中第一次以独立学科形式问世的刊物。同年，日本欧姆出版社出版了青岛贤司的《安全工程学》、《安全教育学》和《安全管理学》。

1981 年，德国库尔曼教授发表了《安全科学导论》。在这本著作中，作者运用系统论、控制论和信息论的理论和方法，论述了安全科学的定义、研究对象、任务和方法。1982 年，日本出版了桥本邦卫教授的《安全人机工程学》；1983 年，日本井上威恭教授发表了《新的安全科学》，福山郁生教授等出版了《安全工程学实验方法》。1986 年，意大利安德列奥尼出版了《职业事故与疾病的经济损失》。

1990 年，在德国科隆召开了第一次世界安全科学大会，来自 40 多个国家的 1400 多名代表参加了此次学术研讨会，标志着安全科学的诞生。此次会议讨论了安全科学的定义、结构、目标和方法，安全科学在生产、交通运输、能源等领域的任务和作用，安全科学与自然科学和技术、人文科学、医学、经济学、法学等学科的交叉关系。

1991 年 5 月，由 11 个国家 17 名编委共同编辑、并已出版了 14 年之久的国际性刊物《职业事故》期刊，在荷兰宣布更名为《安全科学》。

1.2.3 国内安全科学的发展与现状

1.2.3.1 我国安全科学的发展历程

我国的安全科学技术，主要是在新中国成立以后逐步发展起来的，大致可以划分为以下 3 个阶段。

A 初步建立阶段

20 世纪 50 年代初期至 70 年代末期，国家把劳动保护作为一项基本政策实施，安全技术作为劳动保护的一部分而得到发展。在这一时期，为满足我国工业生产发展的需要，国家成立了劳动部劳动保护研究所（后改为北京市劳动保护科学研究所）、卫生部劳动卫生研究所、冶金部安全技术研究所、煤炭部抚顺煤炭科学研究所、煤炭部重庆煤炭科学研究所等安全技术专业研究机构。发展了防暑降温、工业防尘技术、毒物危害控制技术、噪声控制技术、矿山安全技术、机电安全技术、个体防护用品及安全检测技术等。

B　迅猛发展阶段

随着改革开放和现代化建设的需要，我国安全技术相继得到了快速发展，主要体现在以下几个方面：

（1）建立了从事安全科学技术研究的科研院所、中心等研究机构。建成了安全科学技术研究院、所、中心50余个，拥有专业科技人员6000余名。尤其是1983年9月，中国劳动保护科学技术学会正式成立后，加强了安全科学技术学科体系和专业教育体系的建设工作。

（2）设立了安全科学技术及工程多层次专业教育体系。1984年，教育部将安全工程专业列入《高等学校工科专业目录》。我国学者刘潜等提出了建立安全科学学科体系和安全科学技术体系结构的设想。1986年，在部分高校设置了安全技术及工程专业学科硕士、博士学位，使得我国在安全学科领域形成了完整的学位教育体系。据不完全统计，到20世纪80年代末期，全国已有42所大专院校设置了安全工程、卫生工程专业本科或专科，经国务院学位委员会批准的安全技术及工程学科（专业）硕士学位授予单位有5个，博士学位授予单位有2个，我国安全科学技术教育体系初步形成。全国各地大型劳动保护教育中心有70多个，企业劳动保护宣传教育室2000多个。在企业，数以万计的科技人员活跃在安全生产第一线，从事安全科技与管理工作。中国科学技术大学、北京理工大学相继建立了火灾科学国家重点实验室、爆炸灾害预防和控制国家重点实验室。可以说，已初步形成了具有一定规模和水平的安全科技队伍和科研体系。

（3）国家对劳动保护、安全生产的宏观管理开始走上科学化的轨道。1988年，劳动部组织全国10多个研究所和大专院校的近200名专家、学者完成了“中国2000年劳动保护科技发展预测和对策”的研究。这项工作使人们对当时我国安全科技的状况有了比较清晰的认识，看到了我国安全科技水平与先进国家的差距，为进一步制定安全科学技术发展规划提供了依据。1989年，国家中长期科技发展纲要中列入了“安全生产”专题。国家把安全科学技术发展的重点放在产业安全上。核安全、矿山安全、航空航天安全、冶金安全等产业安全的重点科技攻关项目列入了国家计划。特别是我国实行对外开放政策以来，随着成套设备和技术的引进，同时引进了国外先进的安全技术并加以消化。如冶金行业对宝钢安全技术的消化，核能行业对大亚湾核电站安全技术的引进与消化等取得了显著成绩。

（4）综合性的安全科学技术研究形成了初步基础。一方面为劳动保护服务的职业安全健康工程技术继续发展；另一方面开展了安全科学技术理论研究。在系统安全工程、安全人机工程、安全软科学研究方面进行了开拓性的研究工作。20世纪80年代初期，安全系统工程引入我国，受到有关研究机构以及许多大中型企业和行业管理部门的高度重视。通过消化、吸收国外安全分析方法，我国的机械、化工、航空、航天等部门研究开发了适合本行业特点的安全评价方法或标准。现代管理科学的预测、决策科学和行为科学以及系统原理、人本原理、动力原理等理论逐步应用于企业安全管理实践中。在人机环境系统工程思想指导下，开展了安全人机工程学研究。在研究提高设备、设施“本质化”安全性能，改善作业条件的同时，研究预防事故的工程技术措施和防止人为失误的管理和教育措施。

C 新的发展阶段

20 世纪 90 年代以来，我国安全科学技术进入了新的发展时期，主要表现在以下几个方面：

(1) 国家标准《学科分类与代码》(GB/T 13747—92) 中将安全科学技术列入一级学科。

(2) 国家“八五”、“九五”科技攻关计划中列入了安全科学技术攻关项目；国家基础性研究重大项目（攀登计划）中列入了“重大土木与水利工程安全性与耐久性的基础研究”项目。

(3) 安全工程系列专业技术人员职称评审单列。1997 年，人事部、劳动部发布了《安全工程专业中、高级技术资格评审条件（试行)》。

(4) 劳动部颁布了《安全科学技术发展“九五”计划和 2010 年远景目标纲要》。

(5) 职业健康安全管理体系（OHSMS）等国际先进的现代安全管理方法展开研究和应用。

(6) 至 21 世纪初，安全科学技术研究和专业教育的发展更趋迅猛。中国安全生产科学研究院的挂牌是其重要标志，各个行业、各个领域及各地方都相应成立了安全科学研究院所（技术中心)。中国矿业大学和西安科技大学的安全技术及工程学科于 2002 年初被批准为国家重点学科。2007 年，国务院学术委员会对国家重点学科进行了考核评估和申报，又新增北京科技大学和中南大学的安全技术及工程学科为国家重点学科。截至目前，全国高等院校、大型科研机构设立安全技术及工程学科（专业）硕士点 60 个，博士点 17 个，高校设立安全工程本科专业已达 109 个。这些充分表明我国的安全科技队伍和科研教育体系趋于完善。

(7) 安全科学技术国际交流合作更为广泛。

1.2.3.2 我国安全科学取得的主要成果和发展展望

A 研究成果

到 21 世纪初，我国安全科学研究取得的成果主要表现在以下几个方面：

(1) 建立了安全科学技术研究机构和安全工程专业教育体系，形成了安全科学技术研究群体；提出了安全科学学科体系，形成了安全管理学、安全人机工程学、安全经济学等应用基础学科；发展了安全工程学并在各个领域得到广泛应用；发展了安全科学技术的研究和分析方法。

(2) 开展了人的工作能力与机器（设备）和环境之间的关系、人的可靠性、人体疲劳和人为失误等方面的基础研究，提出了多种人的数学模型和人为失误评价与测试方法。

(3) 开展了火灾、爆炸、毒物泄漏等事故机理研究，建立了矿井火灾、建筑火灾、森林火灾、煤矿瓦斯爆炸、炸药爆炸、可燃气体和粉尘爆炸、重要毒物泄漏扩散事故过程的理论模型和实验方法。

(4) 开展了机械装备及重大土木工程与水利工程安全性研究，发展了压力容器、压力管道安全评估与寿命预测技术，提出了建（构）筑物破坏模型、钢筋混凝土高层建筑在施工过程中的安全性分析及控制措施等。

(5) 开展了安全管理和安全评价理论和方法研究，提出了多种企业安全管理模式和安全评价方法，如“0123”安全管理模式，重大危险源辨识评价方法、机械工厂安全评价方法、固体废弃物风险评价方法、职业安全健康管理体系试行标准等。

(6) 研究开发了一系列工业粉尘危害、毒物危害、辐射危害、噪声危害预防控制技术和装备，研究开发了一系列机械安全装置和电气安全防护技术与装备，研究开发了一系列品种齐全的个体防护用品与装备。

(7) 研究开发了尘、毒以及易燃、易爆气体检测仪器和自动监测系统，研究开发了特种设备、建（构）筑物安全检测和监测系统。

(8) 研究开发了矿井瓦斯爆炸、矿井火灾、顶板事故、矿井透水、矿井防尘、冲击地压、边坡滑移、提升运输事故、矿山救护等矿山安全技术和装备。

(9) 研究开发了一系列消防产品和消防应用技术，如灭火药剂、灭火装备、阻燃材料、快速响应喷水灭火系统、智能化火灾探测报警系统等。

(10) 研究开发了道路交通监控系统、列车运行安全监控系统、近海及内河水面船舶溢油事故应急救援系统、驾驶适应性检测系统等交通安全应用技术和装备。

我国已初步形成了安全技术法规、标准体系。国家颁布职业健康安全技术标准已达800余项。

为了促进我国企业建立现代企业制度，与国外职业健康安全管理标准接轨，1999年10月，国家经贸委发布了《职业安全健康管理体系试行标准》，2001年11月12日，经国家标准化委员会批准发布国家标准《职业健康安全管理体系规范》（GB/T 28001—2001）。

近20年来，我国共有1000余项安全科学技术研究成果获得省、部、市级科技进步奖。“矿井瓦斯突出预测预报”、“矿井开采深部瓦斯涌出预测方法及区域治理”、“防静电危害技术研究”、“高效旋风除尘器”等多个项目获得了国家科学技术进步奖，并产生了巨大的经济和社会效益。

B 发展展望

21世纪我国安全科学技术将在以下几个方面继续得到发展：

(1) 形成完整的安全科学理论体系和方法论。几十年来，我国安全科学的基础理论研究表现为分散状态。安全科学技术专家、医学家、心理学家、管理学家、行为学家、社会学家和工程技术专业人员等从各自的研究立场出发，以各自的分析方法进行研究，在安全科学的研究对象、研究起点、研究前提、基本概念等方面缺乏一致性。安全科学没有形成一个演绎的体系，没有公理。21世纪安全科学应重整自己的理论体系，夯实理论基础，使其科学性得到不断的升华。任何一个学科都有自己独特的分析方法，在发展过程中还会不断地创新分析方法。安全科学作为一门新兴的交叉学科，将在吸纳其他学科分析方法的同时，不断形成自己的方法体系，使之逐渐成熟。

(2) 安全科学技术研究内容继续深化和扩展。21世纪的安全科学技术，一方面将继续发展和完善事故致因理论、事故控制理论和安全工程技术方法，在更大程度上吸收其他学科的最新研究成果和方法；另一方面，随着生产和社会发展的需要，将会深入研究信息安全、生态安全、老龄化社会中的人的安全等问题。

(3) 安全管理基础理论与应用技术研究将以建立和完善市场经济条件下的我国安全生产监察和管理体系为中心，形成完整的安全管理学、安全法学、安全经济学、安全人机工程学理论和方法。

（4）安全工程技术研究将以预防和控制工伤事故与职业病为中心，一方面产业安全工程技术继续得到发展，另一方面将会大力发展安全技术产业，以满足我国经济发展和人民生活水平大幅度提高的需要。

1.3 安全科学的定义与学科体系

1.3.1 安全科学的定义

安全科学本身是一个动态的、发展变化的科学体系。因此，发展中的各个阶段对安全科学的定义也不尽相同。

（1）德国学者库尔曼对安全科学作了这样的阐述：安全科学的主要目的是保持所使用的技术危害作用绝对地最小化，或至少使这种危害作用限制在允许的范围内。为实现这个目标，安全科学的特定功能是获取及总结有关知识，并将有关发现和获取的知识引入到安全工程中来。这些知识包括应用技术系统的安全状况和安全设计，以及预防技术系统内固有危险的各种可能性。简言之，安全科学是研究安全问题的，是关于安全的学说。

（2）比利时学者 J. 格森对安全科学的定义是：安全科学研究人、机和环境之间的关系，以建立这三者的平衡共生态（equilibrated symbiosis）为目标。

（3）1985 年，中国学者刘潜在《中国安全科学学报》中将安全科学定义为：安全科学是一门专门研究人们在生产及其他活动中的身心安全（包括安全、健康、舒适、愉快乃至享受），以达到保护活动者及其活动能力，保障其活动效率的跨门类、综合性的横断科学。

综合以上几种论述，我们定义安全科学为：认识和揭示人的身心免受外界（不利）因素影响的安全状态及保障条件的本质与其变化规律的学问。即安全科学是研究人的身心存在状态的运动及变化规律，找出与其相对应的客观因素及其转化条件，研究消除或控制危害因素和转化条件的理论与技术，研究安全的本质及运动规律，建立起安全、高效的人机规范和形成人们保障自身安全的思想方法和知识体系的一门学科。简而言之，安全科学是专门研究安全的本质及其变化规律和保障条件的科学。

1.3.2 安全科学的研究内容与对象

1.3.2.1 安全科学的研究内容

安全科学主要是研究安全与运动规律的科学，是以研究安全与危险的发生发展过程，揭示其原因及其防治技术为目标的。具体地说，安全科学研究的内容主要有以下几个方面：

（1）安全科学的哲学基础。马克思主义哲学是人类认识和解决问题的世界观和方法论，确立安全科学的哲学观是研究安全的基础，只有确立了正确的安全观和方法论，才能正确地分析安全问题、解决安全问题，建立起安全科学的本质规律，为人类社会所面临的安全问题提供科学的指导方法。

（2）安全科学的基础理论。人类面临的安全问题是各种各样的，各自都有自己的特殊规律，但在安全的本质问题上有其共性的规律。安全科学的基本理论就是在马克思主义哲学的指导下，应用现阶段各基础学科的成就，建立事物共有的安全本质规律。

(3) 安全科学的应用理论与技术。研究安全科学的应用理论与技术问题，包括研究安全系统工程、安全控制工程、安全管理工程、安全信息工程、安全人机工程和各专业领域的安全理论与技术问题。

(4) 安全科学的经济规律。研究安全经济的基本理论、职业伤害事故经济损失规律、安全效益评价理论、安全技术经济管理与决策理论等。

1.3.2.2 安全科学的研究对象

从根源上看，事故灾害是人、技术、环境综合或部分欠缺的产物。从另一角度来看，人类安全活动所追求的是保护系统中的人、技术、设备及环境。从实现安全的手段上看，除了技术措施，还需要人的合作、环境的协同，因此，安全科学研究的安全系统是由人(Men)、技术（Technology）、环境（Environment）构成的复合系统。按照系统论的思想，可以把安全系统看做一复杂系统，即 MET 系统。MET 系统概括出了安全科学的研究对象，如图 1－1 所示。

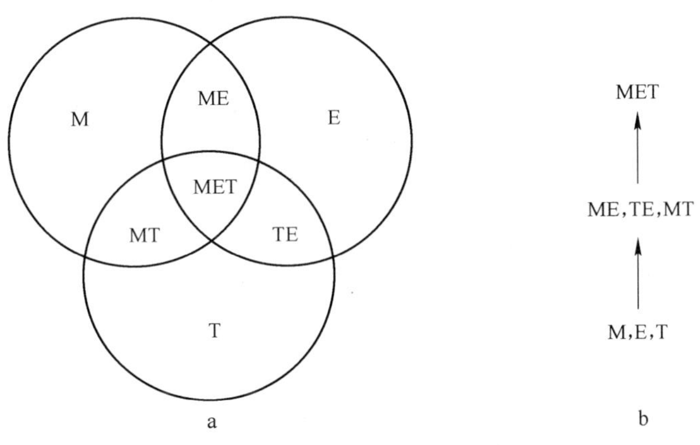

图 1－1 安全科学的研究对象

MET 系统概括出了安全科学的研究对象，即安全系统包括 7 个基本子系统，每一基本子系统提出的安全命题如下：

(1) M：安全心理、安全生理、安全教育、安全行为；

(2) E：物化环境（劳动卫生环境、防尘、防毒、噪声与震动防治、辐射防护、三废治理)、理化环境（社会环境、社会伦理、社会经济、体制与管理)；

(3) T：可靠性理论（本质安全化)、安全技术（防火、防爆、机电安全、运输安全等)；

(4) MT：人－机关系、人－机设计；

(5) ME：人与环境的关系、职业病理、环境标准（作业环境标准)；

(6) TE：环境检测、自动报警与监控、技术风险；

(7) MET：安全系统工程、安全管理工程、安全法学、安全经济学。

1.3.3 安全科学的学科体系及与其他学科的关系

1.3.3.1 构成安全整体的组成部分

(1) 人，安全人体，是安全的主题和核心，是研究一切安全问题的出发点和归宿。人既是保护对象，又可能是保障条件或者危害因素，没有人的存在就不存在安全问题。

（2）物，安全物质，可能是安全的保障条件，也可能是危害的根源。能够保障或危害人的物质存在的领域很广泛，形式也很复杂。

（3）人与物的关系，包括人与人以及人与物，安全人与物的关系。广义上讲是人安全与否的纽带，既包括人与物的存在空间和时间，又包括能量与信息的相互联系。因此，把“安全人与物”的时间、空间与能量的联系称为“安全社会”；“安全人与物”的信息与能量的联系称为“安全系统”。

“安全三要素”即是指安全人体、安全物质、安全人与物，将安全人与物分为安全社会和安全系统（后称“四因素”）。

1.3.3.2 安全科学学科体系的层次

根据“安全四因素”的不同属性、作用机制（即理论实践的认知关系）可进行纵横向分类。安全科学学科体系模型，见表1－1。

表1－1 安全科学学科体系模型

<table>
<tr><th colspan="2">哲学</th><th colspan="2">基础科学</th><th colspan="3">工程理论</th><th colspan="3">工程技术</th></tr>
<tr><td rowspan="13">哲学</td><td rowspan="13">安全观</td><td rowspan="13">安全学</td><td rowspan="2">安全物质学（物质科学类）</td><td rowspan="13">安全工程学</td><td rowspan="2">安全设备工程学</td><td>安全设备机械工程学</td><td rowspan="13">安全工程</td><td rowspan="2">安全设备工程</td><td>安全设备机械工程</td></tr>
<tr><td>安全设备卫生工程学</td><td>安全设备卫生工程</td></tr>
<tr><td rowspan="5">安全社会学（社会科学类）</td><td rowspan="5">安全社会工程学</td><td>安全管理工程学</td><td rowspan="5">安全社会工程</td><td>安全管理工程</td></tr>
<tr><td>安全经济工程学</td><td>安全经济工程</td></tr>
<tr><td>安全教育工程学</td><td>安全教育工程</td></tr>
<tr><td>安全法学</td><td>安全法规</td></tr>
<tr><td>⋮</td><td>⋮</td></tr>
<tr><td rowspan="3">安全系统学（系统科学类）</td><td rowspan="3">安全系统工程学</td><td>安全运筹技术学</td><td rowspan="3">安全系统工程</td><td>安全运筹技术</td></tr>
<tr><td>安全信息技术论</td><td>安全信息技术</td></tr>
<tr><td>安全控制技术论</td><td>安全控制技术</td></tr>
<tr><td rowspan="3">安全人体学（人体科学类）</td><td rowspan="3">安全人体工程学</td><td>安全生理学</td><td rowspan="3">安全人体工程</td><td>安全生理工程</td></tr>
<tr><td>安全心理学</td><td>安全心理工程</td></tr>
<tr><td>安全人－机工程学</td><td>安全人－机工程</td></tr>
</table>

A 按纵向学科分类

安全科学学科体系的纵向分类是以安全工作的专业技术类别为依据进行划分，分为安全物质学、安全社会学、安全系统学、安全人体学四个学科、专业分支方向。

（1）安全物质学：自然科学性的安全物质因素。

（2）安全社会学：社会科学性的安全因素。

（3）安全系统学：系统科学性的安全信息与能量的整体联系因素。

（4）安全人体学：人体科学性的安全生理及心理等因素。

B 按横向学科分类

这是另一种分类方法，根据理论与实践的双向作用原理，完成从工程技术→工程理论→基础科学→哲学的理论升华，可分为4个层次。

a　工程技术层次——安全工程

安全工程技术是解决安全保障条件，把握人的安全状态，直接为实现安全服务。按服务对象不同，又可分为：

（1）安全设备机械工程和安全设备卫生工程；

（2）专业安全工程技术；

（3）行业综合应用安全工程技术。

b　工程理论层次——安全工程学

安全工程学作为获取和掌握安全工程技术的理论依据，由安全设备工程学、安全社会工程学、安全系统工程学、安全人体工程学4类分支学科构成。

根据组成安全因素的不同属性和作用机制，又分为4组：

（1）按照设备因素对人的身心危害作用的方式不同，可分为安全设备工程学组（安全设备机械工程学、安全设备卫生工程学）；

（2）按照调节安全人与人、人与物及物与物联系的不同原理，可分为安全社会工程学组（安全管理工程学、安全教育学、安全法学、安全经济学等）；

（3）按照安全系统内各因素作用或功能的不同，可分为安全系统工程学组（安全信息技术论、安全运筹技术学、安全控制技术论）；

（4）按照外界危害因素对人的身心内在作用机制影响的不同，人机联系方式不同，可分为安全人体工程学组（安全生理学、安全心理学、安全人机工程学）。

c　基础科学层次——安全学

安全学作为获取和掌握安全工程学的基础理论，根据四因素可构成4个理论层次：

（1）安全物质学（安全灾变物理和灾变化学）；

（2）安全社会学；

（3）安全系统学（安全灾变理论和连接作用学）；

（4）安全人体学（安全毒理学）。

d　哲学层次——安全观

安全观是把握安全的本质及其科学的思想方法，是安全的最高理论概括，也是安全思想的方法论和认识论。

1.3.3.3　安全科学的学科分类

由中华人民共和国国家质量监督检验检疫总局和中国国家标准化管理委员会联合发布的《学科分类与代码》（GB/T 13745—2009），将“安全科学与技术”（620）列为一级学科，由10个二级学科和43个三级学科组成，如图1-2所示。其中安全法学（8203080）、通风与空调工程（5605520）、辐射防护技术（49075）所属的一级学科分别为法学、土木建筑工程、核科学技术。

1.3.3.4　安全学科的综合特性

在安全学科研究中，首先要认识安全学科的属性。安全学科是新兴的综合科学学科，它在国家标准《学科分类与代码》中的一级学科名称是“安全科学与技术”（代码620），其应用涉及社会文化、公共管理、行政管理、建筑、土木、矿业、交通、运输、机电、林

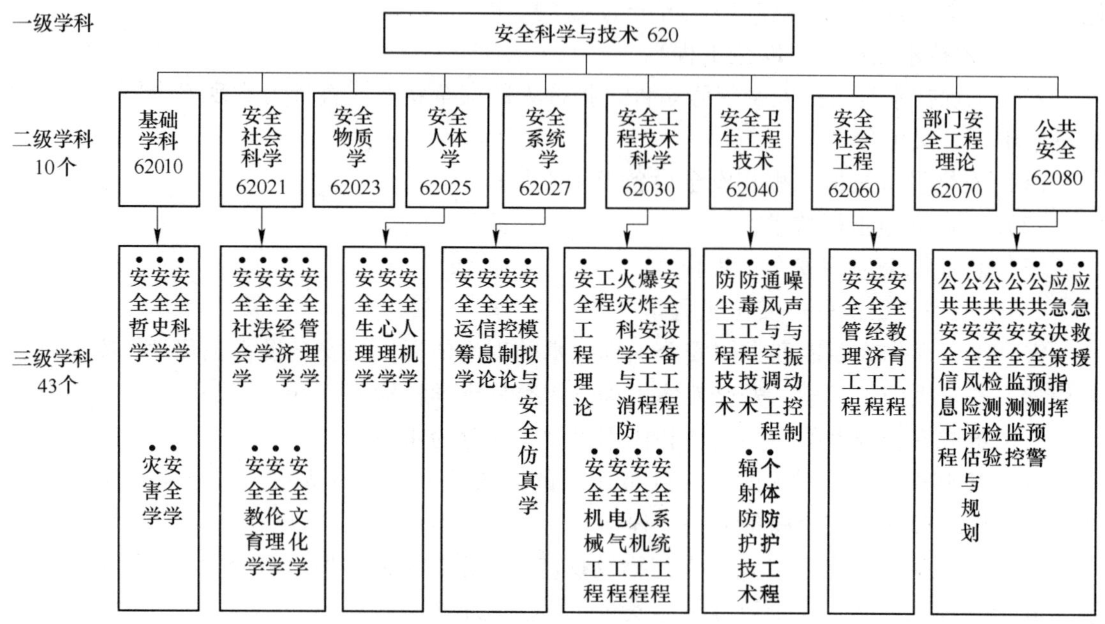

图 1-2 安全科学的学科分类

业、食品、生物、农业、医药、能源、航空等，乃至人类生产、生活和生存的各个领域（见图 1-3）。早在 1994 年，中国科学技术协会组织召开的全国“学科发展与科技进步研讨会”上，朱光亚院士的书面发言就指出：“长期以来，我国在安全科学技术学科中的学科、专业名称提法没有统一。中国劳动保护科学技术学会从筹备成立开始，并在 1983 年 9 月正式成立以后，始终围绕学科、专业框架体系的建立，倡导百家争鸣，发扬学术民主，打破行政部门容易产生的分割束缚，使学科理论不断发展，终于在 1993 年 7 月 1 日开始实施的国家标准《学科分类与代码》中，实现以‘安全科学与技术’为名列为该标准的一级学科（代码 620），为在学科分类中打破自然科学与社会科学界线，设置‘环境、安全、管理’综合学科，从而在世界科学学科分类史上取得突破，作出了贡献。”安全科学是以特定的角度和着眼点来改造客观世界的学科，是在改造客观世界的过程中对客观世界及其规律性的揭示和再认识的知识总结。就科学的学科性质而言，安全学科既不能归属于自然科学学科，也不能归属于社会科学学科；既不属于纵向科学学科，又不属于横向科学学科，而是属于综合科学。在安全的应用科学学科范畴中，安全学科与其存在领域的学科交叉，产生了交叉科学学科，即安全应用学科。安全学科因无本身的专属领域，必须从学科的本质属性（即基本特征）上证明其不可替代性。

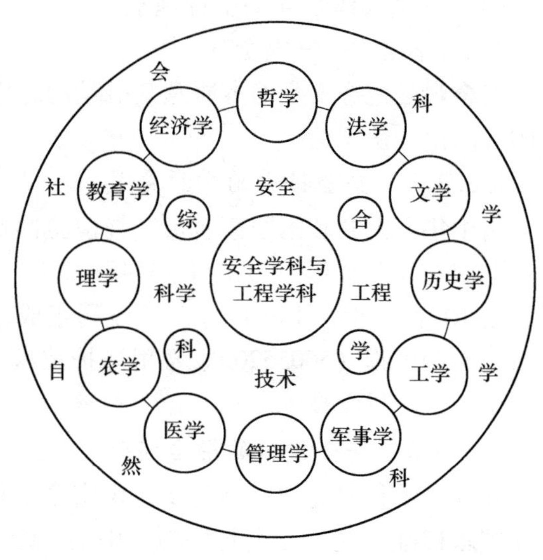

图 1-3 安全学科的综合特性

1.3.3.5　安全学科与其他学科的关系

安全学科为综合性学科，并不是说安全学科包括了其他所有学科。安全学科与其他学科的关系可用图1－4表示。在图1－4中，安全学科的领域用左边的椭圆表示，其他某一学科的领域用右边的椭圆表示，两个椭圆之间存在着交叉区域，这形象地表征了安全学科与其他学科的交叉特性，而且安全学科的外延——安全技术及工程（安全应用学科）与其他学科没有明确的界线，这也说明安全学科的外延具有模糊性。安全科学是安全学科独有的部分，是安全学科的根基，具有原创性和理论性，没有安全科学，就没有安全学科存在的必要；安全学科为安全技术及工程提供理论支持，具有科学价值。安全技术及工程是安全学科的应用和实践部分，在解决实际安全问题、预防事故发生、减少事故损失等办面发挥直接的作用，具有直接的经济效益，是安全学科实际作用的重要体现。同时，在实践中也为安全科学提出新的命题和课题。但是，安全技术及工程的领域也同时属于其他学科的领域。目前，其他学科也有大量的科研人员（甚至比安全学科更多的人员）在该交叉领域从业，由于其他学科的从业人员在某一专业上比安全技术及工程的从业人员更有优势，在激烈的竞争中他们往往占了上风。但是，他们在安全科学研究方面却不可避免地处于劣势。安全学科与其他学科的关系在正常情况下应该形成互相促进，共同发展的关系。

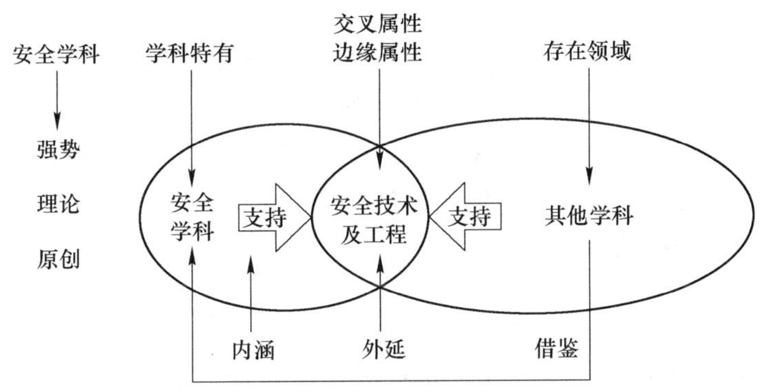

图1－4　安全学科与其他学科的关系

1.4　安全科学的基本术语

规范的术语是研究安全科学技术的基础，《劳动法》、《消防法》、《职业病防治法》及《职业安全健康审核规范》等法规中，已对安全科学规范术语和定义进行了明确规定。

（1）安全（safety）。安全是指免受不可接受的风险的伤害。

不可接受（承受）风险的发生，通常会带来人员伤害或物的损失，因而，避免此类事件发生的过程和结果可称为安全。

（2）危害（hazard）。危害是指可能带来人员伤害、疾病、财产损失或作业环境破坏的根源或状态。

危害也可理解为危险源或事故隐患。从本质上讲，就是存在能量、有害物质和能量、有害物质失去控制而导致的意外释放或有害物质的泄漏、散发这两方面危害因素。对于危害因素的分类方法有多种，如按事故的直接原因进行分类，则可根据 GB/T 13816—92《生产过程中的危险、危害因素》分为六类：物理性、化学性、生物性、心理生理性、行为性及其他危害因素。此外，也可根据事故类别、职业病类别进行分类。

（3）事故（accident）。事故是指造成主观上不希望出现的结果意外发生的事件，其发生的后果可分为死亡、疾病、伤害、财产损失或其他损失共五大类。

这里所说的疾病包括职业病和与工作有关的疾病。

（4）风险（risk）。特定危害性事件发生的可能性与后果的结合就称为风险。

风险可认为是潜在的伤害，可能致伤、致命、中毒、设备或财产等损害。风险具有两个特性，即可能性和严重性，如果其中任一个不存在，则认为这种风险不存在。如电击风险，如果能保证在有电击可能性的地方，不许人员进入，就可认为这个风险是并不存在的。

风险性可按其严重程度进行分类，因而对系统的风险性应进行风险评价。

（5）职业病（occupational diseases）。职业病是指企业、事业单位和个体经济组织的劳动者在职业活动中，因接触粉尘、放射性物质和其他有毒、有害物质等因素而引起的疾病。

职业病的分类和目录由国务院卫生行政部门会同国务院劳动保障行政部门规定、调整并公布。

（6）风险评价（risk assessment）。评价风险程度并确定其是否在可承受范围的全过程，即称为风险评价。也称为危险度评价或安全评价。

如果风险分析过程中发现系统中存在风险性，就必须估计它在系统运行中的可承受性，即评价其严重程度或可能性，以确认其是否在可承受的范围。

（7）危害辨识（hazard identification）。识别危害的存在并确定其性质的过程，称为危害辨识。

危害辨识就是确定危害的存在和性质，辨识时应识别出危害因素的种类与分布、伤害（危害）的方式、途径和性质。对于用人单位来说，应辨识的主要部位为厂址、厂区平面布局、建筑物、生产工艺过程、生产机械设备、有害作业部位（粉尘、毒物、噪声、振动、辐射、高温、低温等）和管理设施、事故应急抢救设施及辅助生产生活卫生设施等。

（8）危险因素（dangerous factor）、有害因素（hazard factor）和事故隐患（hidden danger of accident）。在生产过程中存在着各种与人的安全和健康息息相关的因素，其中，能对人造成伤亡或对物造成突发性损坏的因素称为危险因素；能影响人的身体健康，导致疾病，或对物造成慢性损坏的因素，称为有害因素。

事故隐患泛指现存系统中可导致事故发生的物的危险状态、人的不安全行为及管理上的缺陷。通常，通过检查、分析可以发现和察觉它们的存在。事故隐患在本质上属于危险、有害因素的一部分。

（9）系统安全（system safety）。在生产过程中，导致事故发生的原因是很多的，必须从系统的观点出发，运用系统的方法去分析、评价和消除系统中的危险，消除产生事故的根源，才能实现系统的安全。

所谓系统安全，是指在系统使用期限内，应用安全科学的原理和方法，分析并排除系统要素的缺陷及可能导致灾害的潜在危险，使系统在整个寿命周期内保持最佳安全状态。

（10）劳动保护（labour protection）。劳动保护是指依靠技术进步和科学管理，采取技术措施和组织措施，来消除劳动过程中危及人身安全和健康的不良条件和行为，防止伤亡事故和职业病危害，保障劳动者在劳动过程中的安全与健康。劳动保护实际上就是站在政府的立场上，强调为劳动者提供人身安全与身心健康的保障。

（11）劳动安全健康（occupational health and safety）。劳动安全健康是指以保障职工在劳动过程中的安全和健康为目的的工作领域以及在法律、技术、设备、组织制度和教育等方面所采取的相应措施。劳动安全卫生与职业安全卫生作为同义词使用。

（12）安全信息（safety information）。安全信息是安全活动所依赖的资源，是按安全事物在时间和空间定性或定量的表达。

安全信息类型分为一次安全信息和二次安全信息。一次安全信息是指生产过程中的人机环境客观安全性；二次安全信息包括安全法规、条例、政策、安全科学理论、总结、分析报告等。

（13）安全收益（safety benefit）。安全收益即是安全产出。

安全的实现不但能减少或避免人员伤亡和财产损失，而且能通过维护和保护生产力，实现促进经济生产增值的功能。由于安全收益具有潜伏性、间接性、延长性、迟效性等特点，因此研究安全收益是安全经济的重要课题之一。

（14）安全目标管理（safety objective management）。安全目标管理就是在一定时期内（通常为一年），根据企业经营管理的总目标，从上到下地确定安全工作目标，并为达到这一目标制订一系列对策措施，开展一系列的组织、协调、指导、激励和控制活动。

（15）职业安全健康管理体系（OHSMS）。职业安全健康管理体系（occupational health and safety management system，OHSMS）是指为建立职业安全健康方针和目标并实现这些目标所制定的一系列相互联系或相互作用的要素管理体系。其运行模式按戴明模型，具体包括：计划（PLAN）、行动（DO）、检查（CHECK）、改进（ACT）四个相关联的环节。

（16）绩效测量（performance measurement）。绩效测量是 OHSMS 中的一个基本术语，是指用人单位根据职业安全健康方针、目标，在控制和消除职业安全健康风险方面所取得的可测量的结果，也可以说，绩效测量是职业安全健康管理活动和结果的测量。绩效测量可分为主动测量和被动测量两种。

绩效是职业安全健康管理体系运行的结果与成效，是根据安全健康方针、目标、指标的要求控制危险危害因素得到的。因此，绩效可用各单位的安全健康方针、目标及指标的实现度来描述，并可具体体现在某一或某类危险危害因素的控制上。

（17）可承受风险（tolerable risk）。可承受风险是 OHSMS 中的一个基本术语，是指根据用人单位的法律义务和职业安全健康方针，已将危害性事件发生的可能性与后果降至可接受的程度。

风险一般是不能转化为安全的，但可以减小风险的可能性或严重性或者两者均减小来降低风险的程度。

（18）“四同时”原则。我国《劳动法》第五章第 53 条规定的劳动安全卫生设施必须符合国家规定的标准，并要求遵循“四同时”原则，即，“新建、改建、扩建工程的劳动安全卫生设施必须与主体工程同时设计、同时施工、同时验收、同时投入生产和使用。”

（19）“四不放过”原则。根据国务院第 493 号令《生产安全事故报告和调查处理条例》和国务院第302号令《国务院关于特大安全事故行政责任追究的规定》的规定：事故调查和处理必须采取“四不放过”原则：事故原因未查清不放过；事故责任者未处理不放过；整改措施未落实不放过；有关人员未受到教育不放过。

1.5 安全科学的学习与研究方法

（1）安全科学必须以马克思主义哲学为指导，坚持辩证统一的观点。马克思主义哲学是关于自然、社会和思维发展普遍规律的科学，是科学的世界观和方法论，是指导世界人民变革世界、改造世界和进行经济建设的理论基础。马克思主义哲学认为十分重要的问题，不在于懂得了客观世界的规律性，从而能够解释世界，而在于通过这种对于客观规律性的认识去能动地改造世界。

安全科学正是基于生产力的发展、科学技术的进步和人们对安全问题认识的提高，把已有的、分散的并寓于各学科对安全问题的知识、技术、经验等经过分离、综合和系统化而形成的新兴的综合性学科体系。其目的和作用在于紧紧抓住影响人们生产、生活和各项活动的安全与事故这对特殊矛盾，研究其发展、变化的规律，以便更自觉、更卓有成效地预防事故发生，保障生产经营活动顺利进行，保障人类自身的安全与健康。也就是说，安全科学研究的特殊矛盾是安全与事故的矛盾。

用辩证唯物主义观点看，任何危险都离不开一定的物质条件，任何物质在一定的条件下都会有一定的危险性，危险是物质存在的一种特殊形态，是物质运动性的一种特殊表现。危险是安全科学应当研究的一种特殊类型的矛盾，具有普遍性、特殊性、可转化性、可认识性等特征。只要抓住这一学科的基本矛盾，就等于抓住了这个学科的纲。只有对各系统、各部门的危险有了充分的认识，并且掌握其转化的规律和条件，预防事故才更有针对性，安全措施才能更可靠。

（2）安全的复杂性决定了解决安全问题要用系统工程的理论和方法。安全问题是一个十分复杂的系统工程，或者说解决安全问题要用到系统工程的理论和方法。这种认识目前已经取得广泛的共识，系统安全工程的种种方法也已得到广泛应用。

（3）安全的模糊性决定了安全研究必须应用灰色系统和模糊理论的方法。从科学的角度讲“绝对安全”的状态在客观上是不存在的。平安也好，安全也好，其本身就带有很大的模糊性、不确定性和相对性，所以“安全状态”具有动态特征，就是说，安全所描述的状态具有动态特征，它是随时间而变化的。

安全系统的目标不是寻求最优解。这是因为安全系统目标的多元化，以及安全目标的极强相对性、时间依赖性与其理想化理念很难协调，所以，安全系统的目标解是具有一定灰度的满意解或可接受解。由于安全系统中各因素之间，以及因素与目标之间的关系多数有一定灰度，所以，安全系统也是灰色系统。安全的模糊性和灰色性决定了安全研究必须引用灰色系统和模糊理论的方法。

（4）安全科学研究必须吸收和借鉴行为科学的理论和方法。安全系统是人－机－环境的系统，安全系统的核心组成是人。事故在许多情况下由人的失误而造成，而安全工作最重要的目的也是保障人的生命安全。因此，安全研究必须吸收和借鉴行为科学的理论和方法。

安全行为科学就是用科学的方法研究人与安全的问题，揭示人在生产环境中的行为规律，从安全角度分析、预测和控制人的行为，从而提高安全管理的效能，达到安全生产的目的。安全行为科学提供了控制人的失误和消除不安全行为的诸多理论和方法，增强对人的失误和不安全行为的抵制能力，提高人的可靠性。传统安全管理只侧重追究人的责任，而行为科学在于调动人的积极性，把以物质为中心的管理，发展为以人为中心的管理。现代安全管理高度重视对人的内在因素及其变化进行管理，这就要求安全管理者认识人的心理活动行为变化及人体生理特征等规律，提出预测、控制和引导人们行为的方法，制定相应的安全对策。在安全科学领域，运用行为科学中有关个体行为、群体行为、领导行为和组织行为的理论研究人的行为规律，对激励安全行为，控制和避免不安全行为，预防事故的发生具有极其重要的作用。

（5）安全科学方法学是研究和发展安全学科的最重要和最基本的方法。众所周知，科学方法学在任何学科的研究中都非常重要，但安全学科的综合特性使其具有浩瀚的时空，安全科学方法学更显重要，从安全科学方法学的高度研究安全学科思路更宽、效果更好，安全科学方法学的研究方法必将更加有利于促进安全科学成果的涌现。安全科学方法学是以解决安全问题为着眼点，以人们认识世界、改造世界所应用的方式、手段和遵循的途径作为研究对象，是既分别研究各种安全科学方法的内容、特点、作用及其合理性，又从整体上研究这种方法的相互联系和相互渗透，概括出它们之间存在的规律的一门科学。安全科学方法学是随着人类思想和科学的发展而产生的，其研究课题，主要以一般科学方法为主体。安全科学方法学所研究的是安全科学技术各分支学科的带有一定普遍意义、适用于许多有关领域的方法理论。

基于不同层次分类，安全科学方法学可分为安全哲学方法学、一般安全科学方法学和具体安全科学方法学。

1）安全哲学方法学是从人体免受外界因素（即事物）危害的角度出发，并以在生产、生活、生存过程中创造保障人体健康条件为着眼点，去认识世界、改造世界、探索实现主观世界与客观世界相一致的最一般的安全科学方法理论。安全哲学方法学并不是安全哲学的一个特殊部分，整个安全哲学知识体系都具有安全方法学的功能。安全哲学既是安全世界观又是安全方法学，它适用于自然、社会和思维领域。

2）一般安全科学方法学是研究安全科学技术各分支、带有一定普遍意义、适用于许多有关领域的安全方法理论。一般安全科学方法学涉及的是一部分学科或一大类学科都采用的研究方法。

3）具体安全科学方法学是研究某一具体学科，涉及某一具体领域的安全方法理论。属于这一层次中的安全科学方法又可区分为两种不同情形：一是与个别经验相联系的、仅能运用于特定场合的专门安全科学方法；二是某一学科中与个别理论相联系的特有安全科学方法。

安全科学方法学的上述 3 个层次，既相互区别，又紧密联系。安全哲学方法学作为最普遍、最一般的安全科学方法学，是安全科学技术各分支方法论的概括和总结，对一般安全科学方法学和具体安全科学方法学都有指导意义。一般安全科学方法学虽然和具体安全科学方法学相比有一般性，但和安全哲学方法学相比又带有特殊性。当然，一般安全科学方法学对具体安全科学方法学提供指导，又以具体安全科学方法学为基础，而安全哲学方法学也要从一般安全科学方法学和各种具体安全科学方法学中汲取营养。一般安全科学方法学和各种具体安全科学方法学对于安全哲学方法学的丰富和发展有着积极意义。

（6）由于安全学科的综合属性，比较研究方法是研究安全科学的最有效的途径。由于安全学科的综合属性，它具有巨大的时间、空间及维度，为了提取不同时间、不同领域的共性安全科学问题并使之相互借鉴和渗透，比较研究方法是最有效的途径。比较安全方法是对安全体系中彼此有某种联系的不同时空的事、物、环境、人的行为、社会文化、知识等进行对照，从而揭示它们的共同点和差异点，并提供借鉴和相互渗透的一种安全科学方法，也是人类认识客观事物最原始、最基本的方法之一。在安全科学研究中，人们为了要认识某一种事物的本质，就必须对事物的内部矛盾及其矛盾着的每个方面进行比较，把握事物间的内部联系，进行抽象与概括，以求认识事物的本质，作出准确的判断和推理，得出共性和规律。

习题与思考题

1-1 安全的定义是什么？结合现代社会现实，谈谈对安全重要性的理解。

1-2 安全的属性有哪些？这些属性之间的关系如何？

1-3 安全的基本特征有哪些？

1-4 如何理解安全的相对性？

1-5 简述安全科学的研究内容和研究对象。

1-6 何为“安全三要素”？何为“安全四因素”？

1-7 安全科学与其他学科有何关系？

1-8 简述危害、风险的定义。

1-9 何为 OHSMS？试述 OHSMS 的运行模式。

1-10 什么是“四同时”原则？什么是“四不放过”原则？

安全科学基础知识

2.1 安全科学的哲学基础

2.1.1 安全与危险的统一性和矛盾性

安全与危险在所要研究的系统中是一对矛盾，它们相伴存在。安全是相对的，危险是绝对的。安全的相对性表现在三个方面：首先，绝对安全的状态是不存在的，系统的安全是相对于危险而言的；其次，安全标准是相对于人的认识和社会经济的承受能力而言，抛开社会环境讨论安全是不现实的；再次，人的认识是无限发展的，对安全机理和运行机制的认识也在不断深化，即，安全对于人的认识而言具有相对性。危险的绝对性表现在事物一诞生危险就存在，中间过程中危险势可能变大或变小，但不会消失，危险存在于一切系统的任何时间和空间中。不论我们的认识多么深刻，技术多么先进，设施多么完善，危险始终不会消失，人、机和环境综合功能的残缺始终存在。

安全与危险是一对矛盾，它具有矛盾的所有特性。一方面双方互相反对，互相排斥、互相否定，安全度越高危险势就越小，安全度越小危险势就越大；另一方面安全与危险两者互相依存，共同处于一个统一体中，存在着向对方转化的趋势。安全与危险这对矛盾的运动、变化和发展推动着安全科学的发展和人类安全意识的提高。

2.1.2 安全科学的联系观与系统观

客观世界普遍联系的观点是唯物辩证法的特征之一。在系统中对安全与危险造成影响的因素很多，因果关系错综复杂，安全科学若要反映其内在规律性，必须全面地分析各要素，利用各个学科已取得的研究成果，对开放的大系统进行分析和综合，找出安全的客观规律和实现途径。在多种原因中注意区分主要原因和次要原因、内因和外因、直接原因和间接原因、客观原因和主观原因等。在全面分析因果联系的基础上集中力量抓住事物内部的主要矛盾进行分析和研究。

根据安全科学自身的特点，必须用系统的观点进行分析。系统最大的特点是其整体性、有机性、层次性。整体的运动特征应在比其组成要素更高的层次上进行描述，整体的功能也不等于各组成要素的性质和功能的简单叠加，而是大于部分之和，它具有其要素所不具有的性质和功能。尤其对危险而言，一危害因子与另一危害因子相加不是两个危害因子。系统的整体性是由各个要素综合作用决定的，是系统内部各要素相互作用、相互联系产生某种协同效应。系统整体性的强弱，要由要素之间协同作用的大小决定。在安全领域中，各种安全和危险要素很多，叠加在一起整体影响力会大大增加，所以为了实现系统总体功能向有利的方向发展，必须对各要素统筹兼顾，增加安全因子的整体功能，削弱危险因子的整体功能。决不能头痛医头、彼此隔离，那样会大大降低系统的安全功能。

“要素”以一定的结构形成系统，各要素在系统中的地位会有一定的差异，尤其在复杂系统中，各要素的相互地位就更加复杂。如在人的生命系统中，一根神经和一根头发在人体中的地位和对人体的贡献大不相同。头发掉了并不影响整体，神经断了就会丧失相应的功能，中枢神经如果出了问题，就会危及整体。所以，在安全这个复杂的大系统中，有些要素处于主导地位和支配地位，有些要素处于从属地位和被支配地位，应注意各要素关系，以利于实现系统的整体安全。

2.1.3 安全中的质变与量变

哲学中的量变与质变，在安全科学中表现为流变与突变。安全科学的流变与突变现象普遍存在。在历史上，人们往往只习惯于流变，而不习惯于突变。因为人对流变的感觉不明显，而突变会对人造成严重的冲击和伤害。

恩格斯在《自然辩证法》中研究了流变与突变的范畴，认为流变是一种缓慢的变化过程，突变则是流变过程的中断，是质的飞跃。流变和突变是量变和质变在自然界中的具体表现。因此，流变和突变的范畴与量变和质变的范畴属于不同的层次。一般来说，流变相当于量变，突变相当于质变。由此可见，无论是量变还是质变，都可能出现流变和突变两种形式，都是流变和突变的统一。其统一性表现在三个方面：

（1）流变与突变的相对性。作为一对对立的概念，流变与突变是相互依存的。在安全科学的研究中，没有绝对的流变与突变。离开了流变，就无所谓突变；离开了突变，流变也无从谈起。事实上要把影响安全的质划分出流变和突变的界限是很困难的，因为事物的发展总保持自身的连续性，总在一切对立概念所反映的客观内容之间存在中间过渡环节。所以，从这个意义上讲，一切对立都是相对的。如河流的水位总在一定的范围内变化，没有超过河床，就什么事也不会发生；河水溢出了河床，就成了洪水。总之，在空间规模、时间速度、结构、形态及能量变化程度上或采取的形式上，流变和突变都只有相对意义。

（2）流变和突变的层次性。在讨论事物安全度的流变和突变时，总是联系某一具体的物质层次。在同一物质层次上，流变和突变有其具体的表现形式，可以进行严格的界定。从这个意义上来说，不同物质层次的流变和突变有其不同的表现形式和质的规定。某种具体的安全变化过程，在低层次可以称为突变，而在高层次则属于流变。假如人体某一器官损伤，针对小区域来说，是一次突变事件；对整个人体而言，是综合功能的流变。

（3）流变和突变的相互转化。在一定条件下，流变可以转变为突变，突变也可以转变为流变。例如生物演化过程是一个缓慢的流变过程，但几百年来，因人类砍伐森林、捕杀动物、使用农药和排放废物，造成了几次大量生物物种灭绝的突变事件。又如，人类依靠科学技术，采取了种种措施，有效地避免了许多危及人类生存和发展的自然界突变事件或减弱了突变事件的强度（洪水、泥石流、风暴、动植物病虫害等）。

流变表现为事物微小而缓慢的量的变化，突变表现为显著而迅速的质的飞跃，在流变中往往也有部分质变，在质变中也伴随着量的变化。在质变发生之后，又会出现流变和突变的新周期，事物就是如此循环往复以至无穷地变化和转化。

流变向突变的转化，往往是在事物达到极端状态后出现的质变过程。看似完善的事物，由于某种随机因素的影响，猛然间会发生雪崩式的变化。突变向流变的转化与流变向突变的转化不同，突变向流变的转化往往是在事物发生突变后，在新质的规定下，出现平稳的变化状态，开始新的变化周期。这时微小的扰动和涨落，对事物没有明显的影响。事物的流变和突变具有复杂性和多样性，在研究和处理时切忌千篇一律，要用不同的方法进行具体研究。

2.1.4 安全事故的必然性和偶然性

必然性是客观事物的联系和发展中不可避免、一定如此的趋势。偶然性是在事物发展过程中由于非本质的原因而产生的事件，它在事物的发展过程中可能出现，也可能不出现；可以这样出现，也可以那样出现。比如，具有自燃倾向的煤在富氧和蓄热的条件下必然自燃，但条件的具备带有很大的偶然性，且这种偶然性完全服从于火灾系统内部隐藏的必然性。

必然性和偶然性不仅相互联系、相互依赖，而且在一定的条件下可以相互转化。在矿井通风系统中的通风机房的反风门，正常情况下是可以上下提升的安全门，灵巧自如地运转具有必然性，灾害发生时不能调节的情况是偶然的。但由于疏于管理、未按规定维修、滑轮生锈、框架变形等原因，灾害时这一安全措施不能正常发挥作用成为必然，偶然性转化为必然性。这类事故在煤矿中时有发生。所以在处理系统安全问题时，对于有利的偶然因素，应创造条件促使其发生，不能抱着“守株待兔”的侥幸心理；对于有害的偶然因素应尽可能地减弱和避免其影响，并做好应付突发事件的一切准备，做到有备无患。

2.1.5 安全问题的简单性和复杂性，精确性和模糊性

客观世界是复杂的，同时又是简单的。安全工程学所要研究的系统也是复杂和简单的统一体。一方面系统中包含无穷多层次的安全和不安全矛盾，相互间形成极为复杂的结构和功能，同时与外部世界又有多种多样的联系，存在多种相互作用；另一方面，系统又是可以分解的，任何复杂多样的系统都可以分为简单要素、元素、单元，可以看成许多单一的集合，内、外部的联系和所遵循的基本规律往往又是简单的。

安全科学的认识，总是从模糊走向精确，模糊和精确是辩证统一的。安全与危险之间没有精确的界限，是个模糊概念，但模糊又可用精确的数字来更好地进行解释。精确和模糊是一个问题的两个方面，模糊性可以说明精确性，适当的模糊反而精确。无疑定性描述可指导实施建设性的和组织上的安全措施，并已对安全工程的不断完善做出了很大贡献。但是，就对技术装备的了解来说，模糊定性描述的边界太广，在具体情况下，这种边界将会降低安全程度，从而不能应用明确的相关准则。安全方面的欲求状态因此不能精确地确定，还会导致欲求状态和实际状态之间的界限模糊。这就是人们在观察同一实际情况时，有的认为是安全的，有的认为是不安全的。因此，在具体情况下，有必要处理好精确性和模糊性的关系。

2.1.6 安全哲学观

马克思主义哲学既是世界观又是认识世界、改造世界的方法论，是最高层次的思维方法，它提供了处理主观思维与客观规律的最高理论和原则。安全科学作为一门新兴的交叉学科，在分析与认识问题上一定要以它作为理论指导：

第一，一切从实际出发，以客观对象的全部事实及事实之间的相互关系为认识的出发点。每一次灾害的前因后果都要客观地分析，达到主观与客观的统一，印证事件从发生、发展到灭亡的全部过程。

第二，在普遍联系中把握事物的本质。任何一个事件的发生都不是孤立的，它同周围事件有着密切联系。这其中包括横纵向联系、间接联系、内外部联系、本质与非本质联系、必然联系和偶然联系。要正确认识安全问题，就必须全面了解和具体分析事物客观存在的复杂联系，在众多的联系中找出事物直接的、内部的、本质的、必然的联系，从而把握安全活动规律。

第三，在动态中把握安全规律的方法。唯物辩证法不仅是联系的学说，而且也是运动发展的学说，绝对静止和不变的事物是不存在的，整个世界就是一个川流不息的运动发展过程。因此在安全学研究中，必须加入时间的概念。在动态中加以认识，打破僵化的思维模式和各种陈腐观念，善于抓住安全度发展的趋势和苗头，不断研究新情况和新问题，紧紧抓住对事物的未来分析，以加深对事物安全的现状认识。

第四，矛盾分析法。矛盾分析法就是运用唯物辩证法关于矛盾学说的观点，对客观事物的矛盾进行辩证分析的方法。安全科学就是讨论安全与危险这一对矛盾运动变化发展规律的科学。区分主要矛盾和次要矛盾、矛盾的主要方面和次要方面十分必要。矛盾在不同时期有各自不同的特殊性，这就使安全的发展显示出过程性和阶段性。在这里必须用质和量的两个方面加以分析：矛盾的质发生变化，事物的安全状态也要发生根本性变化；矛盾的质没有发生变化，但量发生了变化，使同一事件的发展显示出阶段性。如果能深刻认识安全领域中的各种矛盾，并能正确地解决矛盾，就会促进安全科学的迅速发展。

2.2 安全科学方法论

方法论，就是人们认识世界，改造世界的方式方法，是人们用什么样的方式、方法来观察事物和解决问题，是从哲学的高度总结人类创造和运用各种方法的经验，探求关于方法的规律性知识。概括地说，认识论主要解决世界“是什么”的问题，方法论主要解决“怎么办”的问题。人类防范事故的科学已经经历了漫长的岁月，从事后型的经验论到预防性的本质论；从单因素的就事论事到安全系统工程；从事故致因理论到安全科学原理，工业安全科学的理论体系在不断的完善。追溯安全科学理论体系的发展轨迹，探讨其发展的规律和趋势，对于系统完整和前瞻性的认识安全科学理论，以知道现代安全科学实践和事故预防工程具有现实的意义。

2.2.1 事故经验论

经验论就是人们基于事故经验改进安全状态的一种方法论。显然，经验论是必要的，但是事后改进型的方式，是传统的安全方法论。17 世纪前，人类安全的认识论是宿命论，方法论是被动承受型的，这是人类古代安全文化的特征。17 世纪末至 21 世纪初，由于事故与灾害类型的复杂多样和事故严重性的扩大，人类进入了局部安全认识阶段。哲学上反映出：建立在事故与灾难的经历上来认识人类安全，有了与事故抗争的意识，人类的安全认识论提高到经验水平，方法论有了“事后弥补”的特征。

2.2.1.1 事后经验型安全管理模式

经验论是事故学理论的方法论和认识论，主要是以实践得到的知识和技能为出发点，以事故为研究的对象和认识的目标，是一种事后经验型的安全哲学，是建立在事故与灾难的经历上来认识安全的，是一种逆式思路（从事故后果到原因时间）。主要特征在于被动与滞后、凭感觉和靠直觉，是“亡羊补牢”的模式，突出表现为一种头痛医头、脚痛医脚、就事论事的对策方式。当时的安全管理模式是一种事后经验型、被动式的安全管理模式，如图2－1所示。

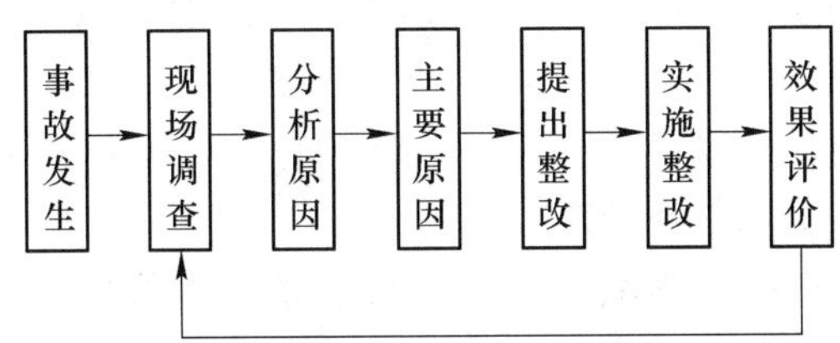

图2－1 事后经验型安全管理模式

2.2.1.2 事故经验论的优缺点

从被动的接受事故的“宿命论”到可以依靠经验来处理一些事故的“经验论”，是一种进步，经验论具有一些“宿命论”无法比拟的优点。首先，经验论可以帮助我们处理一些常见的事故，使我们不再处于听天由命的状态；其次，经验论有助于我们不犯同样的错误，减少事故的发生。即使在安全科学已经得到充分发展的今天，经验论也有其自身的价值，比如我们可以从近代世界大多数发达国家的发展进程中寻求经验。一些国家的经历表明，随着GDP的提高（到一定水平），事故总体水平在降低，如美国、日本等一些发达国家发展过程表明，当人均GDP在5000美元以下时，事故水平处于不稳定状态；人均GDP达到1万美元，事故率稳定下降。这是发达安全与经济因素关系的现实情况。但是，影响安全的因素是多样和复杂的，除了经济因素外（这是重要的因素之一），还与国家制度、社会文化（公民素质、安全意识）、科学技术（生产方式和生产力水平）等相关。而我国的国家制度、公民安全意识、现代生产力水平，总体上说已“今非昔比”，我们今天的社会总体安全环境（影响因素）：生产和生活环境（条件）、法制与管理环境、人民群众的意识和要求，都有利于安全标准的提高和改善。当然，安全科学的发展证明只凭经验是不行的，经验论也有缺点和不足，经验论存在预防性差、缺乏系统性等问题，并且经验的获得往往需要惨痛的代价。我们的先哲——孔子早就说过：建立在“经历”方式上的学习和进步是痛苦的方式；而只有通过“沉思”的方式来学习，才是最高明的。当然，人们还可以通过“模仿”来学习和进步，这是最容易的。从这种思维方式出发，进行推理和思考，我们感悟到：人类在对待事故与灾害的问题上，千万不要试求通过事故的经历才得以明智，因为这太痛苦，“人的生命只有一次，健康何等重要”。我们应该掌握正确安全认识论与方法论，从理性与原理出发，通过“沉思”来防范和控制职业事故和灾害，至少我们要选择“模仿”之路，向先进的国家和行业学习，这才是正确的思想方法。

2.2.1.3 事故经验论的理论基础

事故经验论的基本出发点是事故，是基于以事故为研究对象的认识，逐渐形成和发展了事故学的理论体系。

(1) 事故分类方法：按管理要求的分类法，如灾害物分类法、事故程度分类法、损失工作日分类法、伤害程度与部位分类法等；按预防需要的分类方法，如致因物分类法、原因体系分类法、时间规律分类法、空间特征分类法等。

(2) 事故模型分析方法：因果连锁模型（多米诺骨牌模型）、综合模型、轨迹交叉模型、人为失误模型、生物节律模型、事故突变模型等。

(3) 事故致因分析方法：事故频发倾向论、能量意外释放论、能量转移理论、两类危险源理论。

(4) 事故预测方法：线性回归理论、趋势外推理论、规范反馈理论、灾变预测法、灰色预测法等。

(5) 事故预防方法论：3E 对策理论、3P 策略论、安全生产 5 要素（安全文化、安全法制、安全责任、安全科技、安全投入）等。

(6) 事故管理：事故调查、事故认定、事故职责、事故报告、事故结案等。

2.2.1.4 事故经验论的方法特征

事故经验论的主要特征在于被动与滞后，是“亡羊补牢”的模式，多用“事后诸葛亮”的手段，突出表现为一种头痛医头、脚痛医脚、就事论事的对策方式。在上述四项认识的基础上，事故学理论的主要导出方法是事故分析（调查、处理、报告等）、事故规律的研究、事后型管理模式、三不放过的原则；建立在事故统计学上致因理论研究；事后整改对策；事故赔偿机制与事故保险制度等。

事故经验论对于研究事故规律，认识事故的本质，从而知道预防事故有重要的意义，在长期的事故预防与保障人类安全生产和生活过程中产生了重要的作用，是人类的安全活动实践的重要理论依据。但是，仅停留在事故学的研究上，一方面由于现代工业固有的安全性在不断提高，事故频率逐步降低，建立在统计学上的事故理论随着样本的局限使理论本身的发展受到限制，另一方面由于现代工业对系统安全性要求不断提高，直接从事故本身出发的研究思路和对策，其理论效果不能满足新的要求。

2.2.2 安全系统论

安全系统论是基于系统思想防范事故的一种方法论。系统思想即体现出综合策略、系统工程、全面防范的方法和方式。显然，安全系统论是先进和有效的安全方法论。

20 世纪初至 50 年代，随着工业社会的发展和技术的不断进步，人类的安全认识论和方法论进入了系统论阶段。

2.2.2.1 系统的特性

系统理论是指把对象视为系统进行研究的一般理论。其基本概念是系统、要素。系统是指由若干相互联系、相互作用的要素所构成的有特定功能与目的的有机整体。系统按其组成性质，分成自然系统、社会系统、思维系统、人工系统、复合系统等，按系统与环境的关系分为孤立系统、封闭系统和开放系统。系统主要具有 6 方面的特性：

(1) 整体性。是指充分发挥系统与系统、子系统与子系统之间的制约作用，以达到系统的整体效应。

(2) 稳定性。即系统由于内部子系统或要素的运动，总是使整个系统趋向某一个稳定状态。其表现是在外界干扰相对微小的情况下，系统的输出和输入之间的关系，系统的状态和系统内部秩序（即机构）保持不变，或经过调解控制而保持不变的性质。

（3）有机联系性。即系统内部各要素之间以及系统与环境之间存在着相互联系、相互作用。

（4）目的性。即系统在一定的环境下，必然具有的达到最终状态的特性，它贯穿于系统发展的全过程。

（5）动态性。即系统内部各要素间的关系及系统与环境的关系，是时间的函数，随着时间的推移而转变。

（6）结构决定功能的特性。系统的结构是指系统内部各要素的排列组合方式。系统的整体功能是由各要素的组合方式决定的。要素是构成系统的基础，但一个系统的属性并不只由要素决定，它还依赖于系统的结构。

2.2.2.2 安全系统论的理论基础

安全系统论以危险、隐患、风险作为研究对象，其理论的基础是对事故因果性的认识，以及对危险和隐患时间链过程的确认。由于研究对象和目标体系的转变，安全系统的理论即风险分析与风险控制理论发展了如下理论体系：

（1）系统分析理论：事故系统要素理论、安全控制论、安全信息论、FTA 故障树分析理论、ETA 事件树分析理论、FMEA 故障及类型影响分析理论方法等。

（2）安全评价理论：安全系统综合评价、安全模糊综合评价、安全灰色系统评价理论等。

（3）系统可靠性理论：人机可靠性理论、系统可靠性理论等。

（4）风险分析理论：风险辨识理论、风险评价理论、风险控制理论。

（5）隐患控制理论：重大危险源理论、重大隐患控制理论、无隐患管理理论等。

（6）失效学理论：危险源控制理论、故障模式分析、RBI 分析理论和方法等。

2.2.2.3 安全系统要素及结构

从安全系统的动态特性出发，人类的安全系统是人、社会、环境、技术、经济等因素构成的大协调系统。无论从社会的局部还是整体来看，人类的安全生产与生存需要多因素的协调与组织才能实现。安全系统的基本功能和任务是满足人类安全的生产与生存，以及保障社会经济生产发展的需要，因此安全活动要以保障社会生产、促进社会经济发展、降低事故和灾害对人类自身生命和健康的影响为目的。为此，安全活动首先应与社会发展基础、科学技术背景和经济条件相适应和相协调。安全活动的进行需要经济和科学技术等资源的支持，安全活动既是一种消费活动（以生命与健康安全为目的），也是一种投资活动（以保障经济生产和社会发展为目的）。从安全系统的静态特征看，安全系统的要素见图 2－2。

研究和认识安全系统要素是非常重要的，其要素涉及：人－人的安全素质（心理与生理；安全能力；文化素质）；物－设备与环境的安全可靠性（涉及安全性；制造安全性；使用安全性）；能量－生产过程能的安全状态和作用（能的有效控制）；信息－原始的安全一次信息，如作业现场、事故现场等，通过加工的安全二次信息，如法规、标准、制度、事故分析报告等，充分可靠的安全信息流（管理效能的充分发挥）是安全的基础保障。认识事故系统要素，对指导我们从打破事故系统来保障人类的安全具有实际的意义，这种认识带有事后型的色彩，是被动的、滞后的，而从安全系统的角度出发，则具有超前和预防的意义，因此，从创建安全系统的角度来认识安全原理更具有理性、预防的意义，更符合科学性原则。

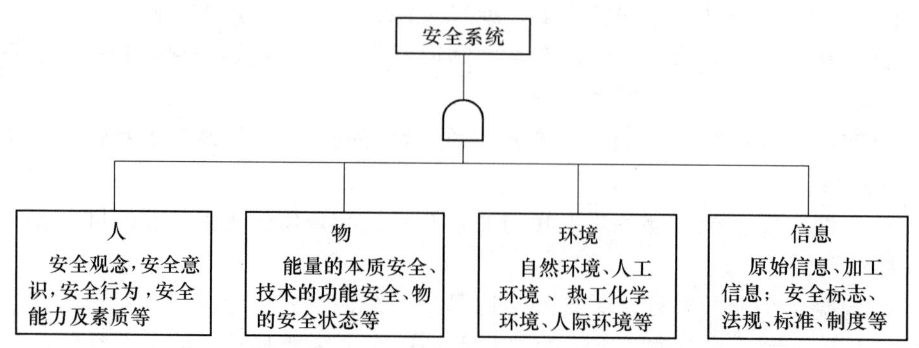

图2－2 安全系统要素及结构

2.2.2.4 安全系统论的方法特征

安全系统论建立了事件链的概念，有了事故系统的超前意识流和动态认识论。确认了人、机、环境、管理事故综合要素，主张工程技术硬手段与教育、管理软手段综合措施，提出超前防范和预先评价的概念和思路。由于有了对事故的超前认识，安全系统的理论体系导致了比早期事故学与理论下更为有效的方法和对策。从事故的因果性出发，着眼于事故的前期时间控制，对实现超前和预期型的安全对策，提高事故预防的效果有着显著的意义和作用。具体的方法如预期型管理模式；危险分析、危险评价、危险控制的基本方法过程；推行安全预评价的系统安全工程；“四负责”的综合责任体制；管理中的“五同时”原则；企业安全生产的动态“四查工程”科学检查制度等。安全系统理论即危险分析与风险控制理论指导下的方法，其特征体现了超前预防、系统综合、主动对策等。但是，这一层的理论在安全科学理论体系上，还缺乏系统性、完整性和综合性。

2.2.3 本质安全论

20 世纪 50 年代到世纪末，由于新技术的不断涌现，如现代军事、宇航技术、核技术的利用以及信息化社会的出现，人类的安全认识论进入了本质论阶段，超前预防型成为现代安全哲学的主要特征，这样的安全认识论和方法论大大推进了现代工业社会的安全科学技术和人类征服安全事故的手段和方法。

2.2.3.1 本质安全的概念及内涵

本质是指“存在于事物之中的永久的、不可分割的要素、质量或属性”或者说是指“事物本身所固有的、决定事物性质面貌和发展的根本属性”。

本质安全，又称内在安全或本质安全化方法，最初的概念是指从根源上消除或者减少危险，而不是依靠附加的安全防护和管理控制措施来控制危险源和风险的技术方法。它可以与传统的无源安全措施（无需能量或资源的安全技术措施，如保护性措施）、有源安全措施（具有独立能量系统的安全措施，如噪声的有源控制）和安全管理措施等综合应用，通过消除/避免、组织、控制和减缓危险等原理，为生产过程提供安全保障。

常规安全（也称为外在安全）是通过附加安全防护装置来控制危险，从而减小风险；附加的安全装置需要花费额外的费用，还必须对其进行维修保养，由于固有的危险并没有消除，仍然存在发生事故的可能性，其后果可能会因为防护装置自身的故障而更加严重。本质安全方法主要应用在产品、工艺和设备的设计阶段，相对于传统的设计方法，本质安全设计方法在设计初始阶段需要的费用较多，但在整个生命周期的总费用相对较少。本质安全设计的实施可以减少操作和维护费用，提高工艺、设备的可靠性。常规安全措施的主要目的是控制危险，而不是消除危险，只要存在危险，就存在该危险引起事故的可能性；而本质安全主要依靠物质或工艺本身特性来消除或减小危险，可以从根本上消除或减小事故发生的可能性。本质安全理论可广泛应用于各类生产生活的全生命周期，尤其是在设计和运行阶段。从纵深防御的安全保障作用上看，本质安全比常规安全方法效果更好。

为了对应事故风险，近代朦胧的本质安全思想伴随着工业革命而出现，下面列举了一些具有本质安全思想的应用事例，见表 2－1。

表 2－1 近代本质安全应用事例

时间/年	发明人	应用方面	具体应用
1820	Robert Stevenson	蒸汽机车	简化控制系统
1867	James Howden	美国中央太平洋公路	现场制造炸药
1867	Alfred Nobel	炸药	TNT 炸药
1870	Ludwing Mond	碳酸钠	索尔韦法
1870		硝化甘油	搅拌反应釜代替间歇反应釜
1930	Thomas Midgely	制冷剂	CFC 制冷剂

人类古代就有本质安全的认识和措施，如人们建造村庄时，宜选择高处，用本质安全位置的方式避免洪水风险；四个轮子的马车就是一种本质安全设计，它比两个轮子的战车运输货物要更加安全；只允许单向行驶的两条并排铁路比供双向行驶的一条铁路要安全。

随着视野和理解的升华，本质安全上升为本质安全论，其含义得到了深化和扩展。本质论是人们从本质安全角度改进安全的一种方法论。目前从安全科学技术角度来讲，本质安全（inherent safety）有以下 3 种理解，其中有一种狭义理解，两种广义解释。

定义 2－1 （狭义设备）：本质安全是指设备、设施或技术工艺含有内在的能够从根本上防止发生事故的功能。本质安全是从根源上消除或减小生产过程中的危险。本质安全方法与传统安全方法不同，即不依靠附加的安全系统实现保障。

定义 2－2 （广义系统）：本质安全是指安全系统中人、机、环境等要素从根本上防范事故的能力及功能。本质安全的特征表现为根本性、实质性、主体性、主动性、超前性。

定义 2－3 （广义企业）：本质安全就是通过追求企业生产流程中的人、物、系统、制度等诸要素的安全可靠和谐统一，使各种危险因素始终处于受控制状态，进而逐步趋近本质、恒久型安全目标。“物本”即技术设备设施工具的本质安全性能；“人本”即人的意识、观念、态度等人的根本性安全素质。即：失误即安全功能（fool－proof），指操作者即使操作失误，也不会发生事故或伤害；故障即安全功能（fail－safe），指设备、设施或技术工艺发生故障或损坏时，还能暂时维持正常工作或自动转变为安全状态。

2.2.3.2 本质安全论的理论基础

本质安全以安全系统作为研究对象，建立了人－物－能量－信息的安全系统要素体系，提出系统安全的思路，建立了系统本质安全的目标。通过安全系统论、安全控制论、安全信息论、安全协同论、安全行为科学、安全环境学、安全文化建设等科学理论研究，提出在本质安全化认识论的基础上全面、系统、综合的发展安全科学理论。目前已有的初步体系有：

（1）安全的哲学原理：从历史学和细微学的角度研究实现人类安全生产和安全生存的认识论和方法论。如有了这样的归纳：远古人类的安全认识论是宿命论，方法论是被动承受性的；近代人类的安全认识提高到了经验的水平；现代随着工业社会的发展和技术的进步，人类的安全认识论进入了系统论阶段，从而在方法论上能够推行安全生产与安全生活的综合型对策，甚至能够超前预防。有了正确的安全哲学思想的指导，人类现代生产和生活的安全才能获得高水平的保障。

（2）安全系统论原理：从安全系统的动态特征出发，研究人、社会、环境、技术、经济等因素构成的安全大协调系统。建立生命保障、健康、财产安全、环保、信誉的目标体系。在认识事故系统人－机－环境－管理四要素的基础上，更强调从建设安全系统的角度出发，认识安全系统的要素：人：人的安全素质（心理与生理；安全能力；文化素质）；物：设备与环境的安全可靠性（设计安全性；制造安全性；使用安全性）；能量：生产过程能的安全作用（能的有效控制）；信息：充分可靠的安全信息流（管理效能的充分发挥）是安全的基础保障。从安全系统的角度来认识安全原理更具有理性的意义，更具有科学性原则。

（3）安全控制论原理：安全控制是最终实现人类安全生产和安全生存的根本措施。安全控制论提出了一系列有效的控制原则。安全控制论要求从本质上来认识事故（而不是从形式或后果），即事故的本质是能量不正常转移，由此推出了高效实现安全系统的方法和对策。

（4）安全信息论原理：安全信息是安全活动所依赖的资源。安全信息原理研究安全信息定义、类型，研究安全信息的获取、处理、存储、传输等技术。

（5）安全经济性原理：从安全经济学的角度，研究安全性与经济性的协调、统一。根据安全－效益原则，通过“有限成本－最大安全”、达到“安全标准－安全成本最小”，以及实现安全最大化与成本最小化的安全经济目标。

（6）安全管理学原理：安全管理最基本的原理首先是管理组织学的原理，即安全组织机构合理设置，安全机构职能的科学分工，安全管理体制协调高效，管理能力自组织发展，安全决策和事故预防决策的有效和高效。其次是专业人员保障系统的原理，即遵循专业人员的资格保证机制：通过发展学历教育和设置安全工程职称的单列，对安全专业人员提出具体严格的任职要求；建立兼职人员网络系统；企业内部从上到下（班组）设置全面、系统、有效安全管理组织网络等。三是投资保障机制，研究安全投资结构的关系，正确认识预防性投入的关系，要研究和掌握安全措施投资政策和立法，讲求谁需要、谁受益、谁投资的原则；建立国家、企业、个人协调的投资保障系统等等。

（7）安全工程技术原理：随着技术和环境的不同，发展相适应的硬技术原理，机电安全原理、防火原理、防爆原理、防毒原理等。

2.2.3.3 本质安全的技术方法

本质安全的技术方法就是从根源上减少或消除危险，而不是通过附加的安全防护措施来控制危险。通过采用没有危险或危险性小的材料和工艺条件，将风险减小到忽略不计的安全水平，生产过程对人、环境或财产没有危害威胁，不需要附加程序安全措施。本质安全的技术方法可以通过设备、工艺、系统、工厂的设计或改进来减少或消除危险，使安全技术功能已融入生产过程、工厂或系统的基本功能或属性。表2－2列举了通用的本质安全技术方法和关键词。

表2－2 本质安全技术方法及关键词

关键词	技术方式方法
最小化	减少危险物质的数量
替代	使用安全的物质或工艺
缓和	在安全的条件下操作，例如常温、常压和液态
限制影响	改进设计和操作时损失最小化，例如装置隔离等
简化	简化工艺、设备、任务或操作
容错	使工艺、设备具有容错功能
避免多米诺效应	设备、设施有充足的间隔布局，或使用开放式结构设计
避免组装错误	使用特定的阀门或管线系统避免人为失误
明确设备状况	避免复杂设备和信息过载
容易控制	减少手动装置和附加的控制装置

2.2.3.4 本质安全的管理方法

根据广义的概念，本质安全管理方法的主要内容包括以下4个方面：

一是人的本质安全。它是创建本质安全型企业的核心，即企业的决策者、管理者和生产工作人员，都具有正确的安全观念、较强的安全意识、充分的安全知识、合格的安全技能，人人安全素质达标，都能遵章守纪，按章办事，干标准活，干规矩活，杜绝“三违”，实现个体到群体的本质安全。

二是物（装备、设施、原材料等）的本质安全。任何时候、任何地点，都始终在安全运行的状态，即设备以良好的状态运转，无故障：保护设施等齐全，动作灵敏可靠；原材料优质，符合规定和使用要求。

三是工作环境的本质安全。生产系统工艺性能先进、可靠、安全；高危生产系统具有闭锁、联动、监控、自动检测等安全装置，如企业有提升、运输、通风、压风、排水、供电等主要系统及分支的单元系统，这些系统本身应该没有隐患或缺陷，且有良好的配合，在日常生产过程中，不会因为人的不安全行为或物的不安全状态而发生事故。

四是管理体系的本质安全。建立健全完善的规章制度和规范、科学的管理制度，并规范地运行，实现管理零缺陷，安全检查经常化、时时化、处处化、人人化，使安全管理无处不在，无人不管，安全管理人人参与，变传统的被管理的对象为管理的动力。

本质论是必须的，它表明了安全科学的进步，是一种超前预防型的方法。只有建立在超前预防的基础上，才能做到防患于未然，真正实现零事故目标。

2.3 安全科学基本原理

2.3.1 安全科学公理

公理是事物客观存在及不需要证明的命题，据此，安全科学可以理解为“在人们安全实践活动中，客观面对的并无可争议的命题或真理”。安全科学公理是客观、真实的事实，不需要证明或争辩，能够被人们普遍接受，具有客观真理的意义。安全科学公理的认知对推动安全科学定理发挥着基础性、引证性的作用。安全科学公理是人们在长期的安全科学技术发展和公共安全与生活工作的实践中逐步认识和建立起来的。

第一公理：生命安全至高无上

“生命安全至高无上”是我们每一个人、每一个企业和整个社会所接受和认可的客观真理。对于个人，没有生命就没有一切；对于企业，没有生命安全，就没有基本的生产力。生命安全是个人和家庭生存的根本，是企业和社会发展的基础。因此，我们说“生命安全至高无上”，以此作为安全的第一公理。

“生命安全至高无上”是指生命安全在一切事物中，必须置于最高、至上的地位。即要树立“安全为天，生命为本”的安全理念。安全科学的第一公理表明了安全的重要性。

第二公理：事故是安全风险的产物

“事故是安全风险的产物”是客观的事实，是人们在长期的事故规律分析中得出的科学结论。安全的目标就是预防事故、控制事故，而这一公理告诉我们，只有从全面认知安全风险出发，系统、科学地将风险因素控制好，才能实现防范事故、保障安全的目标。

事故及公共安全事件的发生取决于安全风险因素的形态及程度，或者说，事故灾难是风险因素的函数，风险因素是事故灾难发生及其后果严重程度的变量。安全科学的第二公理表明了安全的本质性和根本性。

第三公理：安全是相对的

安全的相对性是安全科学的社会属性。安全科学是一门交叉学科，既有自然属性，也有社会属性。针对安全的自然属性，从微观和具体的技术对象而言，安全存在着绝对性特征。从安全的社会属性角度，安全的相对性是普遍存在的。因此，我们从自然属性来理解安全技术标准的绝对性的同时，也必须从社会属性来理解安全的相对性。

安全的相对性是指人类创造和实现的公共安全状态和条件是动态、变化的，公共安全的程度和水平是相对法规与标准要求、社会与行业需要存在的。没有绝对，只有相对；安全没有最好，只有更好；安全没有终点，只有起点。安全的相对性是安全社会属性的具体表现，是安全的基本而重要的特性。安全科学的第三公理表明了安全的相对性特征。

第四公理：危险是客观的

人类发展安全科学技术是基于技术系统的客观危险，辨识、认知、分析、控制危险是安全科学技术的最基本任务和目标。在控制危险之前，我们应该对危险有一个充分的认识，才能采取有效的措施。

“危险是客观的”这一公理是指在社会生活、公共生活和工业生产过程中，来自于技术与自然系统的危险因素是客观存在的。危险因素的客观性决定了安全科学技术需要的必然性、持久性和长远性。安全科学的第四公理反映了安全的客观性属性。

第五公理：人人需要安全

安全是生命存在的基础。无论是自然人，还是社会人，生命安全“人人需要”：无论是企业家还是员工，安全生产“人人需要”，因为，安全保护生命，安全保障生产。反之，没有安全就没有一切。对于个人，安全是1，而家庭、事业、财富、权力、地位都只是1后面的0，失去了安全这个1，就是失去生命和健康，再多的0，都没有意义；对于企业，安全是效益的基础和前提，安全不能决定一切，但是安全可以否定一切。因此，人人需要安全。

“人人需要安全”这一公理是指每一自然人、社会人，无论地位多高、财富多少，都期望自身的生命安全健康，都需要安全生存、安全生产、安全发展。安全是人类社会普遍性及基础性的目标。安全是人类生产、生存、生活的最根本的基础，也是生命存在和社会发展的前提和条件，人类从事任何活动都需要以安全作为保障和基础。安全科学的第五公理表明了安全的普遍性或普适性。

2.3.2 安全科学定理

定理是指事物发展的必然要求或必须遵循的规律，定理可基于公理推导得出。安全科学定理基于安全科学公理推理证明的规律和准则。安全科学定理为安全科学的发展和公共安全活动提供理论支持和方向引导，对公共安全工作和安全科学监管的实践具有指导性，是安全活动或工作必须遵循的必然规律及基本原则。

2.3.2.1 定理1：坚持安全第一的原则

安全生产是企业生产经营的前提和保障，没有安全就无法生产，发生事故不但会造成生产效率和效益的影响，还会导致员工生命的丧失和经济的巨大损失。因此，在生产经营全过程中，必须坚持安全第一的原则。

“坚持安全第一原则”是指在人类一切活动过程中，时时处处人人事事必须“优先安全”、“强化安全”、“保障安全”。对于企业，当安全与生产、安全与效益、安全与效率发生矛盾和冲突时，必须“安全第一”、“安全为大”。

由第一公理可知，人的生命安全至高无上，因此，在一切活动过程中，必须将安全放在第一位，即坚持“安全第一”的原则。“安全第一”这一口号，起源于1901年美国的钢铁工业。尽管在当时受经济萧条的影响，美国钢铁公司提出“安全第一”的经营方针，致力于安全生产的目标，不但减少了事故，同时产量和质量都有所提高。百年之间，“安全第一”已从一句口号变为安全生产基本方针，成为人类生产活动，甚至一切活动的基本准则。

“安全第一”是人类社会一切活动的最高准则。“安全第一”是在社会可接受程度下的“安全第一”，是在条件允许情况下尽力做到“安全第一”。“安全第一”是一个相对、辩证的概念，它是在人类活动的方式上相对于其他方式或手段而言，并在与之发生矛盾时必须遵循的重要原则。

2.3.2.2 定理2：秉持事故可预防信念

在人类社会发展的过程中，事故给人类带来了巨大的灾难，但是，作为社会主宰者的人类，秉持着事故可预防的信念，在不断地与事故博弈过程中，已经取得了很大的进步，在安全科学技术发展的今天，我们更应该继承前人的智慧，秉持事故可预防的信念，向着“零伤害、零事故”的目标迈进。

“事故可预防”定理是从理论上和客观上讲，在任何事故发生前都是可预防的，其后果是可控的。事故的可预防性是基于对事故的因果性的认知。正因为有了对事故这一特性的把握，我们能够坚信“事故可预防”的定理。

由“事故是安全风险的产物”这一公理可知，事故是技术系统风险的不良产物。技术系统是“人造系统”，是可控的。我们可以对技术系统从设计、制造、运行、检验、维修、保养、改造等环节，从人因、物因、环境、管理等要素出发，甚至对技术系统进行记忆管理、监测、调试等，对技术条件、状态和过程进行有效控制，从而实现对技术风险的管理和控制，实现对事故的防范。

事故可预防的理论基础可由安全性原理给予揭示，即安全性 $S=F(R)=1-R(p,\ l)$ 的原理。这一原理表明：降低、控制甚至消除风险，就可以提高安全水平或标准，从而防范事故发生。预防事故发生的途径可以通过揭示事故概率函数来获得，即事故概率函数 $p=F(4\mathrm{M})=F$[人（men）——人的不安全行为；机（machine）——机的不安全状态；环境（medium）——生产环境的不良；管理（management）——管理的欠缺]。

事故的发生与否和后果的严重程度是由系统中的固有风险和现实风险决定的，所以控制了系统中的风险就能够预防事故的发生。而风险是特定危害事件（安全事故或不期望事件）发生的概率与后果严重程度的结合。

2.3.2.3 定理3：遵循安全发展规律

安全发展是社会文明与社会进步程度的重要标志，社会文明与社会进步程度越高，人们对生活质量和生命健康保障的要求越为强烈。满足人们不断增长的物质与文化生活水平的要求，必须坚持安全发展。

“安全发展”这一定理一是指人类对安全的需求是变化和发展的过程，人类的安全标准和规范是不断提高的；二是指人类的社会发展和经济发展要以安全发展为基础，只有安全发展，才能有社会经济的长远发展和持续发展。

由“安全是相对的”这一公理可知，安全没有最好，只有更好。在人类社会的发展过程中，安全认知、标准和科学技术水平是不断发展和进步的。

首先，安全认知是发展的。认知是人们认识活动的过程，安全认知是人们对安全的认识过程。经验是人类学习的一种方法论，人类对事故灾害规律的认知是逐步进化和发展的。在一定的生产力水平下，由于人们认识的局限和科技水平的制约，人们只能认识一定的危险，同时也只能对已经认识、并认为应该控制且可以控制的危险进行控制管理。随着人类科技水平和人们对安全与健康要求的不断提高，人们会发现新的危险，同时生产过程也可能出现新的危险状态，这时人们必须探索并采取新的技术、管理等措施来取得新的安全状态。人类总是在所认识的范围内，按照生产力水平，不断改善自身的安全状况。人类对安全的认知和改善自身安全状况的过程实际上是一个不断螺旋上升的符合认识辩证法的发展过程。

第二，安全法规标准是发展的。安全的相对性决定了安全标准和法规的相对性，由于人类的认识能力不断提高，各类事物和周围环境在不断变化，科技不断进步，经济不断发展，人们生活水平不断提高，加上社会安全文明氛围的形成和世界范围内先进的安全卫生立法经验的吸收，安全标准也是在不断变化发展的。

第三，安全科学技术是发展的。科学技术是第一生产力，为了创造更多的社会财富，更好地促进经济的发展，科学技术在不断发展进步。安全科学技术是实现安全生产的技术手段，生产的稳定、持续运行必须依靠建立在先进的科学理论发现和技术发明基础之上的安全科学技术；先进的安全装置、防护设施、预测报警技术都是保护生产力、解放生产力的重要物质手段和技术支持。随着生产力的不断发展，人们对安全的重视程度不断加深，将劳动者从繁重的体力、脑力劳动中解放出来，从风险大、危害大的作业岗位上解放出来已经成为安全生产的重要工作。为了满足人们日益增长的安全需求，社会对安全科技的投入不断加大，安全科技在不断进步。随着技术的不断发展，安全技术要与生产技术同行，甚至领先和超前于生产技术的发展和进步。只有这样，才能应对不断更新的科学技术可能产生的事故，才能有效地预防事故发生。

2.3.2.4 定理4：把握持续安全方法

由于系统的危险是客观的，甚至是永存的，如交通工具快速高能，化工易燃易爆，冶金高温高压等。系统再高的安全标准水平，都有特定的约束和存在于特定限制的条件。因此，要保持安全的科学性和有效性，就必须强调持续安全的理论，把握持续安全的方法。

“持续安全”这一定理指安全是一个长期发展的、实践的过程，在任何时期从事安全活动，都要注意安全理念和方法的科学性、有效性和寻求安全与资源的最优化匹配组合。

由“危险是客观的”这一公理可知，在任何时期、任何条件下，危险都是客观存在的，那么安全就是永恒的话题，要实现安全的永恒性，就必须把握持续安全的方法论。

首先，危险的客观性决定安全的永恒性。危险是客观的，安全是永恒存在的。曾经的安全并不代表未来的可靠，不能用过去式状态来肯定当期的状态。安全是不断发展的，不同的时期、不同的环境、不同的经济水平条件下，安全的内容是不同的，因此，安全应该是持续的，只有持续安全才能在发展中不断解决安全问题，使安全水平达到人们在不同时期不同条件下可接受的程度。安全形势好，企业一定进步，行业一定发展。企业发展了，行业壮大了，就有条件、有能力在基础建设、设施改善、技术改进、人员培训、激励机制等事关安全的硬、软件方面加大投入，从而提高安全裕度，使持续安全得到更强有力的保障。

第二，危险的复杂性决定安全的艰难性。一个技术系统或生产系统，涉及的危险因素常常是复杂的、多样的，因此，相应的安全保障系统必须基于控制论的“等同原则”，达到优于、高于、先行的状态。对安全系统的这种要求和标准，常常使得安全系统功能的实现是艰难和复杂的。安全系统由许多子系统组成，而子系统又由许多细节、过程构成，安全工作必须重视任何一个细节、任何一个过程，认认真真从每一个细节、每一个过程做起，确保细节安全、过程安全，最后才能确保系统安全。而危险因素是客观存在的，如果某一个环节发生疏漏，其危险因素就会通过其传导机制，不断进行扩散、放大，形成事故链。如果这个事故链上的关键环节不能及时得到消除和控制，酿成事故是必然的。要想保持安全系统的长期平稳运行，就必须以科学的、有效的思想和方法论应对，要不断地进行安全系统的优化、改善和调整。因此，危险的客观性决定了安全的持续性，只有把握持续安全的方法，才能有效地控制系统危险，保证系统安全。

2.3.2.5 定理5：遵循安全人人有责的准则

人都应该珍惜生命，相互关爱，不伤害自己，不伤害他人，不被他人伤害，防止他人不被伤害，对自己的生命负责，对他人的生命负责，安全人人有责。

“安全人人有责”这一定理是指安全需要人人参与、人人当责，坚持“安全义务，人人有责”的原则，建立全员安全责任网络体系，实现安全人人共享。

“人人需要安全”公理表现在安全对我们每个人的重要性。既然人人需要安全，那么人人就应该参与安全，为安全尽责。其中“责”应理解为“责任心”，“安全职责”、“安全思想认识和安全管理是否到位”等。不论是个人、企业还是社会，都应该对安全尽责，形成“人人讲安全，事事讲安全，时时讲安全，处处讲安全”的安全氛围。

首先，安全，个人有责。从个人角度讲，只有当每一个人将安全意识融入血液中，自觉主动地负起自己的安全责任，工作中按章办事，严守规程，将自己变成一道安全屏障，才能够避免事故的发生。

第二，安全，企业有责。从企业角度讲，安全不是离开生产而独立存在的，是贯穿于整个生产过程中体现出来的。企业作为安全生产的责任主体，只有从上到下建立起严格的安全生产责任制，责任分明，各司其职，各负其责，将法规赋予生产经营范围的安全生产责任由大家来共同承担，安全工作才能形成一个整体，从而避免或减少事故的发生。

第三，安全，社会有责。从社会角度讲，应帮助企业建立起“以人为中心”的核心价值观和理念，倡导以“尊重人、理解人、关心人、爱护人”为主体思想的企业安全文化。因为人的安全意识、安全态度、安全行为、安全素质决定了企业安全水平和发展方向。只要提高人的安全素质，让每一个人做到由“要我安全”到“我要安全”，直到“我会安全”的转变，推动安全生产与经济社会的同步协调发展，使人民群众的生命财产得到有效的保护，企业才能在“以人为本”的安全理念中走上全面协调的可持续发展之路。

2.3.3 安全科学定律

定律，也称为法则，是基于经验或理论归纳推理的事物的客观规律。

安全科学定律为实践和事实所证明，反映事物在一定条件下发展变化的客观规律的论断。具体包括经验法则和理论法则。基于经验的安全科学法则在安全科学知识体系中处于底层次的理论地位，它反映的是事物现象之间某种联系的普遍性，却并不能理解、揭示这种普遍性。这部分讲的基于经验的安全科学法则有海因里希法则和墨菲法则，这两个法则都是通过对事故的统计得到的。理论法则在安全科学知识体系中处于比经验法则更高层次的理论地位，它反映事物、现象之间必然的因果联系，是对经验法则的理论解释。安全度法则、风险最小化定律、本质安全定律是属于理论法则的。

2.3.3.1 海因里希定律

海因里希法则的基本涵义是：不同程度的事故具有从重到轻、从大到小的金字塔规律，要防范严重的事故，需要从一般性事故入手，小的事故不发生了，就不会伴随严重或大的事故发生。因此，预防好一般事故，严重的事故就可以预防了。

1931年，海因里希（H. W. Heinrich）统计了55万件机械事故，其中死亡和重伤事故1666件，轻伤48334件，其余则为无伤害事故，从而得出一个重要结论，即在机械事故中，死亡和重伤、轻伤、无伤害事故的比例1∶29∶300，这就是著名的“海因里希法则”

（见图2－3a）。博德（F. E. Bird）于1969年调查了北美保险公司承保的21个行业拥有175万职工的297家企业的1753498起事故，得到类似的结论（见图2－3b），壳牌石油公司统计了石油行业的事故，也得到类似的结论（见图2－3c）。这个统计规律说明在进行同一项活动中，无数次意外事件，必然导致重大伤亡事故的发生。为了防止重大事故发生，就必须减少和消除无伤害事故，要重视事故的苗头和尾随事故、险肇事故，否则终会酿成大祸。

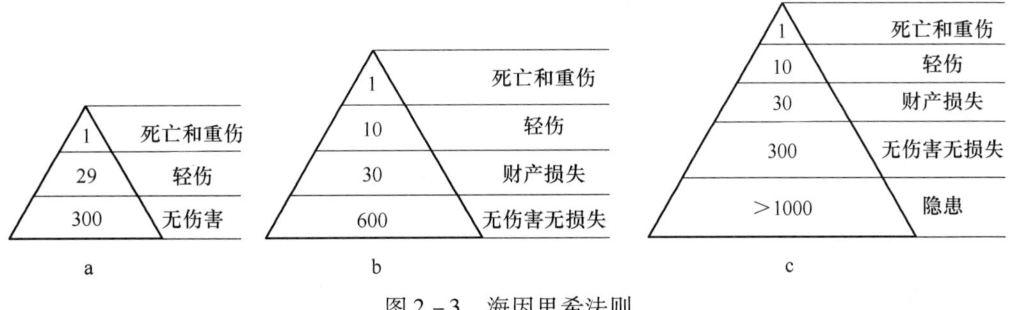

图2－3 海因里希法则

这一法则强调两点：一是严重事故发生是一般事故量积累的结果；二是要防范事故发生需要从基础事件入手。这一法则还让我们懂得：当一起严重事故发生后，人们在分析处理事故本身的同时，还要及时对同类问题的“事故征兆”和“事故苗头”进行排查处理，以防止类似问题的重复发生，及时解决再次发生重大事故的隐患，把问题解决在萌芽状态。

2.3.3.2 墨菲定律

墨菲定律是美国工程师爱德华·墨菲作出的著名论断，亦称墨非定律或墨非定理，是西方世界常用的俚语，它解释了一种独特的社会及自然现象。墨菲定律的主要内容是：事情如果有变坏的可能，不管这种可能性有多小，它总会发生，并造成最大可能的破坏。

墨菲定理并不是一种强调人为错误的概率性定理，而是阐述了一种偶然中的必然性，强调小概率事件的重要性。安全管理的目标是杜绝事故的发生，而事故是一种不经常发生和不希望有的意外事件，这些意外事件发生的概率一般比较小，就是人们所称的小概率事件。由于这些小概率事件在大多数情况下不发生，所以，往往被人们忽视，产生侥幸心理和麻痹大意的思想，这恰恰是事故发生的主观原因。墨菲定律告诫人们，安全意识时刻不能放松。要想保证安全，必须从我做起，采取积极的预防方法、手段和措施，消除人们不希望有的和意外的事件。

2.3.3.3 安全度定律

安全是人们可接受风险的程度，当风险高于某一程度时，人们就认为是不安全的；当风险低于某一程度时，人们就认为是安全的。那么如何理解这一程度呢？由此就有了安全度的概念。

国家标准（GB/T 28001—2011）对“安全”给出的定义是：“免除了不可接受的损害风险的状态”。安全度是衡量系统风险控制能力的尺度，表示人寰或者物质的安全避免伤害或损失的程度或水平；风险度是指单位时间内系统可能承受的损失，是特定危险性时间发生的可能性与后果的严重度的结合，就安全而言，损失包括财产损失、人员伤亡损失、工作时间损失或环境损失等。如果某种危险发生的后果很严重，但发生的概率极低；另一种危险发生的后果不很严重，但发生的概率极高，那么有可能后者的危险度高于前者，前者比后者安全。

安全的定量描述可用“安全性”或“安全度”来反映，“安全度”的数学表述是：

$S=F(R)=1-R(p, l)$，$S\leqslant 1$，且$\geqslant 0$。其中，R——系统的风险；p——事故的可能性（发生的概率）；l——可能发生事故的严重性。事故的可能性 p 涉及 4M 因素，即：人（men）——人的不安全行为；机（machine）——机的不安全状态；环境（medium）——生产环境的不良；管理（management）——管理的欠缺；可能事故的后果严重性 l 涉及时态因素、客观的危险性因素、环境条件、应急能力等。

2.3.3.4　风险最小化定律

安全的本质是风险，只有化解风险才能预防事故的发生，风险最小化是人们所期盼的，也是人们通过一定的努力、采取一定的安全科学措施后所能实现的。

风险是指特定危害事件（不期望事故）发生的概率与后果严重程度的结合。风险具有5个方面的特征：第一，风险是客观存在的，它是不以人的意志为转移的。第二，风险是相对的，是可以变化的。风险不仅跟风险的客体，也就是说跟风险事件本身所处的时间和环境有关，而且它的风险的主题，也就是说，跟从事风险的人相关。所以不同的人，由于他自身的条件、能力和所处的环境的不同，对同一个风险事件，可能他的态度也是不一样的。第三，风险是可以预测的，风险是在一个特定的时空条件下的概念，所以风险是现实环境和变动的不确定性在未来事件当中的一个反映，它是通过现实环境因素的观察可以初步加以预测的。第四，风险在一定程度上是可以控制的，风险是在特定条件下不确定性的一种表现，条件改变，引起风险事件的结果也就会有相应的变化。第五，风险跟目标相联系。目标越大，风险可能就越大。

风险是描述系统危险程度的客观量，又称风险程度或者风险水平。风险 R 具有概率 p 和后果严重度 l 的二重性，即 $R=f(p, l)$。如果某种风险发生的后果很严重，但发生的概率极低；另一种风险发生的后果不很严重，但发生的概率很高，那么有可能后者的风险度高于前者，前者比后者安全。

风险法则告诉我们，风险最小化战略有3种措施：降低发生概率 p 的措施；控制严重程度 l 的措施；或者同时控制概率和严重程度的措施，风险最小化三种策略图见图2-4。

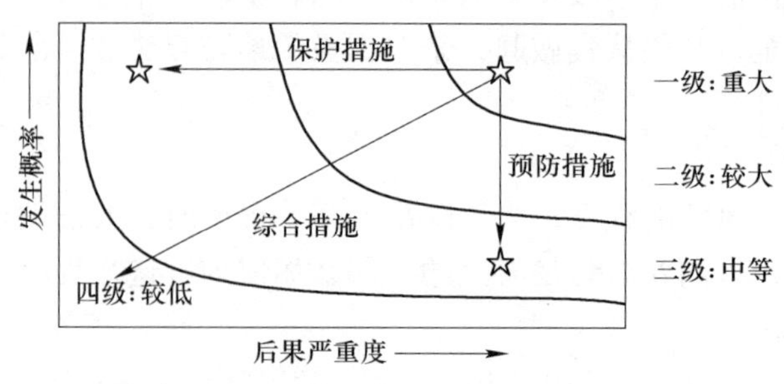

图2-4　风险最小化的3种措施

2.3.3.5　本质安全定律

本质安全概念的提出距今已过半个世纪，该概念最初源于20世纪50年代宇航技术界，主要用于电气设备。本质安全是指通过设计等手段设计生产设备或生产系统本身具有安全性，即使在误操作或发生故障的情况下也不会造成事故的发生。具体包括失误——安全（误操作不会导致事故发生或自动阻止误操作）、故障——安全功能（设备、工艺发生故障时还能暂时正常工作或自动转变安全状态），它包括物本安全和人本安全。

本质安全是安全技术追求的目标，也是安全系统方法中的核心。由于安全系统把安全问题中的人－机－环境统一为一个“系统”来考虑，因此不管是从研究内容还是系统目标来考虑，核心问题都是本质安全，就是研究系统本质安全的途径和方法。本质安全具有如下特征：人的安全可靠性、物的安全可靠性、系统的安全可靠性、管理规范和持续改进。在这4个特征中，机器设备和环境相对来说比较稳定，具有先决性、引导性、基础性的地位。事实上，通过多年对安全事故的分析，绝大多数事故发生的原因都与人有关。因此，只要有不安全的思想和行为，就会造成隐患，就可能演变成事故。

本质安全法则是$R \to 0$，$S \to 1$，即实现风险最小化、安全最大化。本质安全是珍爱生命的实现形式，本质安全致力于系统追向，本质改进。强调以“人－机－环境－管理”这一系统为平台，透过复杂的现象，通过优化资源配置来提高其完整性，追求诸要素安全可靠和谐统一，各危害因素始终处于受控制状态，去把握影响安全目标实现的本质因素，找准可牵动全系统的那“一发”所在，纲举目张，安全零事故。实现安全最大化，风险最小化，追求趋于绝对安全的境界。

2.3.3.6　安全效率定律

安全效率定律揭示出在不同阶段进行安全投入的效率，即系统设计1分安全性＝10倍制造安全性＝1000倍应用安全性，如图2－5所示。

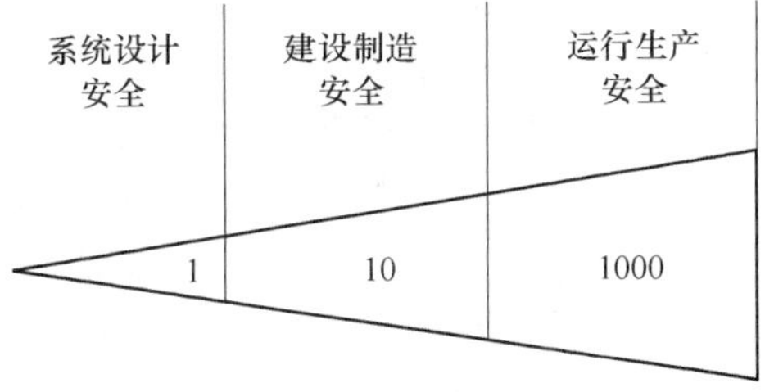

图2－5　安全效率金字塔模型

安全效率定律启示我们，在安全生产中，在设计阶段投入1分安全，相当于10倍制造安全和1000倍应用安全，安全成本投入在系统设计阶段效率最高，其次是建设制造阶段，运行生产阶段效率最低，所以要重视设计阶段的安全设计，加大安全投入，在设计阶段较少出现事故隐患，实现本质安全。设计阶段所花费的安全生产投入成本是建造阶段的1/10，是使用阶段的1/1000。就是说，在设计阶段的安全生产投入的产出是最大的。这充分说明了通过事前的安全生产投入预防安全事故的重要性。

日常安全管理中，我们往往把工作重心放在运行生产阶段，在运行生产阶段投入大量人力和物力进行隐患排查和安全防护。导致这种安全管理模式的原因是系统设计阶段和建设制造阶段的安全设计不够、安全投入不足，存在大量安全隐患，在运行生产阶段容易发生各类事故，所以要投入大量人力和物力进行隐患排查和安全防护，甚至为伤亡事故付出代价。若在系统设计阶段没有1分安全投入和安全设计，在建设制造阶段就要投入10倍安全，在运行生产阶段投入1000倍安全，才能保证运行生产安全，这不仅造成了人力和物力的浪费，而且容易发生事故，甚至是失去生命的代价。所以在安全管理中，要加大系统设计阶段安全投入和安全设计，在设计阶段减少事故隐患，防止运行生产中的事故。

在系统设计阶段投入安全资金，进行安全设计，可以实现系统本质安全。这里的本质安全主要指设备本质安全和环境本质安全。在设备设计和制造环节上都要考虑到应具有较完善的防护功能，以保证设备和系统都能够在规定的运转周期内安全、稳定、正常的运行，这是防止事故的主要手段。环境本质安全包括空间环境、时间环境、物理化学环境、自然环境和作业现场环境安全。实现空间环境的本质安全，应保证企业的生产空间、平面布置和各种安全卫生设施、道路等都符合国家有关法规和标准；实现时间环境的本质安全，必须做到安全设备使用说明和设备定期实验报告，来决定设备的修理和更新；实现物理化学环境本质安全，就要以国家标准作为管理依据，对采光、通风、温湿度、噪声、粉尘及有害物质采取有效措施，加以控制，以保护劳动者的健康和安全；实现自然环境的本质安全，就是要提高装置的抗灾防灾能力，搞好事故的应急预防对策的组织落实。

2.3.3.7 安全效益定律

安全具有两大效益功能：第一，安全能直接减轻或免除事故或危害事件，减少对人、社会、企业和自然造成的损害，实现保护人类财富，减少无益消耗和损失的功能，简称“减损功能”。第二，安全能保障劳动条件和维护经济增值过程，实现其间接为社会增值的功能。第一种功能成为“拾遗补缺”，可用损失函数 $L(S)$ 来表达；第二种功能成为“本质增益”，用增值函数 $I(S)$ 来表达。如图 2－6 所示，无论是“本质增益”即安全创造正效益，还是“拾遗补缺”即安全减少“负增益”，都表明了安全创造了价值。后一种可谓为“负负得正”或“减负为正”。以上两种基本功能，构成了安全的综合（全部）经济功能。用安全功能函数 $F(S)$ 来表达（在此功能的概念等同于安全产出或安全收益）。

根据理论分析和实证分析相结合的方法，得到了安全效益定律，即罗氏法则：1∶5∶∞，指 1 分的安全投入，创造 5 分的经济效益，创造出无穷大的社会效益，见图 2－7。安全经济效益分为直接经济效益和间接经济效益。安全的直接经济效益是人的生命安全的身体健康的保障与财产损失的减少。这是安全的减轻生命与财产损失的功能；安全的间接经济效益可维护和保障系统功能（生产功能、环境功能等）得以充分发挥，这是安全效益的增值力量。安全的社会效益主要指减少事故的发生，保障人的生命安全健康，保护环境，治理环境污染，提升企业商誉价值和丰富企业文化等。

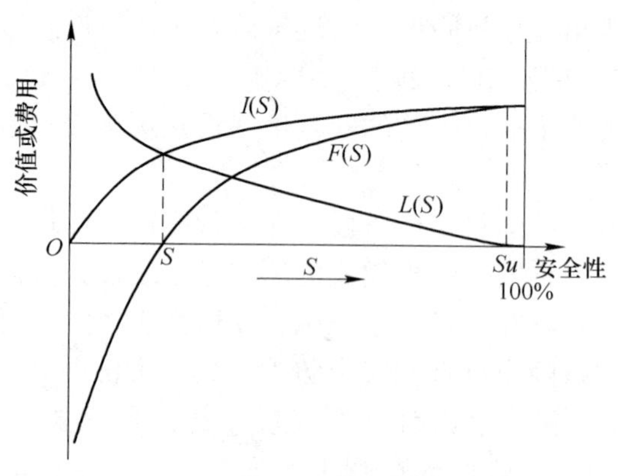

图 2－6 安全减损和增值函数

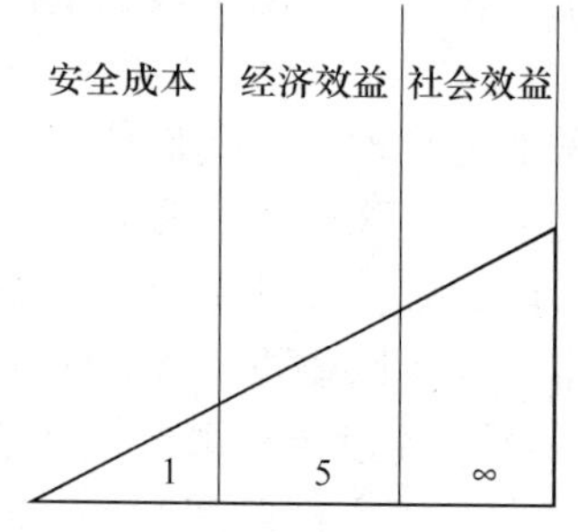

图 2－7 安全效益金字塔法则

一分的安全成本可以是时间成本或活化劳动成本，以及经济成本或物化劳动成本。安全效益定律启示我们，安全投入是创造价值的，具体在有效地防止生产事故的发生并带来价值增值，从而对社会、企业和个人所产生的正效果。相对于生产性投入的产出，安全投入的产出具有滞后性。安全投入所产生的安全产出，不是在安全投入实施之时就能立刻体现出来，而是在其后的防护及保护时间之内，甚至是发生事故之后才发挥作用。因此，需要有超前预防的意识，注重防患于未然，才能有效防范安全风险，获得安全保障。事实上，寄希望于临时抱佛脚式的安全生产投入，或者在事故发生之后才迫不得已地进行安全投入，往往就会付出更大代价，甚至于事无补，无所收益。

2.4　安全科学的数理基础

2.4.1　基本逻辑运算和逻辑函数

2.4.1.1　基本逻辑运算

逻辑代数是事故逻辑分析方法的理论基础及计算工具。逻辑代数又称布尔代数，是英国数学家布尔（George Boole）在19世纪中叶创立的。它与普通代数相比较，虽然也是用字母表示变量，却比普通代数简单得多，因为它的变量仅有两个，不是1就是0。而这两个变量并非表示两个数值，而是表示两种不同的逻辑状态（例如，是与否、真与假、高与低、有与无、开与关等）。在逻辑代数中，最基本的逻辑有与、或、非3种，用逻辑符号表示时也称与门、或门、非门。各种符号所表示的函数关系及其含义，见表2－3。

表2－3　基本逻辑运算

名　称	逻辑符号	函数式	含　义
与门	输入 a、b，门内 ·，输出 $a \cdot b$	$z(ab) = ab$	$1 \times 1 = 1$ $1 \times 0 = 0$
或门	输入 a、b，门内 +，输出 $a+b$	$z(ab) = a + b$	$1 + 1 = 1$ $1 + 0 = 1$ $0 + 0 = 0$
非门	输入 a，门内 +，输出 a'	$z(a) = a'$	$a = 1, a' = 0$ $a = 0, a' = 1$

（1）与运算也叫逻辑乘运算，简称逻辑乘。表示输入变量为 a、b 时，输出 $z = a \cdot b$，即决定事件 z 的条件 a 与 b 全部具备时，事件 z 才会发生，否则不会发生。

（2）或运算也叫逻辑加运算，简称逻辑加。表示输入变量为 a、b 时．输出 $z = a + b$，即决定事件 z 的条件 a 或 b 只要一个或两个全具备时 z 就会发生。当 a 与 b 都不具备时，z 才不会发生。

（3）非运算也叫逻辑求反运算，简称逻辑非（或逻辑否定）。表示输入变量为 a 时，输出 $z=a'$（或 $\bar{a}$），读作 a 非。即决定事件 z 的条件为 a 时，z 与 a 相反，a 存在 z 则不会发生，反之亦然。

2.4.1.2 逻辑变量与逻辑函数

一般来讲，如果输入变量 a，b，c，…的取值确定之后，输出变量 z 的值也就确定了。那么就称 z 是 a，b，c，…的逻辑函数，并写成：

$$z = F(abc\cdots)$$

在逻辑代数中，不管是变量还是函数，它们只有两个取值（0 与 1）。因为对决定事件是否发生的条件（相当于变量）来讲，尽管会有很多，但对任何一个条件来讲，都只有具备和不具备两种可能。对相当于函数的事件来讲，也只有发生和不发生两种情况。所以用 0 与 1 作为上述条件的两种可能与事件的两种情况的函数关系，是很容易理解的。

2.4.1.3 真值表

描述逻辑函数，各个变量取值组合和函数值对应关系的表格叫做真值表。

每个变量有 0，1 两个取值，n 个变量有 2^n 个不同的取值组合。如果将输入变量的全部取值组合和相应的输出函数值一一列举出来，即可得到真值表，如表 2－4 所列。

表 2－4 逻辑基本函数真值表

变量值	函数		
	与	或	非
abc	abc	$a+b+c$	$a'b'c'$
000	0	0	111
001	0	1	110
010	0	1	101
011	0	1	100
100	0	1	011
101	0	1	010
110	0	1	001
111	1	1	000

2.4.1.4 布尔代数的运算法则与化简

A 布尔代数的运算法则

布尔代数中的变量代表一种状态或概念，数值 1 或 0 并不是表示变量在数值上的差别，而是代表状态与概念存在与否的符号。

布尔代数主要运算法则如下：

（1）幂等法则

1）$A+A=A$（或 $A\cup A=A$）。根据集合的性质，由于集合中的元素是没有重复现象的，两个 A 集合的并集的元素都具有 A 的属性，所以还是 A。

2）$A\cdot A=A$（或 $A\cap A=A$）。两个 A 集合的交集的元素仍具备 A 集合的属性，所以还

是 A。

(2) 交换法则

1) $A+B=B+A$(或 $A\cup B=B\cup A$)

2) $A\cdot B=B\cdot A$(或 $A\cap B=B\cap A$)

(3) 结合法则

1) $A+(B+C)=(A+B)+C$[或 $A\cup(B\cup C)=(A\cup B)\cup C$]

2) $A\cdot(B\cdot C)=(A\cdot B)\cdot C$[或 $A\cap(B\cap C)=(A\cap B)\cap C$]

(4) 分配法则

1) $A+(B\cdot C)=(A+B)\cdot(A+C)$[或 $A\cup(B\cap C)=(A\cup B)\cap(A\cup C)$]

2) $A\cdot(B+C)=(A\cdot B)+(A\cdot C)$[或 $A\cap(B\cup C)=(A\cap B)\cup(A\cap C)$]

3) $(A+B)\cdot(C+D)=A\cdot C+A\cdot D+B\cdot C+B\cdot D$[或$(A\cup B)\cap(C\cup D)=(A\cap C)\cup(A\cap D)\cup(B\cap C)\cup(B\cap D)$]

(5) 吸收法则

1) $A+(A\cdot B)=(A+A)\cdot(A+B)=A$ 或 $B+A\cdot B=B$

2) $A\cdot(A+B)=A\cdot A+A\cdot B=A+A\cdot B=A$ 或 $B\cdot(B+A)=B$

B　布尔化简

布尔代数式是一种结构函数式，必须将它化简，方能进行判断推理。化简的方法就是反复运用布尔代数法则，化简的程序是：(1) 代数式如有括号应先去括号将函数展开；(2) 利用幂等法则，归纳相同的项；(3) 充分利用吸收法则直接化简。

2.4.2　随机事件与概率计算

在事故树分析及可靠性工程中经常遇到概率的概念，在进行定量计算时还要用有关公式计算顶上事件或系统的发生概率及故障率，并根据其大小评价系统的安全性，提出适当的改进措施，以降低该值。先简要介绍有关知识如下。

2.4.2.1　随机事件

自然界和社会实践中发生的现象是多种多样的。在一定条件下必然发生的现象，称为必然事件。例如，在地球上向上抛一石子必然会下落，这类事件常用 S 表示。另有一类现象是在一定条件下必然不发生的现象。例如，电场内同性电荷相互吸引，这类事件称为不可能事件，常用 Ø 表示。再一类现象是在一定条件下可能发生，也可能不发生的现象。例如，用同一门炮向同一目标射击，各次弹着点各不相同，而且不论怎样控制射击条件，在一次射击之前无法断定弹着点的确切位置；又如某一时刻工人生产的零件可能是合格品，也可能是废品；再如，伤亡事故及其相关因素，在一定条件下可能发生也可能不发生；……。这类现象归纳起来，可以看做在相同的一组条件下，进行一系列试验或观察，而每次试验或观察的可能结果不止一个，在每次试验或观察之前无法预知确切的结果，即呈现出不确定性。在数学上把这类现象称为“随机现象”，也称“随机事件”，简称为“事件”。

A　子事件

如果事件 A 发生必然导致事件 B 的出现，则称事件 A 是事件 B 的子事件，记作 $A\subset B$。

B 和事件

如果事件 A 发生或者事件 B 发生（两事件 A、B 中至少有一个发生）必然导致事件 C 发生，称事件 C 为事件 A 与 B 的和事件，记为 $C=A+B$（或 $C=A\cup B$）。两事件的和事件如图 2 - 8 所示。

例如“甲射中目标”（A）与“乙射中目标”（B），这两个事件的和就是“甲或乙射中目标”（C）。记作 $C=A+B$（或 $C=A\cup B$）。

类似有，对任意 k 个事件 A_1，A_2，A_3，…，A_K，可定义 A_1，A_2，A_3，…，A_K 的和，即 A_1，A_2，A_3，…，A_K 中至少有一个出现，记作 $A_1\cup A_2\cup A_3\cup\cdots\cup A_K$，或 $A_1+A_2+A_3+\cdots+A_K$。

C 积事件

在任一试验中，若 A 事件发生，B 事件也同时发生，我们把两个事件同时发生的这事件称为 A 与 B 的积，记为 AB 或（$A\cap B$）。两个事件的积如图 2 - 9 所示。

例如：“甲和乙都射中目标”（C）是“甲射中目标”（A）与“乙射中目标”（B）两个事件的积事件。记作 $C=AB$（或 $C=A\cap B$）。

类似地可定义 k 个事件 A_1，A_2，A_3，…，A_K 的积，记为 $A_1\cap A_2\cap A_3\cap\cdots\cap A_K$ 或 $A_1A_2A_3\cdots A_K$。

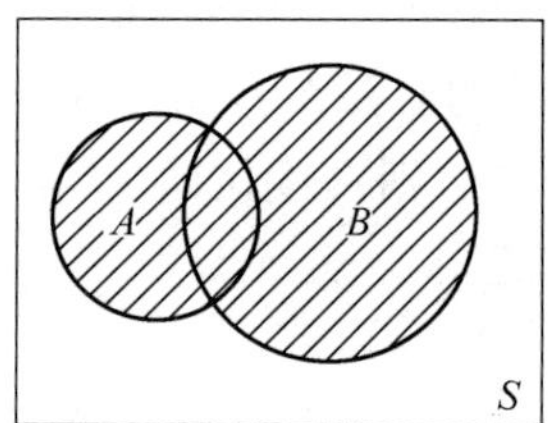

图 2 - 8 和事件示意图

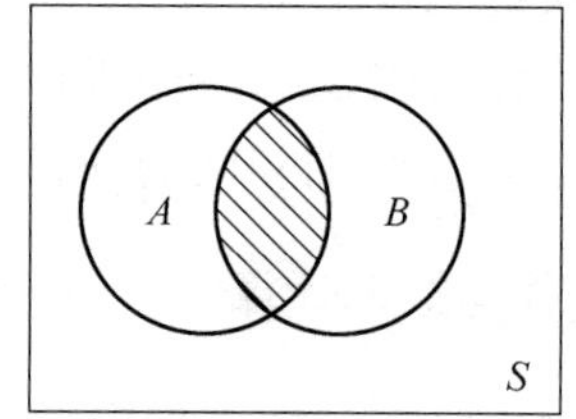

图 2 - 9 积事件示意图

D 互斥事件

设 A、B 是两个互斥事件，若事件 A 与事件 B 不能同时发生，亦即 $A\cap B=\varnothing$，则称事件 A 与事件 B 是互斥（不相容）事件。两个互斥事件可用图 2 - 10 表示。

倒如掷一个骰子，“出现 1 点”和“出现 2，3，…，6”不能同时发生，则它们是互斥的。

E 事件的逆事件

对于事件 A、B 如果有：（1）$A\cap B=\varnothing$，即 A、B 不能同时出现；（2）$A\cup B=S$，即 A、B 一定有一个要出现，则称 A、B 为互逆事件（对立事件），这时事件 B 就称为事件 A 的逆事件（同样 A 也称为 B 的逆事件）。一个事件 A 的逆事件常用 $\overline{A}$ 表示。若把 A 看做是一个集合时，$\overline{A}$ 就是 A 的补集。对立事件可用图 2 - 11 表示。

注意：A、B 互逆，则一定互斥；但 A、B 互斥不一定互逆。例如掷一个骰子，“出现偶数点”和“出现奇数点”不能同时发生，且非此即彼。这两事件互逆，而且互斥。

F 差事件

有 A、B 两事件，如果 C 发生就是事件 A 发生且事件 B 不发生的一个事件，则称事件 C 为事件 A 与事件 B 的差，记作 $C=A-B$。两事件的差事件如图 2 - 12 所示。显然

$A-B=A\cdot\overline{B}$。

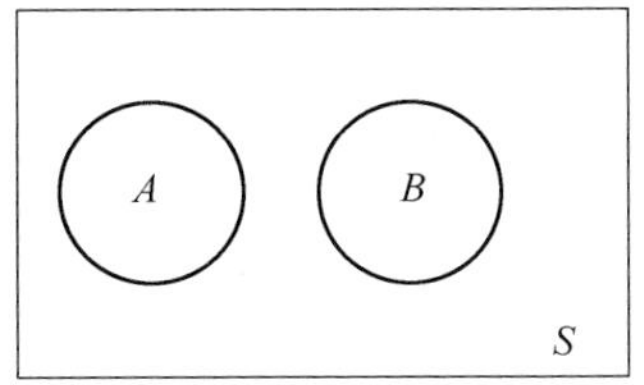

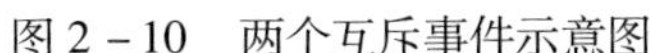
图 2－10　两个互斥事件示意图

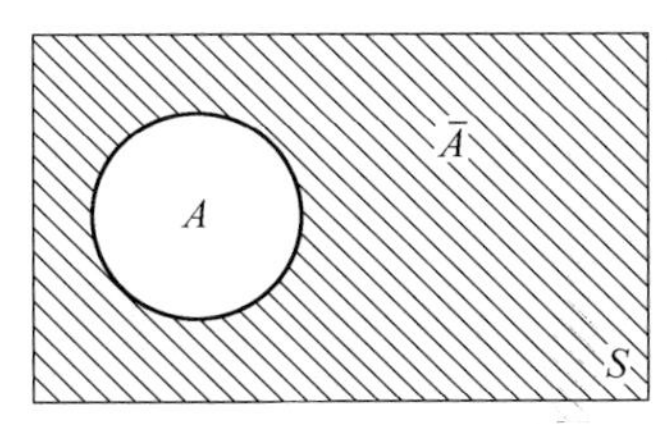

图 2－11　对立事件示意图

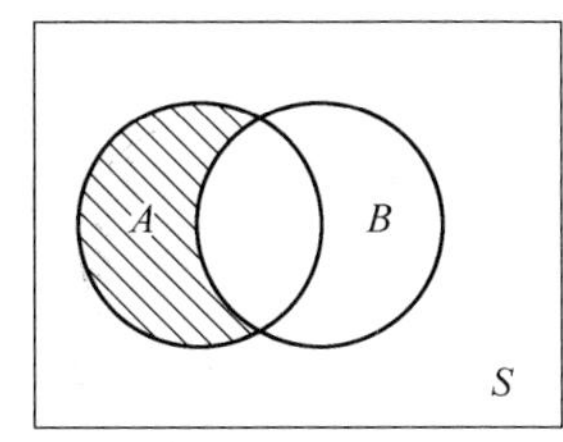

图 2－12　两个事件的差事件示意图

2.4.2.2　频率与概率

A　频率

若随机事件 A 在 n 次试验中发生了 m 次，则比值 $\frac{m}{n}$ 称为随机事件 A 的频率（或相对频率），记作 $W(A)$，用公式表示如下：

$$W(A)=\frac{m}{n} \tag{2-1}$$

由于 $0\leqslant m\leqslant n$，所以随机事件的频率值介于 0 与 1 之间。

必然事件的频率恒等于 1；不可能事件的频率恒等于 0。

在一组条件下，重复做 n 次相互独立的试验，设 m 为在 n 次试验中事件 A 发生的次数。如果对于大量的试验（即 n 很大），频率 $\frac{m}{n}$ 稳定在某一数值 q 左右摆动，则称 q 为事件 A 在这组条件下发生的概率。记作：

$$Q(A)=q$$

同样

$$0\leqslant Q(A)\leqslant 1$$

$$Q(S)=1,Q(\varnothing)=0$$

随机事件的频率与进行试验的次数有关，而随机事件的概率却是客观存在的。在实际进行的试验中，随机事件的频率可以看做是它的概率的随机表现。虽然进行一次试验并不能断定该事件是否一定发生，但是如果进行大量重复试验，随机事件就会呈现出一定的规律性，这种规律为随机事件的统计规律。概率论与数理统计的研究对象，就是研究和揭示随机现象的统计规律性。

B　概率的统计定义

定义：在同一条件下进行 n 次重复试验，其中事件 A 出现 m 次，事件 A 的频率 $\frac{m}{n}$ 随试验次数的变化稳定在某一个数值 p，则定义事件 A 的概率为 p，记为 $P(A)=p$。

一般地，数值 p 很难得到准确值，因此，实际上当 n 充分大时．以事件 A 的频率作为事件 A 的概率的近似值，即：

$$P(A)=p=\frac{m}{n} \tag{2-2}$$

由定义可以看出事件的概率与频率一样，有下列几种性质：

（1）$0\leqslant P(A)\leqslant 1$；（2）$P(S)=1$；（3）$P(\varnothing)=0$。

C　概率的古典定义

定义：一个随机试验，若（1）只有有限个可能的结果（基本事件）；（2）每个结果的出现都是等可能的。则称这样的随机现象模型为古典概率。

在古典概率中，如果基本事件的总数是 n，而且事件 A 包含了其中的 m 个，则事件 A 的概率定义为

$$P(A) = m/n = \frac{A\text{中所包含的基本事件数}}{\text{基本事件总数}} \tag{2-3}$$

D　独立事件的概率计算

在一组随机事件中，按事件的影响关系，又可分为独立事件与排斥事件。

若 A 事件的发生与否，并不影响 B 事件的概率，反之亦然，则称两事件相互独立。即独立事件是一组概率互不影响的事件。

设事件 A，B，C，…，N 发生的概率依次为 q_A，q_B，q_C，…，q_N，它们的逻辑积与逻辑和的概率如下：

（1）逻辑积的概率（独立事件是与门连接的）

$$q_{(A\cdot B\cdot C\cdot\cdots\cdot N)} = q_A \cdot q_B \cdot q_C \cdot \cdots \cdot q_N = \prod_{i=A}^{N} q_i \quad (i = A,B,C,\cdots,N) \tag{2-4}$$

（2）逻辑和的概率（独立事件是或门连接的）

$$\begin{aligned} q_{(A+B+C+\cdots+N)} &= 1 - (1-q_A)(1-q_B)(1-q_C)\cdots(1-q_N) \\ &= 1 - \prod_{i=A}^{N}(1-q_i) \quad (i = A,B,C,\cdots,N) \end{aligned} \tag{2-5}$$

E　非独立事件的概率计算

设事件 A，B，C，…，N 发生的概率依次为 q_A，q_B，q_C，…，q_N，则

（1）逻辑和的概率为：

$$q_{(A+B+C+\cdots+N)} = q_A + q_B + q_C + \cdots + q_N \tag{2-6}$$

（2）逻辑积的概率为：

$$q_{(A\cdot B)} = q_A \cdot (q_B/q_A) = q_B \cdot (q_A/q_B) \tag{2-7}$$

式中　q_B/q_A——在 A 发生的条件下 B 发生的概率（条件概率）；

q_A/q_B——在 B 发生的条件下 A 发生的概率（条件概率）。

2.4.3　可靠性及基本事件发生概率计算

对于一个系统（或人、设备等）而言，在进行系统分析及评价时，往往要对其进行量化计算，为此引人有关可靠性的内容。

2.4.3.1　可靠性的基本概念

A　可靠性

定义：可靠性是指研究对象在规定条件下、规定时间内，完成规定功能的能力。在这里研究对象所处的条件包括温度、湿度、振动、冲击、负荷、压力等，还包括维修方法、自动操作与人工操作以及作业人员的技术水平等广义的环境条件。规定的时间，一般指通常的时间概念，也有因对象不同而使用诸如次数、周期、距离等相当于时间指标的量。规定的功能是指研究对象的某些特定的技术指标，这种功能是根据使用的需要和生产可能来规

定的。

B 可靠度与不可靠度

可靠度是指研究对象在规定的条件下、规定的时间内，完成规定功能的概率。通常记为 R。

不可靠度是指研究对象在规定的条件下和规定的时间内丧失规定功能的概率，又叫失效概率，通常记为 F。

可靠度和不可靠度是一完备事件组，所以有：

$$R + F = 1 \quad 或 \quad R = 1 - F \tag{2-8}$$

研究对象的不可靠度可以通过大量的统计实验得出。例如，有 N_0 个研究对象在规定条件下工作到某规定时间有 N_{fm} 个研究对象失效。我们把工作时间按 Δt 为一段，分成 t_1，t_2，…，t_n（$t_1 < t_2 < \cdots < t_n$）时刻，如图 2-13 所示。图中的纵坐标是每个单位时间 Δt 内失效的研究对象数。如在 i 段，就是从 t_{i-1} 到 t_i 为止，这一单位时间内失效研究对象数为 ΔN_{fi}，由于全部对象为 N_0 个，在（t_{i-1}，t_i）这一单位时间内，发生失效的概率为 $\frac{\Delta N_{fi}}{N_0}$。我们取某时刻 t_m，那么在 t_m 之前的累计失效总数 N_{fm} 则为：

$$N_{fm} = \sum_{i=1}^{m} \Delta N_{fi} \tag{2-9}$$

式（2-9）用坐标表示如图 2-12 所示，因此，在 t_m 时间内发生失效的概率 F_m 由下式给出：

$$F_m = N_{fm}/N_0 = \sum_{i=1}^{m} \Delta N_{fi}/N_0 \tag{2-10}$$

当所取的试验时间段数愈来愈多，而单位时间愈来愈小时，亦即 $n \to \infty$，$\Delta t \to 0$ 时，则图 2-14 中的折线就趋于曲线。此时，t 时间内失效对象数趋向于 $N_t(t)$，失效概率（不可靠度）趋向于 $F(t)$。

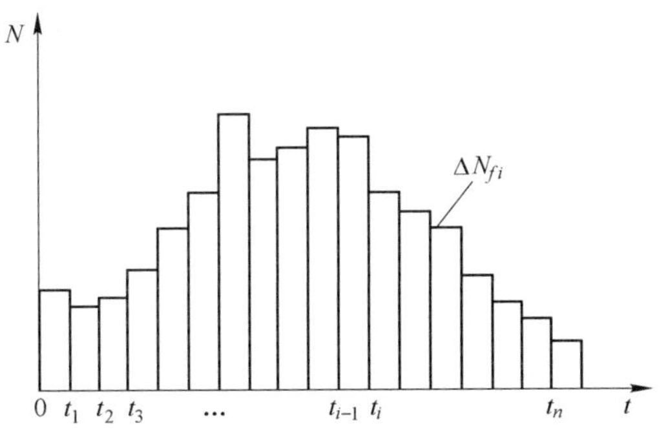

图 2-13 失效对象的频数直方

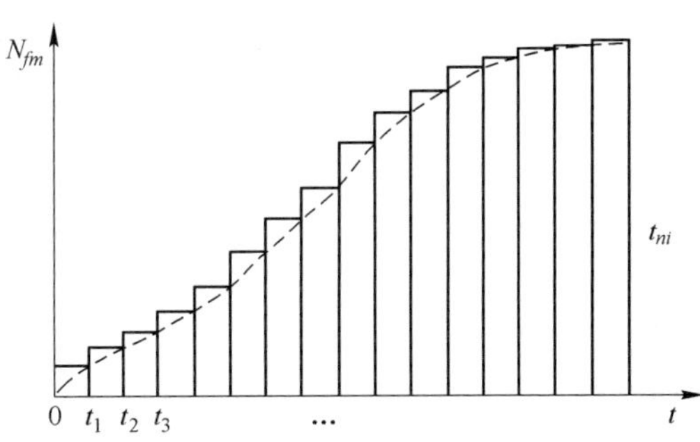

图 2-14 失效累计频数直方

根据式（2-10）得

$$F(t) = \frac{N_f(t)}{N_0} = \int_0^t \frac{1}{N_0} \mathrm{d}N_f(t) = \int_0^t \frac{1}{N_0} \cdot \frac{\mathrm{d}N_f(t)}{\mathrm{d}t} \mathrm{d}t \tag{2-11}$$

若令

$$f(t) = \frac{1}{N_0} \frac{\mathrm{d}N_f(t)}{\mathrm{d}t} \tag{2-12}$$

则
$$F(t) = \int_0^t f(t)\,\mathrm{d}t \tag{2-13}$$

式（2-12）中的 $f(t)$ 是以 t 为随机变量的概率密度函数，亦称为失效密度函数。而式（2-13）中的 $F(t)$ 是其概率分布函数，称为累积失效分布函数，通常称为不可靠度函数，它具有下式所示的特征：

$$F(t) = \int_0^\infty f(t)\,\mathrm{d}t = 1 \tag{2-14}$$

若与 t 时间内的失效研究对象数 $N_f(t)$ 相对应，设在 t 时间内残存的未失效研究对象数为 $N_s(t)$，则可靠度函数 $R(t)$ 可定义为：

$$R(t) = \frac{N_s(t)}{N_0} \tag{2-15}$$

可靠度函数有时又称为“残存概率”。

$$N_s(t) + N_f(t) = N_0 \tag{2-16}$$

根据式（2-15）和式（2-16）得：

$$R(t) = 1 - \frac{N_f(t)}{N_0} \tag{2-17}$$

根据式（2-3）和式（2-9）可得

$$R(t) + F(t) = 1 \tag{2-18}$$

根据式（2-13）、式（2-14）和式（2-18）可得

$$R(t) = 1 - \int_0^t f(t)\,\mathrm{d}t = \int_t^\infty f(t)\,\mathrm{d}t \tag{2-19}$$

同样也可以把 $f(t)$ 表示为

$$f(t) = -\frac{\mathrm{d}R(t)}{\mathrm{d}t} \tag{2-20}$$

$R(t)$、$F(t)$ 和 $f(t)$ 三者的关系如图 2-15 所示。

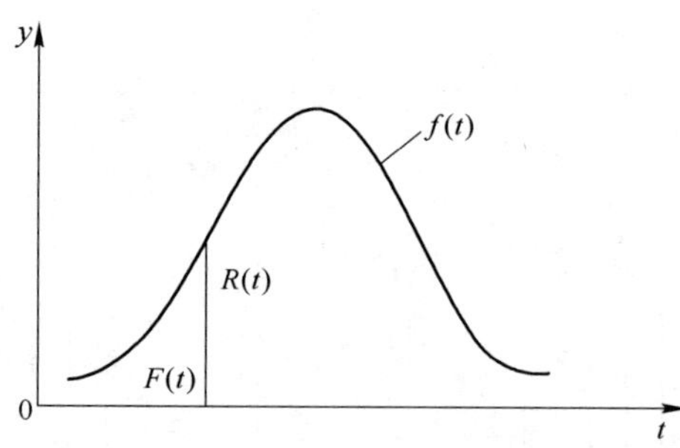

图 2-15 $R(t)$、$F(t)$ 和 $f(t)$ 的关系图

C 故障率与维修度

在评价研究对象可靠性时，故障率与维修度是重要的特征量，下面分别阐述。

a 故障率

表示研究对象在某时刻 t 的单位时间内发生 0 故障的概率，用下式定义：

$$\lambda(t) = \frac{1}{N_s(t)} \frac{\mathrm{d}N_f(t)}{\mathrm{d}t} \tag{2-21}$$

式中，$dN_f(t)$ 表示当 $\Delta t \to 0$ 时，在时间区间（t，$t+\Delta t$）内的故障次数，$N_s(t)$ 表示到 t 时刻为止未发生故障的次数，所以 $dN_f(t)/N_s(t)$ 表示在区间（t，$t+\Delta t$）内 $\Delta t \to 0$ 时，研究对象发生故障的概率。在式（2－21）中把 $dN_f(t)/N_s(t)$ 再除以 dt，即表示在单位时间内研究对象发生故障的概率。由于 $\Delta t \to 0$，所以 $\lambda(t)$ 实际上为 t 时刻的瞬时故障率。

若对式（2－17）进行微分并代入式（2－21）得：

$$\lambda(t) = -\frac{N_0}{N_s(t)}\frac{dR(t)}{dt} \tag{2-22}$$

若将式（2－15）代入可得

$$\lambda(t) = -\frac{1}{R(t)}\frac{dR(t)}{dt} \tag{2-23}$$

当 $t=0$ 时，$R(0)=1$。

对式（2－23）进行积分变换后可得

$$-\int_0^t \lambda(t)d(t) = \ln R(t)$$

$$R(t) = e^{-\int_0^t \lambda(t)dt} \tag{2-24}$$

根据此式就可确定故障率与可靠度的关系，特别当 $\lambda(t)=\lambda$（常数）时，式（2－24）可以写成

$$R(t) = e^{-\lambda t} \tag{2-25}$$

此时研究对象的可靠度是按指数分布的，据式（2－20）和式（2－23）可将故障率表示为：

$$\lambda(t) = \frac{f(t)}{R(t)} \tag{2-26}$$

b 维修度

维修度是表征可维修的难易程度。可定义为：可维修系统在规定条件下和规定时间内，完成维修的概率。在时间 t 内完成维修的概率记为 $M(t)$。越容易维修的系统，在同样时间内，它的 $M(t)$ 是停工时间 T_D 的分布函数。

$$M(t) = P\{T_D \leqslant t\} \tag{2-27}$$

$$\lim_{t\to 0} M(t) = 0 \qquad \lim_{t\to\infty} M(t) = 1$$

维修度的密度函数可以用下式表示：

$$m(t) = \frac{dM(t)}{dt} \tag{2-28}$$

在 $t \to t+\Delta t$ 时间内修复的概率为 $\mu(t)dt$，则有维修率：

$$\mu(t) = \frac{m(t)}{1-M(t)} = \frac{1}{1-M(t)}\frac{dM(t)}{dt} = -\frac{d\ln[1-M(t)]}{dt} \tag{2-29}$$

经过一系列积分变换得

$$M(t) = 1 - e^{-\int_0^t \mu(t)dt} \tag{2-30}$$

当 $\mu(t)=\mu$（常数）时，

$$M(t) = 1 - e^{-\mu t} \tag{2-31}$$

D 系统的寿命过程

正常状态的非修复系统过渡到故障状态的工作时间期望值，称为平均无故障时间，记

为 MTTF(Mean Time To Failure 的缩写)，也称平均寿命。

正常状态的可修复系统过渡到故障状态的工作时间期望值，称为平均故障间隔时间，记为 MTBF(Mean Time Between Failure 的缩写)。

平均无故障时间和平均故障间隔时间可用下式定义；

$$\text{MTTF 或 MTBF} = \int_0^\infty tf(t)\,dt \tag{2-32}$$

经过一系列变换，若 $\lambda(t)=\lambda$(常数) 时，则有

$$\text{MTTF 或 MTBF} = \frac{1}{\lambda} \tag{2-33}$$

即：λ 是 MTBF 或 MTTF 的倒数。

系统的平均维修时间，称为平均修理更换时间，记作 MTTR(Mean Time To Repair 的缩写)。

平均修理更换时间可由下式定义：

$$\text{MTTR} = \int_0^\infty t_m(t)\,dt = \int_0^\infty t\frac{dM(t)}{dt}dt = \int_0^\infty t\,dM(t) \tag{2-34}$$

经过一系列变换，若 $\mu(t)=\mu$(常数) 时，则有：

$$\text{MTTR} = \frac{1}{\mu} \tag{2-35}$$

MTTF、MTBF 和 MTTR 表达了系统的寿命过程。对可修复系统而言，MTBF 是系统平均正常工作的时间，MTTR 是平均修理时间。对不可修复系统，MTTF 是系统的平均寿命，MTTR 是平均更换时间。

E 可维修系统的有效度

有效度是可靠度和维修度台起来的尺度。其定义为系统在规定条件下，在任意时刻正常的概率，称为有效度，用 $A(t)$ 表示。

当系统的可靠度与维修度均服从指数分布时，则系统的有效度为：

$$A = \frac{\text{MTBF}}{\text{MTBF} + \text{MTTR}} = \frac{\mu}{\mu + \lambda} \tag{2-36}$$

2.4.3.2 基本事件发生概率计算

在系统安全分析及定量计算时，必须首先知道基本事件的发生概率，而基本事件的发生概率主要由设备的故障率和人的失误概率所决定。

设备故障率是指单位时间内故障发生的概率。故障率的确定是通过设备单元（部件或元件）的故障实验和统计分析得到。

对于一般可修复系统（即系统故障修复后仍可投入正常运行的系统）其单元故障概率为

$$q = \frac{\text{MTTR}}{\text{MTBF} + \text{MTTR}} \tag{2-37}$$

因 $\text{MTTR} = \frac{1}{\mu}$，$\text{MTBF} = \frac{1}{\lambda}$

将 MTTR 和 MTBF 的表达式代入式（2-37）并整理得：

$$q = \frac{\lambda}{\mu + \lambda}$$

一般来说，MTBF≥MTTR，所以 $\lambda \ll \mu$，故有

$$q = \frac{\lambda}{\mu + \lambda} \approx \frac{\lambda}{\mu} = \lambda\tau \tag{2-38}$$

式中，$\tau = \frac{1}{\mu}$，为平均修复时间。

设备的故障率 λ 可通过故障实验或统计分析得到。实验条件下得到的故障率为 λ_0，在实际使用时，由于设备受到如温度、湿度、振动、冲击、压力等的干扰和影响．故实际的设备故障率 λ 应表示为

$$\lambda = k\lambda_0 \tag{2-39}$$

式中 k——严重系数，一般 k 的取值为 1～10，对于振动或冲击大的地方 k 的值可达数百（见表 2-5）。

表 2-5 不同环境下的 k 值

使用场所	k	使用场所	k
实验室	1	导弹试验车	60
普通室内	1.1～10	飞机	80～150
船舶	10～18	导弹	400～1000
铁路、车辆、牵引车	13～30		

这样求出的 q 是设备的瞬时故障概率。

2.4.3.3 应用举例

［例 2-1］ 某综采工作面，据矿井统计，由于前探梁支护不及时，平均每 200d 发生 1 次冒顶，而修复时间平均需 1d，求该工作面的瞬时冒顶概率。

解 根据题意，$\lambda = \frac{1}{200}$，$\tau = 1$

$$q = \lambda\tau = \frac{1}{200} \times 1 = 0.005$$

该综采工作面的瞬时冒顶概率为 0.005。

对于不可修复（使用一次就报废）的系统，设备的单元故障概率为

$$q = 1 - e^{\lambda t} \tag{2-40}$$

式中，t 为设备运行时间。

该概率是元件运行累积时间的概率。如果把 $e^{-\lambda t}$ 按无穷级数展开，且略去后面的无穷小，则可近似为：

$$q = \lambda t \tag{2-41}$$

［例 2-2］ 对于井底车场中的运输大巷与回风巷之间的风门，由于每天上下班的工人都要通过此处，若每天风门的打开与关闭的次数为 500 次。而统计结果表明，这个风门在开闭 100000 次后，就需修理密封装置，且每次处理需 8h，故有：

$$\text{MTBF} = 100000/500 = 200(\text{d}) = 200 \times 24(\text{h}) = 4800(\text{h})$$

$$\text{MTTR} = 8(\text{h})$$

于是风门密封故障率为：

$$q=\frac{\text{MTTR}}{\text{MTBF}+\text{MTTR}}=\frac{8}{4808}=0.0017$$

若假设风门是一次性报废，则单元的故障率为 $q=\lambda T$，其中 $\lambda=\frac{1}{4800}$，这样在风门正常运行了 400h 的时候，其故障概率即为：

$$q\approx\lambda T=\frac{1}{4800}\times400=0.08$$

还有一种基本事件故障率，即人的失误率。每种作业的动作失误率数值，需要有大量的经验和试验数据做依据。但一般正常情况下，在 0.01～0.001 之间的失误率是概率的概念，即每一次作业动作都有 1%～0.1% 失误的可能性，但人的失误率由于受作业环境、紧迫性、单调性、人的安全感、心理和生理状态的影响，因此可根据情况再乘一个修正系数 $k(k=1\sim0.1)$。

2.4.4 安全数据统计分析

2.4.4.1 安全数据统计分布的集中趋势

开展安全数据统计，其实统计方法和程序与别的数据统计没有绝对的区别，知识安全数据统计的数据来自安全问题，并且统计的目的是为了安全。

从计算方式上看，测定数据集中趋势的指标可分为数值平均值和位置代表值。数值平均值是根据所需要的统计数据统计得出的相应代表值，如算数平均数、集合平均数、调和平均数和幂平均数；位置代表值是通过统计数据所处的位置，直接观察或根据特定位置有关的部分数据来确定代表值，如众数、中位数。集中趋势指标的作用主要体现在以下四个方面：(1) 反映安全现象数据分布的基本情况与有价值的信息；(2) 可用来比较分析同种安全现象在不同时期的发展变化趋势和状况；(3) 能比较安全同质现象在不同空间上的发展水平；(4) 可分析安全现象之间的依存关系。

A 算数平均数

算数平均数是我们日常生产、工作中使用“平均数”这一概念时最常用的平均数，表明了安全总体的平均水平和集中趋势。具体算法如下：

$$\text{算数平均数}(\bar{x})=\frac{\text{总体标志总和}}{\text{总体单位数}}=\frac{\sum x}{n}$$

式中 $\sum x$——样本中所有个体的总和；

n——样本个体的数量。

算数平均数主要有简单平均数和加权算数平均数两种表现形式。

(1) 简单算数平均数。适用于未分组的资料，计算公式如下：

$$\bar{x}=\frac{x_1+x_2+\cdots+x_n}{n}=\frac{\sum_{i=1}^{n}x_i}{n} \tag{2-42}$$

式中 $\bar{x}$——算术平均数；

x_i——各单位标志值。

(2) 加权算术平均数。适用于已将原始资料进行分组，并计算出频数分布数列的情况。

加权算术平均数是将所有个体与相应的频数或权数的积相加，再除以频数之和。当数列为组距分组数列时，要先计算各组的组中值来代表各组的标志值。加权算术平均数的计算公式为：

$$\bar{x} = \frac{x_1 f_1 + x_2 f_2 + \cdots + x_n f_n}{f_1 + f_2 + \cdots + f_n} = \frac{\sum_{i=1}^{n} x_i f_i}{\sum_{i=1}^{n} f_i} \tag{2-43}$$

或用频率公式表达为：

$$\bar{x} = \sum_{i=1}^{n} x_i \frac{f_i}{\sum_{i=1}^{n} f_i} \tag{2-44}$$

式中 f_i——各组标志值出现的次数，也称频数；

$\frac{f_i}{\sum_{i=1}^{n} f_i}$——频率。

由于次数 f_i 对平均数有权衡轻重的作用，因此称为权数。

B 调和平均数

调和平均数用来描述平均变化率，如安全经济平均增长率，是总体各单位标志指倒数的算数平均数的倒数，故又称为倒数平均数。它可分为简单调和平均数和加权调和平均数。

（1）简单调和平均数。表达式为：

$$H = \frac{1}{\frac{\frac{1}{x_1} + \frac{1}{x_2} + \cdots + \frac{1}{x_n}}{n}} = \frac{n}{\frac{1}{x_1} + \frac{1}{x_2} + \cdots + \frac{1}{x_n}} = \frac{n}{\sum_{i=1}^{n} \frac{1}{x_i}} \tag{2-45}$$

式中，H 为调和平均数。

（2）加权调和平均数。表达式为：

$$H = \frac{m_1 + m_2 + \cdots + m_n}{\frac{m_1}{x_1} + \frac{m_2}{x_2} + \cdots + \frac{m_n}{x_n}} = \frac{\sum_{i=1}^{n} m_i}{\sum_{i=1}^{n} \frac{m_i}{x_i}} \tag{2-46}$$

式中，m_i 为权数，表示各组的标志值所对应的标志总量。

在实际统计分析中，调和平均数主要应用于两个方面：第一，在分组数列中，当一只各组的标志值和标志总量时，要用调和平均数计算平均数；第二，在计算相对指标的平均数时，如果已知相对指标的分子指标时则以分子指标作为权数 m，用调和平均数计算平均数。

C 几何平均数

几何平均数是 n 项标志值连乘积的 n 次方根，有简单几何平均数和加权几何平均数两种形式。

（1）简单几何平均数。表达式为：

$$G = \sqrt[n]{x_1 x_2 \cdots x_n} = \sqrt[n]{\prod_{i=1}^{n} x_i} \tag{2-47}$$

式中，G 为几何平均数。

（2）加权几何平均数。表达式为：

$$G=\sqrt[f_1+f_2+\cdots+f_n]{x_1^{f_1}x_2^{f_2}\cdots x_n^{f_n}}=\sum_{i=1}^{n}\sqrt[f_i]{\prod_{i=1}^{n}x_i^{f_i}} \quad (2-48)$$

与算数平均数和调和平均数相比，几何平均数多是应用于标志值总量等于各标志值的连乘积的场合。

D 幂平均数

幂平均数是指样品中所有标志值 k 次方和的平均值，通常用$\bar{x}_k$ 来表示。设有一组变量取值为 x_1，x_2，…，x_n，各变量值 k 次方的和为：

$$x_1^k+x_2^k+\cdots+x_n^k=\sum_{i=1}^{n}x_i^k \quad (2-49)$$

因为平均数是各变量值一般水平的代表值，以幂平均数$\bar{x}_k$ 替换各具体变量值，等式依旧成立，有：

$$\sum_{i=1}^{n}(\bar{x}_k)^k=n(\bar{x}_k)^k=\sum_{i=1}^{n}x_i^k \quad (2-50)$$

则：

$$\bar{x}_k=\left(\frac{\sum_{i=1}^{n}x_i^k}{n}\right)^{\frac{1}{k}} \quad (2-51)$$

E 中位数

中位数是统计总体中的变量按标志值的大小顺序依次排列，处于中点位置的标志值，一般可用 M_e 表示。中位数的概念和特殊性表明了数列中一般变量的标志值小于中位数，一般变量的标志值大于中位数，另外，中位数根据位置确定，不容易受到极端数值的影响，稳定性较好，可用来反映安全现象的一般水平。

安全数据的资料不同，中位数的确定方法也会不同，目前而言主要有下列三种不同的情况。

a 未分组的安全数据资料

如果是未分组的原始安全数据资料，首先要将样品中标志值按大小排列顺序，再分为以下两种情况：

（1）当安全总体的单位数 n 为奇数时，第$\frac{n+1}{2}$个标志值是中位数；

（2）当安全总体的单位数 n 为偶数时，需将第$\frac{n}{2}$个和第$\frac{n}{2}+1$ 个标志值的算数平均数作为中位数。

b 单项式分组数列

如果是单项式分组数列，因为变量值已序列化，有两种方法来确定中位数：

（1）当 $\sum f$ 为奇数时，第 $\frac{\sum f+1}{2}$ 个标志值是中位数；

（2）当 $\sum f$ 为偶数时，需要将第 $\frac{\sum f}{2}$ 个和第$\frac{\sum f}{2}+1$ 个标志值的算数平均数作为

中位数。

c 组距分组数列

如果是组距分组数列，首先要确定中位数所在组，然后按照公式推算出中位数。具体过程如下：

（1）对变量数列计算向上累计频数 $\sum f$，按 $\frac{\sum f}{2}$ 确定中位数所在的组；

（2）假设中位数所在组内的各单位指标值均匀分布，可利用上限、下限公式计算出中位数的近似值：

下限计算公式：

$$M_e = L_{M_e} + \frac{\frac{\sum f}{2} - S_{M_e - 1}}{f_{M_e}} d_{M_e} \tag{2-52}$$

上限计算公式：

$$M_e = U_{M_e} - \frac{S_{M_e} - \frac{\sum f}{2}}{f_{M_e}} d_{M_e} \tag{2-53}$$

式中 M_e——中位数；

L_{M_e}，U_{M_e}——分别表示中位数所在组的下限、上限；

S_{M_e-1}，S_{M_e}——分别表示累计到中位数所在组的前一组向上累计频数、中位数所在组的向上累计频数；

f_{M_e}——中位数所在组的频数；

d_{M_e}——中位数所在组的组距。

F 众数

众数是一个安全现象总体或分布数列中出现次数最多的标志值，一般用 M_o 表示。由于众数出现的次数最多，在安全总体各指标值中，具有非常直观的代表性，通常可用来反映安全现象总体某一指标表现的一般水平。在实际的统计工作中，有时可将众数答题算数平均数，来说明安全现象的一般水平。例如，调查某个时期内建筑行业的安全状况，最简单的方法是用调查发生次数最多的事故类型来代表建筑业的基本安全状况。

确定众数，必须要先整理安全统计资料，编制分配数列。分组数列有单项式分组数列和组距分组数列两种形式，在不同的资料条件下，可采用不同的众数确定方法。

（1）单项式分组数列。有单项式分组资料来确定众数，只需要观察出现次数最多的指标值即可。

（2）组距分组数列。如果是组距分组数列，首先需要确定众数组，在等距分组条件下，众数组就是次数最多的那一组；在不等距分组的条件下，众数组则是频数密度或频率密度最高的那一组。然后再按前后相邻两组分布次数指差所占的比重来推算众数的近似值，推算的前提是假定众数所在组的各单位标志值是均匀的。

和中位数确定方式相似，有上、下限两种计算公式，具体如下：

下限计算公式：

$$M_o = L_{M_o} + \frac{f_{M_o} - f_{M_o-1}}{(f_{M_o} - f_{M_o-1}) + (f_{M_o} - f_{M_o+1})} d_{M_o} \tag{2-54}$$

上限计算公式：

$$M_o = U_{M_o} - \frac{f_{M_o} - f_{M_o+1}}{|(f_{M_o} - f_{M_o-1}) + (f_{M_o} - f_{M_o+1})|} d_{M_o} \tag{2-55}$$

式中　L_{M_o}，U_{M_o}——分别代表众数所在组的下限、上限；

f_{M_o}，f_{M_o-1}，f_{M_o+1}——分别代表众数组的次数、众数组前一组的次数、众数组后一组的次数；

d_{M_o}——众数组的组距。

2.4.4.2　安全统计数据分布的离散程度

平均指标能够消除个体单位在数量上的差异，反映总体的一般水平，却无法说明总体中各个单位之间的数量差异。然而个体差异是客观存在的，不会随主观意识消失，为了说明这种差异程度，需要从另一个角度来分析总体特征，这就需要用到变异指标。

变异指标是度量频率分布离散程度的统计指标，能够综合反映安全总体中各单位指标值之间的差异程度或标志值分布的差异情况，以补充平均指标的不足。

A　极差

极差又称为全差，是总体各单位标志值中的最大值与最小值之差，是描述安全统计数据离散程度最常用、最直观的统计指标，一般用 R 表示。

$$R = x_{max} - x_{min} \tag{2-56}$$

如果资料为组距数列，则可用最大组的上限与最小组的下限来计算极差的近似值，即：

$$R \approx U_{max} - L_{min} \tag{2-57}$$

式中　U_{max}——最大组的上限；

L_{min}——最小组的下限。

极差具有计算方便、意义明确的优点，例如用于电子产品的可靠性监测时，如果极差越大，就说明产品质量越不稳定，需采取相应的技术措施，这点与众数有相同之处，均能简单地说明安全统计对象的现状。

B　四分位差

用极差说明总体单位的数值差异程度是非常粗略的，极差的计算只用到所有数据中的两个数值，即最大值与最小值，忽略了数列中大部分数据的有用信息。

分位差是对极差指标的一种改进，从变量数列中剔除一部分极端值后重新计算的类似于极差的指标。常用的分位差有四分位差、八分位差、十分位差、十六分位差及百分位差等，分位程度越高，分位差所排出的极端值比例越小。

四分位差时间所有数据进行排序，划分为四等份。提出最大和最小的四分之一数据后，对剩余中间的50%数据进行极差计算。这个极差实际上就是3/4位次与1/4位次的标志值的差，为四分位间距，即：

$$QD = \frac{Q_3 - Q_1}{2} \tag{2-58}$$

式中 QD——四分位差；

Q_1——1/4 位次的标志值；

Q_3——3/4 位次的标志值。

C 平均差

极差（R）只涉及了标志值的最大值与最小值，没有考虑到中间的标志值，而四分位差（QD）只考虑了中间 50% 的数据。这两种计算方法都没有利用全部数据，致使计算结果存在一定的误差。因此需要引用平均差的概念，利用全部标志值，来准确地反映标志值的变异程度。

平均差（AD）是分配数列中各单位标志值与算数平均数的离差的绝对值的算数平均数。它能反映出总体数量标志值的差异程度，即平均差越大，分布数列各标志值的离散程度越大；反之离散程度越小。

随着安全统计数据处理情况不同，平均差的计算方法也不同。

（1）若安全统计数据未分组，即简单平均差，用如下方法计算：

$$AD = \frac{\sum_{i=1}^{n} |x_i - \bar{x}| X}{n} \tag{2-59}$$

式中 x_i——总体各单位的标志；

$\bar{x}$——算数平均数；

n——总体单位个数。

（2）若安全统计数据已分组，即为加权平均差，用如下方法计算：

$$AD = \frac{\sum |x_i - \bar{x}| f}{\sum f} \tag{2-60}$$

式中 x_i——标志值或组中值；

f——各组的权数。

D 标准差和方差

如果考虑每个数据与平均数之间的差异，一次作为数据差异水平的度量，结果就会比极差、四分位差和平均差更为准确、全面。标准差和方差是测定标志值变异程度最常用的指标。

总体各单位的指标值与算数平均数离差的平方的算数平均数成为方差，用 σ^2 表示；标准差是方差的平方根，又称均方差，用 σ 表示。它们与平均差的意义形同，都是反映各单位标志值的平均差异程度，但它们采用离差平方来消除正、负离差影响，在统计处理上比平均差更合理。

在标准差和方差分析中，经常会出现“总体”和“样本”，需要注意这两者之间的区别。总体是指全部要分析的安全数据，样本是在总体数据太多、全部计算不方便的情况下，按照某种抽样方式从总体中抽取的部分数据，样本是总体的一部分。随之要分析的安全统计数据处理情况不同，标准差和方差的计算方法也不同。

（1）若安全统计数据资料未分组，可用如下方法计算。

总体方差：

$$\sigma^2 = \frac{\sum (x - \bar{x})^2}{n} \tag{2-61}$$

总体标准差：
$$\sigma = \sqrt{\frac{\sum (x-\bar{x})^2}{n}} \tag{2-62}$$

样本方差：
$$\sigma^2 = \frac{\sum (x-\bar{x})^2}{n-1} \tag{2-63}$$

样本标准差：
$$\sigma = \sqrt{\frac{\sum_{i=1}^{n} (x-\bar{x})^2}{n-1}} \tag{2-64}$$

（2）若安全统计数据资料已分组，可用如下方法计算。

总体方差：
$$\sigma^2 = \frac{\sum (x-\bar{x})^2 f}{\sum f} \tag{2-65}$$

总体标准差：
$$\sigma = \sqrt{\frac{\sum (x-\bar{x})^2 f}{\sum f}} \tag{2-66}$$

样本方差：
$$\sigma^2 = \frac{\sum (x-\bar{x})^2 f}{\sum f - 1} \tag{2-67}$$

样本标准差：
$$\sigma = \sqrt{\frac{\sum (x-\bar{x})^2 f}{\sum f - 1}} \tag{2-68}$$

方差与标准差都利用了 $\sum (x-\bar{x})^2 = \min$ 的数学性质，使指标更灵敏，更能体现样本与样本之间的差异。

方差与标准差具有如下数学性质：

（1）变量的方差等于变量平方的平均数减去变量平均数的平方，即：

$$\sigma^2 = \frac{\sum_{i=1}^{n} x_i^2}{n} - \left(\frac{\sum_{i=1}^{n} x_i}{n}\right)^2 = \overline{x^2} - (\bar{x})^2$$

可由变量的数值直接计算出方差和标准差，此处证明省略。

（2）变量对算数平均数的方差小于对任意常数的方差。

由于变量与算式平均数离差平方和最小，所以当 $\bar{x} \neq x_0$（x_0 为任意常数）时，有：

$$\frac{\sum_{i=1}^{n} (x_i - \bar{x})^2}{n} \leqslant \frac{\sum_{i=1}^{n} (x_i - x_0)^2}{n}$$

（3）变量线性变化的方差等于变量的方差乘以变量系数的平方。

例如，设 $y = a + bx$，则 $\sigma_y^2 = b^2 \sigma_x^2$。

（4）n 个独立总体变量和的方差等于各变量方差之和。

例如，设 $y = x_1 + x_2 + \cdots + x_n$，则 $\sigma_y^2 = \sigma_1^2 + \sigma_2^2 + \cdots + \sigma_n^2$。

（5）对于同变量分布，其标准差永远不会小于平均差。即：

$$AD_x \leqslant \sigma_x$$

通常将变量的平均差与标准差的比值成为“基利比”，即：

$$r_G = \frac{AD}{\sigma}$$

当总体服从正态分布时，有：

$$r_G = \frac{AD}{\sigma} = \sqrt{\frac{2}{\pi}} \rightarrow AD = \sqrt{\frac{2}{\pi}}\sigma \approx 0.798\sigma$$

E 变异系数

各种变异指标，如极差、平均差、标准差等于平均指标有相同的单位，都是反映安全总体单位标志值变异的绝对指标。这些变异指标的大小不仅取决于总体的变异程度，而且还与标志值绝对水平高低、计量单位不同有关。当变动指标值相同、计量单位不同时，无法直接判断和比较数据的离散程度和差异程度，对此，要消除标志变动指标的计量单位，以相对指标来反映标志变异程度，这个相对指标就是变异系数。

变异系数也称为离散系数，是标志变动指标与相应的平均指标值，以反映分配数列中标志值离散的相对水平。常用的变异系数有极差系数、平均差系数和标准差系数。

（1）极差系数：

$$V_R = \frac{R}{\bar{x}} \times 100\% \tag{2-69}$$

（2）平均差系数：

$$V_{AD} = \frac{AD}{\bar{x}} \times 100\% \tag{2-70}$$

（3）标准差系数：

$$V_\sigma = \frac{\sigma}{\bar{x}} \times 100\% \tag{2-71}$$

2.4.4.3 安全统计数据分布的偏度和峰度

平均指标和变异指标知识反映了安全总体分布的集中趋势和离散趋势，若要评价某个安全现象，仅掌握上述两类特征指标是远远不够的，必须通过其他统计指标来进一步体现安全总体分布的形态特征，偏度和峰度就是从分布图形形态的角度来测定安全总体的变异情况。

A 偏度

偏度是用于衡量安全总体分布的不对称程度或偏斜程度的指标，分为正偏和负偏。可通过多种方式来测定偏度，较为简单地两种方法是偏度系数法和矩法。

a 偏度系数法

算数平均数与众数之间的距离可近似测定偏度的大小和方向，即：

$$\text{偏度绝对量} = \bar{x} - M_o \tag{2-72}$$

由于偏度绝对量具有元数列的剂量单位，即使是相同计量单位也会因标志值水平的差异而影响其可比性，故而不便于直接比较不同计量单位的分布数列，通常用偏度系数 α 来测定偏度，即：

$$\alpha = \frac{\bar{x} - M_o}{\sigma} \tag{2-73}$$

当 $\bar{x} > M_o$ 时，偏度系数 α 为正，表示正偏，反之为负偏。

b 矩法

用矩法测定偏度，由于偶数阶中心矩不能抵消正负离差，也不能用来测定安全总体分布的非对称程度，所以需运用奇数阶中心矩来判定分布的偏斜情况。由于任意分布的一阶中心矩恒为0，故采用三阶中心矩来测定分布的偏度是合理的。其表达式如下：

$$\alpha = \frac{v_3}{\sigma^3} = \frac{\sum (x_i - \bar{x})^3}{n\sigma^3} \quad 或 \quad \alpha = \frac{v_3}{\sigma^3} = \frac{\sum (x_i - \bar{x})^3 f_i}{n\sigma^3 \sum f_i} \tag{2-74}$$

B 峰度

峰度是用来描述安全总体数据分布曲线的尖峭程度或峰凸程度的指标。当分布数列的次数趋于众数的位置时，则分布图形较为陡峭；当分布数列的次数在众数周围的集中程度较低时，则分布图形较为平坦。

分布图形的尖峭程度与偶数阶中心矩的数值大小有关，一般来讲，偶数阶中心矩数值越小，分布图形越尖峭，所以用变量的四阶中心动差除以标准差的4次方来衡量峰度的高低，测定公式为：

$$\beta = \frac{v_4}{\sigma^4} \tag{2-75}$$

由于正态分布的β值为3，因此可将实测的β值域3作比较来反映峰度的高低：当$\beta > 3$时总体分布为高峰度，反之为低峰度。

习题与思考题

2-1 如何理解安全与危险的统一性和矛盾性？

2-2 试述事故经验论的特征及其局限性。

2-3 试述安全系统论的方法特征。

2-4 实现本质安全的方法。

2-5 安全科学定律有哪些？

2-6 何为可靠性，表述系统可靠性的特征量有哪些？

2-7 某设备的故障率为10^{-4}/h，求可靠度分别为0.90和0.95时的工作时间。

2-8 某电子设备由故障率为3.2×10^{-7}/h的元件32支和故障率为5.4×10^{-8}/h的元件62支组成。试计算该设备的平均故障时间，工作到1000h和10000h的可靠度。

2-9 设被监控装置出现异常的概率为P，安全监控系统发生漏报的概率为a，发生误报的概率为b。试写出安全监控系统可靠度的表达式。

2-10 由3个相同的传感器组成安全监测系统，传感器发生误报的概率为0.10，发生漏报的概率为0.15。试设计安全监测系统，使其发生漏报的概率最小，并计算发生误报的概率。

2-11 斜井提升系统，为防止跑车事故在矿车下端安装了阻车叉，在斜井里安装了人工启动的捞车器。当提升钢丝绳或连接装置断裂时，阻车叉插入轨道枕木下阻止矿车下滑。当阻车叉失效时，人员启动捞车器，拦住矿车。设钢丝绳断裂概率为10^{-4}，连接装置断裂概率为10^{-6}，阻车叉失效概率为10^{-3}，人员操作捞车器失误概率为10^{-2}。试计算跑车事故发生的概率。

3 事 故 概 述

3.1 事故的定义与特征

3.1.1 事故的定义

事故（accident）是发生在人们的生产、生活活动中的意外事件。人们对事故下了种种定义，其中伯克霍夫（Berckhoff）的定义较著名。

按伯克霍夫的定义，事故是人（个人或集体）在为实现某种意图而进行的活动过程中，突然发生的、违反人的意志的、迫使活动暂时或永久停止的事件。该定义对事故做了全面的描述。

（1）事故背景："为实现某种意图而进行的活动过程中"。事故是一种发生在人类生产、生活活动中的特殊事件，人类的任何生产、生活活动过程中都可能发生事故。因此，人们若想把活动按自己的意图进行下去，就必须采取措施防止事故。

（2）事故发生："突然发生的、违反人的意志的"。事故是一种突然发生的、出乎人们意料的意外事件。这是由于导致事故发生的原因非常复杂，往往是由许多偶然因素引起的，因而事故的发生具有随机性。在一起事故发生前，人们无法准确地预测什么时候、什么地方、发生什么样的事故。由于事故发生的随机性，使得认识事故、弄清事故发生的规律及防止事故发生成为一件非常困难的事情。

（3）事故后果："迫使活动暂时或永久停止"。事故是一种迫使进行着的生产、生活活动暂时或永久停止的事件。事故中断、终止活动的进行，必然给人们的生产、生活带来某种形式的影响。因此，事故是一种违背人们意志的事件（event），是人们不希望发生的事件。

事故这种意外事件除了影响人们的生产、生活活动顺利进行之外，往往还可能造成人员伤害、财物损坏或环境污染等其他形式的后果。

生产事故是指企业在生产过程中突然发生的、伤害人体、损坏财物、影响生产正常进行的意外事件。根据事故发生后造成后果的情况，可把事故划分为伤亡事故、设备事故和未遂事故。即，把造成人员伤害的叫做伤害事故或伤亡事故；把造成设备、财物破坏的事故叫做设备事故；把既没有造成人员伤亡也没有造成财物损失的事故叫做未遂事故或称之为险肇事故。

3.1.2 事故的主要影响因素

从宏观上看，事故的产生可分为由于自然界的因素（如地震、山崩、海啸、台风等）影响以及非自然界的因素影响两类。后者也被称为人为事故，前者往往非人力所能左右。

这里着重研究后者，即着重研究非自然界的因素影响所造成的工伤事故。目前认为，工伤事故是由于不安全状态或不安全行为所引起的。它是物质、环境、行为等诸因素的多元函数。具体地说，影响事故是否发生的因素有五项：人、物、环境、管理和事故处置。

3.1.2.1 人的原因

所谓人，包括操作工人、管理干部、事故现场的在场人员和有关人员等。他们的不安全行为是事故的重要致因。主要包括：

（1）未经许可进行操作，忽视安全，忽视警告；

（2）危险作业或高速操作；

（3）人为地使安全装置失效；

（4）使用不安全设备，用手代替工具进行操作或违章作业；

（5）不安全地装载、堆放、组合物体；

（6）采取不安全的作业姿势或方位；

（7）在有危险运转的设备装置上或移动着的设备上进行工作；不停机、边工作边检修；

（8）注意力分散，嬉闹、恐吓等。

3.1.2.2 物的原因

所谓物包括原料、燃料、动力、设备、工具、成品、半成品等等。物的不安全状态有以下各种：

（1）设备和装置结构不良，材料强度不够，零部件磨损和老化；

（2）存在危险物和有害物；

（3）工作场所的面积狭小或有其他缺陷；

（4）安全防护装置失灵；

（5）缺乏防护用具和服装或有缺陷；

（6）物质的堆放、整理有缺陷；

（7）工艺过程不合理，作业方法不安全。

物的不安全状态是构成事故的物质基础。没有物的不安全状态，就不可能发生事故。物的不安全状态构成生产中的隐患和危险源。当它满足一定条件时就会转化为事故。

3.1.2.3 管理的原因

管理的原因即管理的缺陷。它有：

（1）技术缺陷。指工业建、构筑物及机械设备、仪器仪表等的设计、选材、安装布置、维护维修有缺陷；或工艺流程、操作方法存在问题；

（2）劳动组织不合理；

（3）对现场工作缺乏检查指导，或检查指导错误；

（4）没有安全操作规程或不健全，挪用安全措施费用，不认真实施事故防范措施，对安全隐患整改不力；

（5）教育培训不够，工作人员不懂操作技术或经验不足，缺乏安全知识；

（6）人员选择和使用不当，生理或身体有缺陷，如有疾病，听力、视力不良等。

管理上的缺陷是事故的间接原因，是事故的直接原因得以存在的条件。

3.1.2.4 环境的原因

不安全的环境是引起事故的物质基础。它是事故的直接原因，通常指的是：

（1）自然环境的异常，即岩石、地质、水文、气象等的恶劣变异；

（2）生产环境不良，即照明、温度、湿度、通风、采光、噪声、振动、空气质量、颜色等方面的缺陷。

以上物的不安全状态、人的不安全行为以及环境的恶劣状态都是导致事故发生的直接原因。

3.1.2.5 事故处置情况

事故处置情况是指：

（1）对事故前的异常征兆是否能作出正确的判断和反应；

（2）一旦发生事故，是否能迅速地采取有效措施，防止事态恶化和扩大事故；

（3）抢救措施和对负伤人员的急救措施是否妥善。

显然，这些因素对事故的发生和发展起着制约作用，是在事故发生过程中出现的。

3.1.3 事故的特征

3.1.3.1 事故的因果性

所谓因果就是两种现象之间的关联性。事故的起因乃是它和其他事物相联系的一种形式。事故是相互联系的诸原因的结果。事故这一现象都和其他现象有着直接的或间接的联系。

在这一关系上来看是“因”的现象，在另一关系上却会以“果”出现，反之亦然。因果关系有继承性，即第一阶段的结果往往是第二阶段的原因。

给人造成直接伤害的原因（或物体）是比较容易掌握的，这是由于它所产生的某种后果显而易见。然而，要寻找出究竟为何种原因又是经过何种过程而造成这样的结果，却非易事，因为会有种种因素同时存在，并且它们之间存在某种相互关系。因此，在制定预防措施时，应尽最大努力掌握造成事故的直接和间接的原因，深入剖析其根源，防止同类事故重演。

3.1.3.2 事故的偶然性、必然性和规律性

从本质上讲，伤亡事故属于在一定条件下可能发生，也可能不发生的随机事件。

事故是客观存在的不安全因素，随着时间的推移，出现某些意外情况而发生的，这些意外情况往往是难以预知的。因此，事故的偶然性是客观存在的，与我们是否掌握事故的原因完全不相干。换言之，即使完全掌握了事故原因，也不能保证绝对不发生事故。

事故的偶然性决定了要完全杜绝事故发生是困难的，甚至是不可能的。

事故的因果性又决定了事故的必然性。

事故是一系列因素互为因果、连续发生的结果。事故因素及其因果关系的存在决定事故或迟或早必然要发生。其随机性仅表现在何时、何地、因什么意外事件触发产生而已。

掌握事故的因果关系，砍断事故因素的因果连锁，就消除了事故发生的必然性，就可能防止事故发生。

事故的必然性中包含着规律性。既为必然，就有规律可循。必然性来自因果性，深入

探查、了解事故因素关系，就可以发现事故发生的客观规律，从而为防止事故发生提供依据。由于事故含有偶然的本质，故不易完全掌握它所有的规律。但在一定范畴内，用一定的科学仪器或手段，却可以找出近似的规律，从外部和表面上的联系，找到内部的决定性的主要关系。如应用偶然性定律，采用概率论的分析方法，收集尽可能多的事例进行统计处理，并应用伯努里大数定律，找出带根本性的问题。

从偶然性中找出必然性，认识事故发生的规律性，变不安全条件为安全条件，把事故消除在萌芽状态之中。这也就是防患未然、预防为主的科学根据。

3.1.3.3 事故的潜在性、再现性、预测性

事故往往是突然发生的。然而导致事故发生的因素，即“隐患或潜在危险”是早就存在的，只是未被发现或未受到重视而已。随着时间的推移，一旦条件成熟，就会显现而酿成事故，这就是事故的潜在性。

事故一经发生，就成为过去。时间一去不复返，完全相同的事故不会再次显现。然而如果没有真正地了解事故发生的原因，并采取有效措施去消除这些原因，就会再次出现类似的事故。应当致力于消除这种事故的再现性，这是能够做到的。

人们根据对过去事故所积累的经验和知识，以及对事故规律的认识，并使用科学的方法和手段，可以对未来可能发生的事故进行预测。事故预测就是在认识事故发生规律的基础上，充分了解、掌握各种可能导致事故发生的危险因素以及它们的因果关系，推断它们发展演变的状况和可能产生的后果。事故预测的目的在于识别和控制危险，预先采取对策，最大限度地减少事故发生的可能性。

3.1.3.4 事故的可预防性

事故的可预防性体现在以下三个方面：

（1）现代工业生产系统是人造系统，这就表示工业事故都是非自然因素造成的，这种客观实际给预防事故提供了基本的前提。

（2）事故的致因都是可以识别的，系统中的因素（人、机、环境）由于自身特点和相互间的作用，会产生失误或故障，从而导致人的不安全行为和物的不安全状态。人的不安全行为和物的不安全状态的相互组合，可引发人机匹配失衡，从而导致事故的产生。

产生事故的原因是多层次的，总的来说，人的不安全行为和物的不安全状态是造成事故的直接原因；而人、机、环境又是受管理因素支配的，因此管理不当和领导失误是导致事故的本质因素。尽管事故的致因具有随机性和潜伏性，但这些致因会在事故的成长阶段显现出来，运用系统安全分析的方法，可以识别出系统内部存在的危险因素；通过对大量的事故案例的分析，也可以发现事故的诱因。

（3）事故的致因都是可以消除的，通过下述措施，可有效地阻断系统中人和物的不安全运动的轨迹，使事故发生的可能性降到最低限度。

1）排除系统内部各种物质中存在的危险因素，消除物的不安全状态；

2）加强对人的安全教育和技能培训，从生理、心理和操作上控制人的不安全行为的产生；

3）建立、健全法律法规和规章制度，规范决策程序，强化安全管理，从组织、制度和程序上，最大限度地避免管理失误的发生。

所以说，任何事故从理论和客观上讲，都是可预防的。认识这一特性，对坚定信念，

防止事故发生有促进作用。因此，人类应该通过各种合理的对策和努力，从根本上消除事故发生的隐患，把工业事故的发生降低到最下限度。

3.1.4 事故的发展阶段

如同一切事物一样，事故亦有其发生、发展及消除的过程，因而是可以预防的。事故的发展，一般可归纳为三个阶段。即孕育阶段、生长阶段和损失阶段，各阶段都具有自己的特点。

（1）孕育阶段。事故的产生有其基础原因，即社会因素和上层建筑方面的原因，如地方保护主义，各种设备在设计和制造过程中潜伏着危险。这些就是事故发生的最初阶段。此时，事故处于无形阶段，人们可以感觉到它的存在。估计到它必然会出现，而不能指出它的具体形式。

（2）生长阶段。在此阶段出现企业管理缺陷，不安全状态和不安全行为得以发生，构成了生产中的事故隐患，即危险因素。这些隐患就是“事故苗子”。在这一阶段，事故处于萌芽状态，人们可以具体指出它的存在。此时有经验的安全工作者已经可以预测事故的发生。

（3）损失阶段。当生产中的危险因素被某些偶然事件触发时，就要发生事故。包括肇事人的肇事，起因物的加害和环境的影响，使事故发生并扩大，造成伤亡和经济损失。

研究事故的发展阶段，是为了识别和预防事故。安全工作的目的是要避免因事故而造成的损失，因此要将事故消灭在孕育阶段和生长阶段。

3.2 事故的分类

3.2.1 致伤原理分类

为了研究事故发生的原因及规律，便于统计分析伤亡事故，《企业职工伤亡事故分类》（GB 6441—1986）根据致伤原理把伤亡事故划分为20类。事故类别见表3－1。

表3－1 事故类别

序　号	事故类别名称	序　号	事故类别名称
01	物体打击	11	冒顶片帮
02	车辆伤害	12	透水
03	机械伤害	13	放炮
04	起重伤害	14	火药爆炸
05	触电伤害	15	瓦斯爆炸
06	淹溺	16	锅炉爆炸
07	灼烫	17	受压容器爆炸
08	火灾	18	其他爆炸
09	高空坠落	19	中毒和窒息
10	坍塌	20	其他伤害

下面分别说明如下。

（1）物体打击：失控物体的惯性力造成的人身伤害事故。适用于落下物、飞来物、滚石、崩块所造成的伤害，但不包括因爆炸引起的物体打击。

（2）车辆伤害：机动车辆引起的机械伤害事故。适用于机动车辆在行驶中的挤、压、撞车或倾覆等事故以及在行驶中上下车，搭乘矿车或放飞车，车辆运输挂钩事故，跑车事故。这里的机动车辆是指：汽车、电瓶车、拖拉机、有轨道车以及挖掘机、推土机、电铲等。

（3）机械伤害：机械设备与工具引起的绞、辗、碰、割、戳、切等伤害。如工件或刀具飞出伤人、切屑伤人、手或身体被卷入、手或其他部位被刀具碰伤、被转动的机构缠绕、压住等。但属于车辆、起重设备的情况除外。

（4）起重伤害：从事起重作业时引起的机械伤害事故，它适用各种起重作业。这类事故主要包括：桥式类型起重机、臂架式类型起重机、升降机、轻小型起重设备等作业。起重伤害的主要伤害类型有起重作业时，脱钩砸人，钢丝绳断裂抽人，移动吊物撞人，绞入钢丝绳或滑车等伤害，同时包括起重设备在使用、安装过程中的倾翻事故及提升设备过卷、蹲罐等事故。但不适用于下列伤害：触电、检修时制动失灵引起的伤害、上下驾驶室时引起的坠落或跌倒。

（5）触电伤害：电流流经人体，造成生理伤害的事故。触电事故分电击和电伤两大类。这类伤害事故主要包括触电、雷击伤害：如人体接触带电的设备金属外壳，裸露的临时电线，接触漏电的手持电动工具；起重设备操作错误接触到高压线或感应带电；雷击伤害；触电坠落等事故。

（6）淹溺：因大量水经口、鼻进入肺内，造成呼吸道阻塞，发生急性缺氧而窒息死亡的事故。这类伤害事故适用于船舶、排筏、设施在航行、停泊、作业时发生的落水事故。

（7）灼烫：强酸、强碱等物质溅到身体上引起的化学灼伤；因火焰引起烧伤；高温物体引起的烫伤；放射线引起的皮肤损伤等事故。灼烫主要包括烧伤、烫伤、化学灼伤、放射性皮肤损伤等。但不包括电烧伤以及火灾事故引起的烧伤。

（8）火灾：造成人身伤亡的企业火灾事故。这类事故不适用于非企业原因造成的火灾，比如，居民火灾蔓延到企业，此类事故属于消防部门统计的事故。

（9）高空坠落：由于危险重力势能差引起的伤害事故。习惯上把作业场所高出地面2m以上称为高处作业，高空作业一般指10m以上的高度。这类事故适用于脚手架、平台、陡壁施工等高于地面的坠落，也适用于由地面踏空失足坠入洞、坑、沟、升降口、漏斗等情况。但必须排除因其他类别为诱发条件的坠落，如高处作业时，因触电失足坠落应定为触电事故，不能按高空坠落划分。

（10）坍塌：建筑物、构筑物、堆置物等倒塌以及土石塌方引起的事故。这类事故适用于因设计或施工不合理而造成的倒塌，以及土方、岩石发生的塌陷事故，如建筑物倒塌，脚手架倒塌；挖掘沟、坑、洞时导致土石的塌方等情况。由于矿山冒顶片帮事故或因爆炸、爆破引起的坍塌事故不适用这类事故。

（11）冒顶片帮：矿井工作面、巷道侧壁由于支护不当、压力过大造成的坍塌，称为片帮；顶板垮落为冒顶。二者常同时发生，简称为冒顶片帮。这类事故适用于矿山、地下开采、掘进及其他坑道作业发生的坍塌事故。

(12) 透水：矿山、地下开采或其他坑道作业时，意外水源带来的伤亡事故。这类事故适用于井巷与含水岩层、地下含水带、溶洞或与被淹巷道、地面水域相通时，涌水成灾的事故。不适用于地面水害事故。

(13) 放炮：施工时由于放炮作业造成的伤亡事故。这类事故适用于各种爆破作业，如采石、采矿、采煤、开山、修路、拆除建筑物等工程进行的放炮作业引起的伤亡事故。

(14) 火药爆炸：火药与炸药在生产、运输、储藏的过程中发生的爆炸事故。这类事故适用于火药与炸药生产在配料、运输、储藏、加工过程中，由于震动、明火、摩擦、静电作用，或因炸药的热分解作用，储藏时间过长，或因存储量过大发生的化学性爆炸事故；以及熔炼金属时，废料处理不净，残存火药或炸药引起的爆炸事故。

(15) 瓦斯爆炸：可燃性气体瓦斯、煤尘与空气混合形成了浓度达到燃烧极限的混合物，接触点火源而引起的化学性爆炸事故。这类事故适用于煤矿，同时也适用于空气不流通，瓦斯、煤尘积聚的场合。

(16) 锅炉爆炸：利用各种燃料、电或者其他能源，将所盛装的液体加热到一定的参数，并承载一定压力的密闭设备，其范围规定为容积不小于30L的承压蒸气锅炉；出口水压不小于0.1MPa（表压），且额定功率不小于0.1MW的承压热水锅炉；有机热载体锅炉发生的物理性爆炸事故。但不适用于铁路机车、船舶上的锅炉以及列车电站和船舶电站的锅炉。

(17) 受压容器爆炸：受压容器是指盛装气体或者液体，承载一定压力的密闭设备，其范围规定为最高工作压力不小于0.1MPa（表压），且压力与容积的乘积不小于2.5MPa/L的气体、液化气体和最高工作温度不低于标准沸点的液体的固定式容器和移动式容器；盛装公称工作压力不小于0.2MPa（表压），且压力与容积的乘积不小于1.0MPa/L的气体、液化气体和标准沸点不高于60℃液体的气瓶、氧舱等。

(18) 其他爆炸：不属于瓦斯爆炸、锅炉爆炸和受压容器爆炸的爆炸。主要包括可燃气体与空气混合形成的爆炸性气体引起的爆炸，可燃蒸气与空气混合产生的爆炸性气体引起的爆炸，以及可燃性粉尘与空气混合后引发的爆炸。

(19) 中毒和窒息：中毒是指人接触有毒物质，如误食有毒食物，呼吸有毒气体引起的人体在8h内出现的各种生理现象的总称，也称为急性中毒；窒息是指在废弃的坑道、竖井、涵洞、地下管道等不能通风的地方工作，因为氧气缺乏，有时会发生突然晕倒，甚至死亡的事故。两种现象合为一体，称为中毒和窒息事故。这类事故不适用于病理变化导致的中毒和窒息的事故，也不适用于慢性中毒的职业病导致的死亡。

(20) 其他伤害：凡不属于上述伤害的事故均称为其他伤害，如扭伤、跌伤、冻伤、野兽咬伤、钉子扎伤等。

3.2.2 伤害程度分类

《企业职工伤亡事故分类》中根据事故对受伤者造成的损伤导致劳动能力丧失的程度进行分类，伤亡事故的伤害分为轻伤、重伤和死亡。

(1) 轻伤指损失工作日为1个工作日以上，105个工作日以下的失能伤害。

(2) 重伤指损失工作日相当于《企业职工伤亡事故分类》附录B确定的损失工作日等于或超过105个工作日的失能伤害，重伤的损失工作日最多不超过6000个工作日。

在日常的伤亡事故管理过程中对于重伤的判定有一定的规则，凡具有下列情形之一的，均作为重伤事故处理。1）经医师诊断已成为残废或可能成为残废的；2）伤势严重，需要进行较大手术才能挽回的；3）人体重要部位严重灼烫、烫伤；4）严重骨折（胸骨、肋骨、脊柱骨、锁骨、肩胛骨、腕骨、腿骨和脚骨）、严重脑振荡；5）眼部受伤较重，有失明可能的；6）手部伤害（其中大拇指轧断1节或食指、中指无名指、小指任何一只轧断2节或任何两指各轧断1节，局部肌腱有残废可能）；7）脚部伤害；8）内部伤害（内脏损坏，内出血或伤及腹膜）；9）其他伤害。

（3）死亡指损失工作日为6000日。这是根据我国职工平均退休年龄和平均死亡年龄计算出来的。

这里对于事故的分类是按照伤亡事故所造成的损失工作日进行计算的，也就是指受伤者丧失劳动能力（简称失能）的工作日。根据《企业职工伤亡事故分类》的规定，可以将丧失劳动能力划分为以下三种情况。

（1）永久性全部丧失劳动能力：指没有死亡，但使受伤害者永不可能再从事可以获取报酬的职业，或在一起事故中导致下列三种情况中任何一种残缺（或未残缺但功能完全丧失）：两眼；一只眼和一手（臂、脚、腿）；不在同一侧的下列肢体中的任何两个：手、臂、脚、腿。

（2）永久性部分丧失劳动能力：指身体的某肢体或肢体的某一部分残缺或失去作用，或者全身或部分功能有遭到永久性损坏，不管该肢体或身体功能在受伤前的情况如何。

（3）暂时性丧失劳动能力：指没有导致死亡或永久性损伤，但导致一天或更多天不能上班工作。暂时性丧失劳动能力可分为暂时性部分丧失劳动能力和暂时性全部丧失劳动能力两种。暂时失能损失的工作日，按照实际歇工天数计算，受伤害当天不计，但包括这之后到他重新上班前的所有日历天数（包括星期六、星期天以及节假日等）。

3.2.3 事故严重程度分类

在实际应用过程中，如果仅用轻伤、重伤、死亡来衡量伤害后果的严重程度，那么就过于笼统而含糊，难以明确而清楚地反映出各种伤害事故，尤其是死亡事故的划分过于简单。所以，按照企业职工受到伤害的严重程度以及受伤人数将事故分为如下的类型。

（1）轻伤事故：一次事故只有轻伤的事故。它是指导致受伤害者损失一个或一个以上工作日而未达到重伤程度的事故。

（2）重伤事故：一次事故只有重伤没有死亡的事故。它是导致操作者的脑、眼、四肢、躯干等部位受到严重伤害而导致劳动能力丧失的事故。

（3）死亡事故：一次事故死亡1~2人的事故。

（4）重大死亡事故：一次事故死亡3~9人的事故。

（5）特大死亡事故：一次事故死亡10~29人（含10人）的事故。

（6）特别重大死亡事故：一次事故死亡30人以上（含30人）的事故。

这种分类方法将单纯的死亡事故划分为死亡事故、重大死亡事故、特大死亡事故和特别重大死亡事故，对于伤亡事故的管理来说有积极的意义，根据不同严重程度死亡事故确定不同层次职能部门进行处理，明确了死亡事故的处理主体，分清了责任，强化了责任，对于调查了解死亡事故发生原因，提出解决方案，安抚死者家属具有重要的作用。

以上分类方法根据伤亡的严重程度对以人员伤亡为主的事故进行的分类，没有考虑事故造成的经济损失。随着社会经济的迅猛发展，企业生产规模日益扩大，各部门行业的管理范围差别日益增大，生产事故造成的严重程度也越来越大。2004 年，我国在已有的划分标准（GB 6721—1986）的基础上，考虑当代的社会发展状况，结合各行业标准和目前事故处理和管理情况制定了新的事故分级制度，从死亡人数、事故经济损失程度的角度出发，将事故各分为 6 个等级，分级情况见表 3 – 2。2007 年 6 月 1 日开始实施的《生产安全事故报告和调查处理条例》规定了事故等级的划分标准，以人员伤亡的数量（集体工业中毒）、直接经济损失的数额和社会影响三个要素作为事故分级的标准。

（1）人员伤亡的数量（人身要素）。安全生产要以人为本，最大限度地保护从业人员的生命健康。由于人员伤亡是事故危害的最严重后果，因此人员伤亡应是作为事故分级的第一要素。

（2）直接经济损失的数额（经济要素）。严重的事故不仅会造成人员伤亡，而且会造成直接经济损失，要保护国家、企业和人民群众的财产，应根据造成的经济损失来划分事故等级。

（3）社会影响（社会要素）。虽然有些事故造成的伤亡人数和经济损失没达到法定标准，但是其具有恶劣的社会影响、政治影响，甚至是估计影响，因此必须作为特殊事故进行调查处理，这是维护社会问题的需要。根据以上准则，确定事故等级标准见表 3 – 3。

可以肯定，上述依据伤亡人数和事故损失划分事故等级的方法和指标将随着社会的发展而不断改变，政府部门也会不断地开展修订工作和颁布更新的指标体系。

表 3 – 2　事故分级的例子

事故等级	死亡人数	事故等级	直接经济损失/万元
特别重大事故	死亡 30 人及以上的事故	特别重大经济损失事故	≥10000
特大事故	死亡 10 ~ 29 人的事故	特大经济损失事故	1000 ~ 10000
重大事故	死亡 3 ~ 9 人的事故	重大经济损失事故	100 ~ 1000
死亡事故	死亡 1 ~ 2 人的事故	一般经济损失事故	10 ~ 100
重伤事故	有重伤无死亡的事故	较小经济损失事故	0.1 ~ 10
轻伤事故	只有轻伤的事故	险兆事故	<0.1

表 3 – 3　我国事故等级划分判断标准

事故等级	判　断　标　准
特别重大事故	一次死亡 30 人以上，或者 100 人以上重伤（包括急性工业中毒，下同），或者 1 亿元以上直接经济损失的事故
重大事故	一次死亡 10 人以上、30 人以下，或者 50 人以上、100 人以下重伤，或者 5000 万元以上、1 亿元以下直接经济损失的事故
较大事故	一次死亡 3 人以上、10 人以下，或者 10 人以上、50 人以下重伤，或者 1000 万元以上、5000 万元以下直接经济损失的事故
一般事故	一次造成 3 人以下死亡，或者 3 人以上、10 人以下重伤，或者 300 万元以上、1000 万元以下直接经济损失的事故

注：表中的“以上”含本数，“以下”不含本数，下同。

虽然国家已制定了事故等级标准，但是不同的行业的性质和习惯不同，因此也存在巨大的区别，实际上用同种标准来规范所有行业的安全状况是不合理的。不同行业为了方便管理和控制，根据各自行业的特点，制定了更符合自己行业的事故严重的程度分级。

（1）道路交通的事故统计指标。例如，1991 年公安部《关于修订道路交通事故等级划分标准的通知》将道路交通事故分为轻微事故、一般事故、重大事故、特大事故四类，确定为这四类指标的具体内容见表 3 –4。

表 3 –4　道路交通事故等级划分的统计指标例子

轻微事故	一般事故	重大事故	特大事故
一次造成轻伤 1 ~2 人；或者财产损失：机动车事故不足 1000 元，非机动车事故不足 200 元的事故	一次造成重伤 1 ~2 人或者轻伤 3 人以上；或者财产损失不足 3 万元的事故	一次造成死亡 1 ~2 人或者重伤 3 人以上 10 人以下；或者财产损失 3 万元以上不足 6 万元的事故	一次造成死亡 3 人以上或者重伤 11 人以上；或者死亡 1 人，同时重伤 8 人以上；或者死亡 2 人，同时重伤 5 人以上，或者财产损失 6 万元以上的事故

（2）水上交通的事故统计指标。例如，2002 年交通部发布的第 5 号令《水上交通事故统计办法》，将水上交通事故按照人员伤亡和直接经济损失情况分为小事故、一般事故、大事故和特大事故。确定这些指标的具体内容见表 3 –5。

表 3 –5　水上交通事故等级划分的统计指标例子

船舶吨位 事故类型	3000 总吨以上或主机功率 3000kW 以上的船舶	500 总吨以上、3000 总吨以下或主机功率 1500kW 以上、3000kW 以下的船舶	500 总吨以下或主机功率 1500kW 以上的船舶
小事故	没有达到一般事故等级以上的事故		
一般事故	人员有重伤；或直接经济损失 50 万元以上、300 万元以下的事故	人员有重伤；或直接经济损失 20 万元以上、50 万元以下的事故	人员有重伤；或直接经济损失 10 万元以上、20 万元以下的事故
大事故	死亡 1 ~2 人；或直接经济损失 300 万元以上、500 万元以下的事故	死亡 1 ~2 人；或直接经济损失 50 万元以上、300 万元以下的事故	死亡 1 ~2 人；或直接经济损失 20 万元以上、50 万元以下的事故
重大事故	死亡 3 人以上；或直接经济损失 500 万元以上的事故	死亡 3 人以上；或直接经济损失 300 万元以上的事故	死亡 3 人以上；或直接经济损失 50 万元以上的事故

（3）航空事故统计指标。例如，根据《民用航空器飞行事故等级》（GB 14648—1993）的规定，航空飞行事故可分为特别重大飞行事故、重大飞行事故、一般飞行事故，确定这三类指标的具体内容见表 3 –6。

表 3－6 航空事故等级划分的统计指标例子

事故类型	判断标准
一般飞行事故	人员重伤，重伤人数在 39 人及其以下。 最大起飞质量 2250kg 以下的航空器严重损坏或迫降在无法运出的地方。 最大起飞质量 2250～50000kg 的航空器一般损坏，其修复费用超过事故当时同类型或同类可比新航空器价格 10%。 最大起飞质量 500000kg 以上的航空器一般损坏，其修复费用超过事故当时同类型或同类可比新航空器价格的 5%
重大飞行事故	人员伤亡，死亡人数在 39 人及其以下。 航空器严重损坏或迫降在无法援助的地方（最大起飞质量 2250kg 及其以下的航空器除外）。 航空器失踪，机上人员在 39 人及其以上
特别重大飞行事故	人员死亡，死亡人数在 40 人及其以上。 航空器失踪，机上人员在 40 人及其以上

（4）火灾事故统计指标。例如，根据 1996 年公安部、原劳动部、国家统计局联合颁布的关于重新印发《火灾统计管理规定》的通知，将火灾事故分为特大火灾、重大火灾和一般火灾，确定为这三类指标的具体内容见表 3－7。其中的经济损失存在时代原因，与人员伤亡不成比例。

表 3－7 火灾事故等级划分的统计指标例子

火灾类型	判断标准
特大火灾	死亡 10 人以上（含，下同）；重伤 20 人以上；死亡、重伤 20 人以上；受灾 50 户以上；直接财产损失 100 万元以上
重大火灾	死亡 3 人以上；重伤 10 人以上；死亡、重伤 10 人以上；受灾 30 户以上；直接财产损失 30 万元以上
一般火灾	不具有特大、重大火灾情形的燃烧事故为一般火灾

3.2.4 事故的其他分类

（1）依照造成事故的责任不同，分为责任事故和非责任事故两大类。责任事故，是指由于人们违背自然或客观规律，违反法律、法规、规章和标准等行为造成的事故。非责任事故，是指遭遇不可抗拒的自然因素或目前科学无法预测的原因造成的事故。

（2）依照事故造成的后果不同，分为伤亡事故和非伤亡事故。造成人身伤害的事故称为伤亡事故。只造成生产中断、设备损坏或财产损失的事故称为非伤亡事故。

（3）依事故监督管理的行业不同，分为企业职工伤亡事故（工矿商贸企业伤亡事故）、火灾事故、道路交通事故、水上交通事故、铁路交通事故、民航飞行事故、农业机械事故、渔业船舶事故和其他事故。

（4）此外，还可以按照受伤部位、伤害性质、致害因素等进行事故分类。

3.3 事故的统计分析

3.3.1 事故的统计指标

3.3.1.1 绝对指标

绝对指标是用来反映总体规模和水平的绝对数量。根据所反映的时间状况不同，绝对指标可分为时点指标和时期指标。前者反映某一时刻上的规模和水平；后者反映某一时间间隔的累积数量。绝对指标是认识事故总体的起点，又是计算其他相对指标的基础。目前安全统计中的绝对指标主要由伤亡人员与经济损失两类组成，如表3－8所示。

绝对指标有总体数量和总体单位总量。总体单位总量表明总体单位数的多少，如行业的企业数量、职工人数、安全投资比例等，总体中各单位标志值的总和即为总体标志总量。

表3－8 安全统计研究中的绝对指标

	伤亡人员（数）	经济损失（量）①
绝对指标	事故总起数（隐患、症候等） 重、特大事故起数 死亡人数 重、轻伤人数 损失工（时）数②	直接经济损失 间接经济损失 经济损失严重等级

①经济损失（量）是职工在劳动生产中发生事故所引起的一切经济损失；
②损失工（时）数是指被伤害者失能的工作时间。

3.3.1.2 相对指标

相对指标是用以表明安全现象的相对水平或工作质量的统计指标。统计学中，相对指标又称为统计相对数，它是两个有相互联系的安全现象数量的比率，用来反映安全现象的发展程度、强度、结构、普遍程度或比率关系；相对指标是把两个具体数值抽象化，使人们对安全现象之间的本质联系有更深刻的认识。

安全统计中，相对指标表示与事故伤亡、安全经济损失等情况有关的数值与基准总量的比例，从质量、效益、强度与效率等方面来揭示安全现象，反映安全现象的本质与现象之间的固有关系；此外，相对指标能清晰地表明绝对指标所不能表明的隐性特征，表明安全现象的结构性质、发展程度和比例关系。

表3－9给出了安全统计研究中运用相对指标描述的例子。

表3－9 安全统计研究中的相对指标

序号	相对指标	
1	相对人员	千人伤亡率、10万人死亡率、人均损失工日、人均损失等
2	相对劳动量	百万工日伤害频率
3	相对产量	亿元GDP事故率、损失直间比

续表 3－9

序号	相对指标	
4	相对产量	煤矿：百万吨事故率等
		交通综合：客公里、吨公里等
		道路：万车致伤率、万车死亡率等
		民航：百万次、万时率（征候）等
		铁路：百万车次、万时事故率等
5	其他	重、特大事故率，特种设备万台死亡率，万人火灾死亡率等

根据不同的研究目的和任务及表达习惯，相对指标有不同的计算方法，存在不同的相对模式，通常具有如下一些模式。

（1）人/人模式。伤亡人数相对于人员（职工）数，如千人（万人）死亡（重伤、轻伤）率等，具体表达内容如下。

1）千人死亡率表示某时期，平均每千名职工因伤亡事故造成的死亡人数，即：

$$千人死亡率 = \frac{死亡人数}{平均职工数} \times 10^8 \tag{3-1}$$

2）千人重伤率表示某时期内，平均每千名职工因工伤事故造成的重伤人数，即：

$$千人重伤率 = \frac{重伤人数}{平均职工数} \times 10^8 \tag{3-2}$$

（2）人/产值模式。伤亡人数相对于生产产值（GDP），如亿元 GDP（产值）死亡（重伤、轻伤）率等，具体表达如下。

1）亿元 GDP 死亡率表示某时期（年、季、月）内，平均创造 1 亿元 GDP 因工伤事故造成的死亡人数，即：

$$亿元\ GDP\ 死亡率 = \frac{死亡人数}{国内生产总值（元）} \times 10^8 \tag{3-3}$$

2）亿元 GDP 重伤率表示某时期（年、季、月）内，平均创造 1 亿元 GDP 因工伤事故造成的重伤人数，即：

$$亿元\ GDP\ 重伤率 = \frac{重伤人数}{国内生产总值（元）} \times 10^8 \tag{3-4}$$

（3）人/产量模式。伤亡人数相对于生产产量，如矿业百万吨（煤、矿石）、道路交通万车、航运万艘（船）、万立方米木材死亡（重伤、轻伤）率等，部分具体表达式如下：

$$百万吨死亡率 = \frac{死亡人数}{实际产量（t）} \times 10^6 \tag{3-5}$$

$$万立方米死亡率 = \frac{死亡人数}{木材产量（m^3）} \times 10^4 \tag{3-6}$$

（4）损失日/人模式。事故损失工日相对于人员、劳动投入量（工日），如百万工日（时）伤害频率、人均损失工日等，具体表达内容如下。

1）百万工时伤害率是指某时期内平均每百万工时，因事故造成伤害的人数，其中伤害人数指轻伤、重伤、死亡人数之和，即：

$$百万工时伤害率 = \frac{伤害人数}{实际总工时} \times 10^6 \tag{3-7}$$

2）百万工时伤害严重率是指某时期内，每百万工时的事故造成的损失工作日数，即：

$$伤害严重率 = \frac{总损失工作日数}{实际总工时} \times 10^6 \tag{3-8}$$

3）伤害平均严重率表示每人次受伤害的平均损失工作日数，即：

$$伤害平均严重率 = \frac{总损失工作日数}{伤害人数} \tag{3-9}$$

（5）经济损失/人模式。事故经济损失相对于人员（职工）数，如万人（千人）经济损失率。其中，千人经济损失率是指一定时期内平均每千名职工的伤亡事故的经济损失，即：

$$千人经济损失率 = \frac{生产事故的经济损失}{平均职工人数} \times 10^3 \tag{3-10}$$

（6）经济损失/产值模式。事故经济损失相对于生产产值（GDP），如亿元 GDP（产值）经济损失率等。其中，百万元产值经济损失率是指在一定时期内平均创造百万元产值伴随的伤亡事故经济损失，即：

$$百万元产值经济损失率 = \frac{生产事故的经济损失}{实际百万产值} \times 10^6 \tag{3-11}$$

（7）经济损失/产量模式。事故经济损失相对于生产产量，如矿业百万吨（煤、矿石）、道路交通万车（万时）经济损失等，具体表达如下。

1）百万吨经济损失率是指某时期内某地区平均产量每百万吨中，因事故所造成的经济损失，这种指标适用于以吨为产量计算单位的企业、部门，即：

$$百万吨经济损失率 = \frac{生产事故的经济损失}{实际产量（t）} \times 10^6 \tag{3-12}$$

2）万车经济损失率是指某时期内某地区平均每万辆机动车中，因事故所造成的经济损失，即

$$万车经济损失率 = \frac{机动车交通事故的经济损失}{机动车数} \times 10^4 \tag{3-13}$$

（8）其他模式。具体内容表达如下：

1）重大/特别重大事故率是指某时期内重大/特别重大事故发生次数占总事故次数的比率，即：

$$重大/特别重大事故率 = \frac{重大/特别重大事故发生起数}{事故总起数} \times 100\% \tag{3-14}$$

2）亿客公里死亡率指某时期内，一个客运单位平均每运送 1 亿旅客行走 1km 造成的死亡人数，即：

$$亿客公里死亡率 = \frac{死亡人数}{运营旅客人数 \times 运营公里总数} \times 10^8 \tag{3-15}$$

3）重大事故万时率是指一个飞行单位平均飞行 1 万公里发生的重大飞行事故，即：

$$重大事故万时率 = \frac{事故起数}{飞行总小时数} \times 10^4 \tag{3-16}$$

3.3.1.3 动态指标

动态指标较多用于表达伤亡事故的统计指标。当用伤亡事故统计衡量一个系统的安全状况时，为了便于比较、分析，需要规定一些表明伤亡事故发生状况的指标。1848 年 8 月，在加拿大蒙特利尔市由国际劳工组织（ILO）主持召开的第六次国际劳动统计会议上，通过统一的安全统计指标主要包含两个方面：伤亡频率和伤亡严重率。

A 伤亡事故频率指标

生产过程中发生事故的次数是参加生产的人数，经历的时间及作业条件的函数：

$$A = f(a、N、T) \tag{3-17}$$

式中 A——发生事故的次数；

N——工作人数；

T——经历的时间间隔；

a——生产作业条件。

当人数和时间一定时，则事故发生次数仅取决于生产作业条件。一般有下式成立：

$$a = \frac{A}{NT} \tag{3-18}$$

通常用式（3-18）作为表征生产作业安全状况的指标，称为事故频率。

目前世界各国对事故频率统计方法很不一致，主要的有以下四种方法。

（1）按在册职工人数计算千人负伤率。

我国劳动部门规定的工伤频率计算式为：

$$\text{工伤事故频率} = \frac{\text{本时期内工伤事故人次}}{\text{本时期内在册职工人数}} \times 1000 \tag{3-19}$$

式（3-19）的含义是一定时期内平均每1000 名职工中发生伤亡事故的人次，习惯上称为千人负伤率。此外，可以将此公式中的分子“工伤事故人次”换做“死亡人次”或“重伤人次”，分别计算千人死亡率和千人重伤率。

除我国外，俄罗斯、罗马尼亚、加拿大、英国、法国、墨西哥、埃及、印度、约旦、奥地利、肯尼亚、利比亚、赞比亚、巴拿马、韩国、斯里兰卡等许多国家都采用这种指标。

（2）按工人数计算千人负伤率。

危地马拉、巴基斯坦、捷克、芬兰、匈牙利、新西兰、叙利亚、坦桑尼亚、摩洛哥、挪威等国是按工人数而不是按职工数来计算千人负伤率的，计算公式为：

$$\text{工伤事故频率} = \frac{\text{本时期内工伤事故人次}}{\text{本时期内工人数}} \times 1000 \tag{3-20}$$

（3）按300 个工作日为1 个工人数计算的千人负伤率。

德国、意大利、瑞士、荷兰等国采用这一指标。

（4）按百万工时计算伤亡率。

1962 年第十届国际劳工组织统计会议建议，用统计期间发生的事故数乘以1000000 除以同一时期处于危险作业环境中工作的人-时总数：

$$\text{工伤事故频率} = \frac{\text{工伤总数} \times 1000000}{\text{出勤总工时（人-时）}} \tag{3-21}$$

有时把它简称为AFR(Accident Frequency Rate)。

美国、日本、瑞典、新加坡等许多国家采用这种指标。美国国家标准局的Z-16.1标准规定用这一指标作为安全工作的标准测定指标。美国劳工统计局的BLS-OSHA安全保健工作测定法规定以200000工时相当于100名工人每周工作40h，每年工作50周的工时数。

B 伤亡事故严重率指标

伤亡事故严重率是描述工伤事故中人身遭受伤亡严重程度的指标。在伤亡事故统计中以受伤害而丧失劳动能力的情况来衡量伤害的严重程度。丧失劳动能力的情况按因伤不能工作而损失劳动日数计算。

我国规定按下式计算工伤事故严重率：

$$\text{工伤事故严重率} = \frac{\text{本时期内因工伤事故歇工日数}}{\text{本时期内工伤事故人数}} \tag{3-22}$$

第六届国际劳动统计会议上规定按下式计算工伤事故的严重率：

$$\text{工伤事故严重率} = \frac{\text{损失工作日数}}{\text{实际总工时数}} \times 1000 \tag{3-23}$$

该式是以每一千工时为计算单位来计算由于工伤事故造成的损失工作日数。日本等国就是采用这样的指标。

美国标准学会规定以百万工时为计算单位来计算工伤事故严重率：

$$\text{工伤事故严重率} = \frac{\text{损失工作日数}}{\text{实际总工时数}} \times 1000000 \tag{3-24}$$

在按上述公式统计工伤事故严重率时，需要考虑因死亡和致残而永久丧失劳动能力的情况。第六届国际劳工组织统计会议规定，造成死亡或永久性全部丧失劳动能力的每起事故相当于损失了7500个工作日。这一数据的依据是假设因事故死亡者的年龄平均为33岁，死亡后丧失了25年劳动时间，若每年劳动天数为300天，则损失的工作日数为300×25=7500天。对终身丧失部分劳动能力的致残事故，一些国家也做了相应地规定。

美国Z-16.1标准规定，死亡和永久性全部丧失劳动能力相当于损失6000个工作日。许多国家采用了这个数字。而美国的BLS-OSHA测定法中并未对死亡事故规定时间损失，而是根据实际情况来决定。第十届国际劳工组织统计会议考虑对致死或永久丧失劳动能力折算损失工作日方便缺乏一致的见解，决定在国际上关于计算工伤事故严重率的方法得到改进之前，还要进行许多研究工作。

除了上述的以伤亡事故总数为计算单位和以实际工作人时数为计算单位求算损失工作日数作为工伤严重率指标外，还有许多计算伤亡事故严重率的指标。如采用在一定数量的实物生产中发生的死亡事故人数计算平均死亡率。常用的有百万吨煤死亡率，万吨钢死亡率，万辆汽车肇事死亡率等，一般表达式为：

$$\text{死亡率} = \frac{\text{年工伤事故死亡人数}}{\text{年生产的实物量}} \tag{3-25}$$

3.3.2 伤亡事故综合分析

3.3.2.1 伤亡事故综合分析研究概述

作为统计方法，即使其基本概念是通用的，但是它还必须适应于每个具体问题的特点。任何统计分析的成功，在很大程度上将取决于有关的题材方面的知识。如果没有清楚的目的为先导，也不明确探求哪些关系更有意义，那么仅仅变换数字或绘制图表是不会取得什么成果的。

按统计分析目的不同，可以把它分成三个等级。

（1）企业外的对比分析。利用伤亡事故的主要指标进行部门与部门之间、企业与企业之间、企业与本行业平均指标间的对比分析。

（2）企业或部门不同时期的对比分析。对企业或部门的不同时期的伤亡事故发生情况进行对比，用来评价安全状况是否有所改善。

（3）对企业范围内所存在的问题加以判断或说明。这一级伤亡事故统计分析之目的在于探查造成事故的原因，以便采取必要措施来防止事故重复发生。

首先对各种生产作业环境或活动的总危险程度进行概略的比较。这种概略的比较结果可以为安排补救措施的顺序提供依据，有助于确定一个时期安全工作的主攻目标。把本企业的伤亡事故发生情况与其他企业及同行业的水平相比较，确定改进安全工作后可能达到的目标。从反映整个工程管理系统相对效果的角度来看，进行这种概略的比较也是有价值的。

其次，在一段时间内进行周期性的统计分析能得到许多可以作为评价某种设备、职业、操作或环境的安全状况变化方面的资料。在一段时间内，这种概略测定的数据可以作为调整补救措施和控制措施的依据。

伤亡事故统计分析的目的可归纳为“危险状况相似性”、“事故的同一性”和“时间”三个方面的研究。进行“危险状况相似性”研究有两种方法：第一种是很少考虑环境的类似性问题，亦即不考虑事故的原因问题，而是积累了许多各自独立的生产过程和生产操作环境中伤亡事故发生情况的资料；另一种方法则是把环境因素固定，以便使比较的内容更有针对性。例如，不是简单地比较企业间的事故数据，而是把企业内各相同工序的事故情况加以比较，甚至把不同企业相同操作的事故数据做对比。显然，越缩小对比的范围，比较的情况越相似，则危险情况越趋于一致。

“事故的同一性”研究，是根据事故的特点或后来的严重性把事故分类进行比较。例如头部伤害、骨折等。这种研究着眼于所有发生的事故，而不去研究事故发生的详细情节，如怎样发生的，谁造成的以及什么时候或者在什么地方发生等问题。这样可以反映安全工作状况及危险程度的概貌，而不涉及详细的条件影响。

在伤亡事故统计分析的“时间”方面，由于统计期间的长短是可以主观确定，所以可按年，按月，甚至按星期来积累事故数据。统计期间长则可以消除各种危险环境中包含的季节性因素（如气候变化的影响）和纯偶然因素的影响。而对短期因素并不做更多的研究。统计期间短则可以对那些短期内出现的因素研究得更细致一些。

3.3.2.2 伤亡事故管理图

为了有计划的改善企业安全生产状况，降低伤亡事故发生频率，应该制订控制伤亡事故的目标。根据本企业历年伤亡事故统计资料和同行业的平均水平或最好水平，确定奋斗目标。为了随时掌握伤亡事故情况，可以做出事故控制图表。

根据规定的目标值规定安全管理的上限和下限。由于统计的范围不同，其上限和下限值也各不相同。

当统计的数字只包括歇工一日以上的事故时，事故发生频率服从泊松分布。泊松分布的离差与期望值相同，都是

$$\lambda = \overline{P}n$$

式中 $\overline{P}$——作为目标值的事故发生频率；

n——统计期间内生产工人数。

J. E. 瓦尔（J. E. Whirl）建议按式（3-26）确定图表的上限和下限：

$$\text{上限} \quad UCL = \overline{P}n + 2\sqrt{\overline{P}n}$$

$$\text{下限} \quad LCL = \overline{P}n - 2\sqrt{\overline{P}n} \tag{3-26}$$

这样的上、下限相当于置信度95%时的置信限。

当统计范围包括了极轻微的伤害事故时，事故发生的频率服从二项式分布。二项式分布的期望值为

$$\lambda = \overline{P}n$$

式中 $\overline{P}$——作为目标值的事故发生频率；

n——该时期内生产工人数。

而二项式分布的离差为

$$D = \overline{P}n(1 - \overline{P})$$

于是管理目标值的上限和下限为：

$$\text{上限} \quad UCL = \overline{P}n + 3\sqrt{\overline{P}n(1 - \overline{P})}$$

$$\text{下限} \quad LCL = \overline{P}n - 3\sqrt{\overline{P}n(1 - \overline{P})} \tag{3-27}$$

与式（3-26）相比，式（3-27）的上限和下限之间的间隔显著减小了（见图3-2）。这是因为统计范围加大后事故发生频率虽有增加然而样本容量的增加，却使偶然因素的影响相对减少了。

一年内各个月份的事故数应落在规定的上限 UCL 和下限 LCL 之间，在此范围内事故数的波动属于随机现象。根据管理图上各点的位置，可以判断出安全生产状况。当管理图上出现下列情况时，应认为安全情况有了变化，需要进一步查找原因。

（1）点超出管理目标值的上限（如图3-1、图3-2中的 a、b）。这种情况是不能允许的，必须查出原因立即改正。

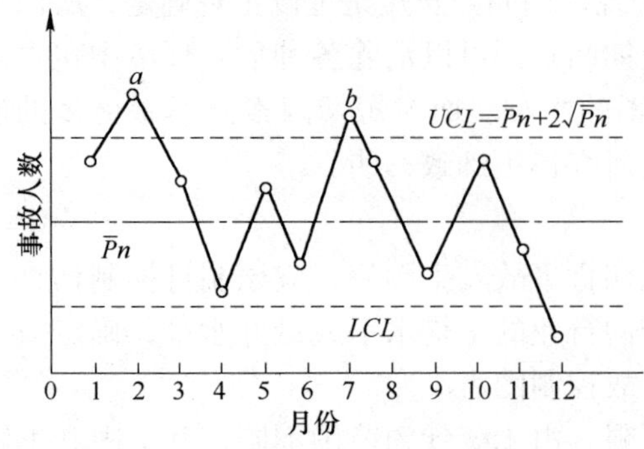

图3-1 伤亡事故管理图（一）

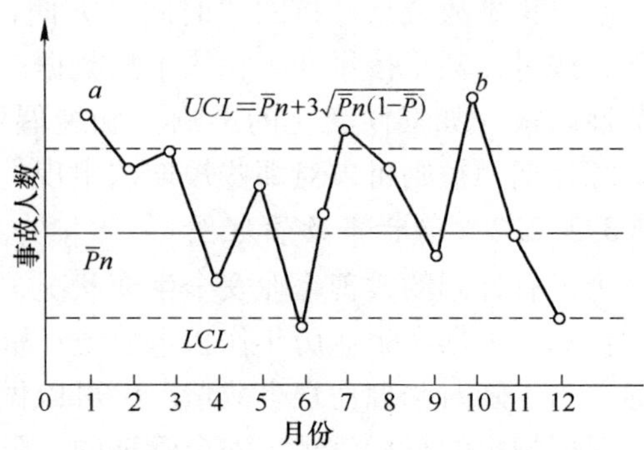

图3-2 伤亡事故管理图（二）

（2）点连续数次出现在中心线以上（图 3－3）。

（3）多个点连续上升（图 3－4）。

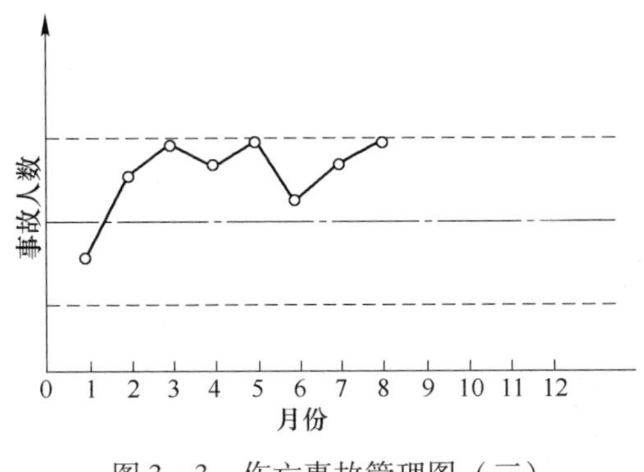

图 3－3　伤亡事故管理图（三）

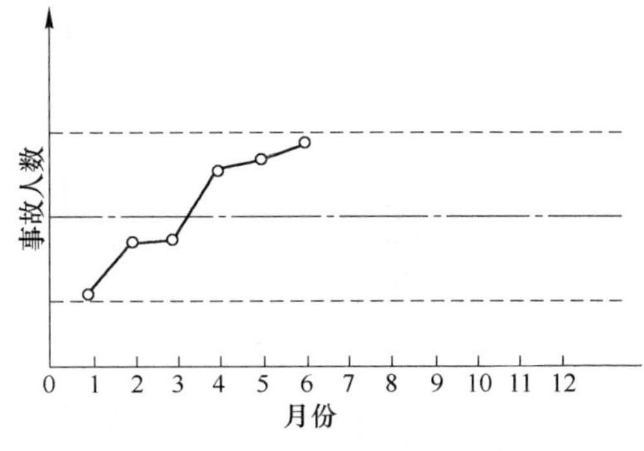

图 3－4　伤亡事故管理图（四）

（4）大部分点出现在中心线上侧（图 3－5）。

3.3.2.3　伤亡事故发生趋势分析

按照时间发展过程对比不同时期伤亡事故指标，可展示伤亡事故发生的趋势和评价某一期间内安全工作状况。通过历年伤亡事故情况对比，可以评价当前安全工作较以前改进了还是变坏了；也可预料今后将会如何发展变化。为了直观，多用趋势图来表示。

例如，某钢厂统计自 1950 年至 1980 年以来千人负伤率情况如图 3－6 所示。由图中曲线看出，在 30 年的期间里有两个高峰。分析产生高峰的原因发现，在相应的两段时期内，企业的安全管理是最差的。出现第一次高峰的大跃进期间，职工连续加班加点，只要产量而忽视安全。出现第二次高峰的十年动乱期间，合理的规章制度被破除了，安全管理机构被削弱了，伤亡事故频繁发生。近年来由于加强了企业管理，改进了安全生产面貌，伤亡事故频率大幅度降低。可以认为，目前采取的预防事故措施是有效的。按这样的安全管理水平继续下去，近几年内伤亡事故频率不会明显增加。如果进一步改善安全工作，伤亡事故率会进一步降低。

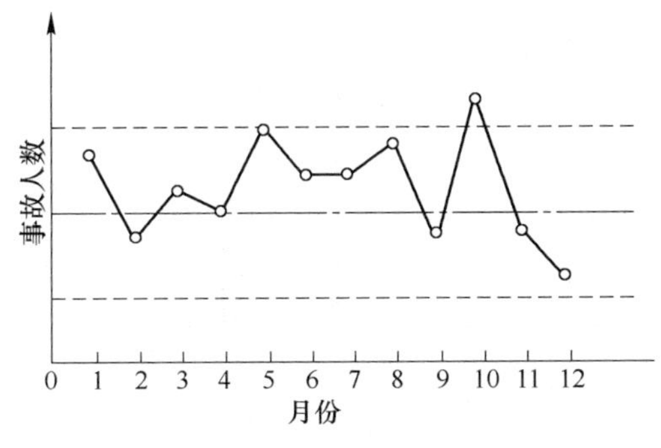

图 3－5　伤亡事故管理图（五）

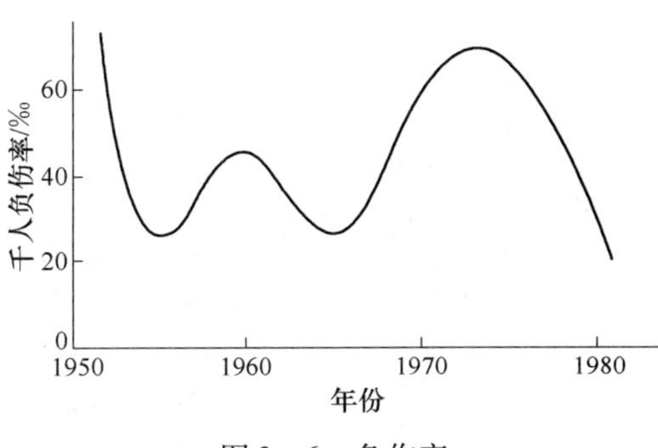

图 3－6　负伤率

3.3.2.4　探明产生伤亡事故的原因

通过伤亡事故统计分析可以宏观地研究伤亡事故的原因。它能从造成大量伤亡事故的诸多因素中找出带有普遍性的原因，为进一步的分析研究和采取预防措施提供根据。用排列图可以清楚地描绘事故各种原因的分布情况。统计分析是按事故类别及原因类别进行的。

例如，某冶金局近6年中伤亡事故类别如图3-7所示。由图可见，该冶金局中机械工具伤害占第一位；其次是物体打击造成的伤害和车辆伤害、高空坠落；其他类型伤害较少。

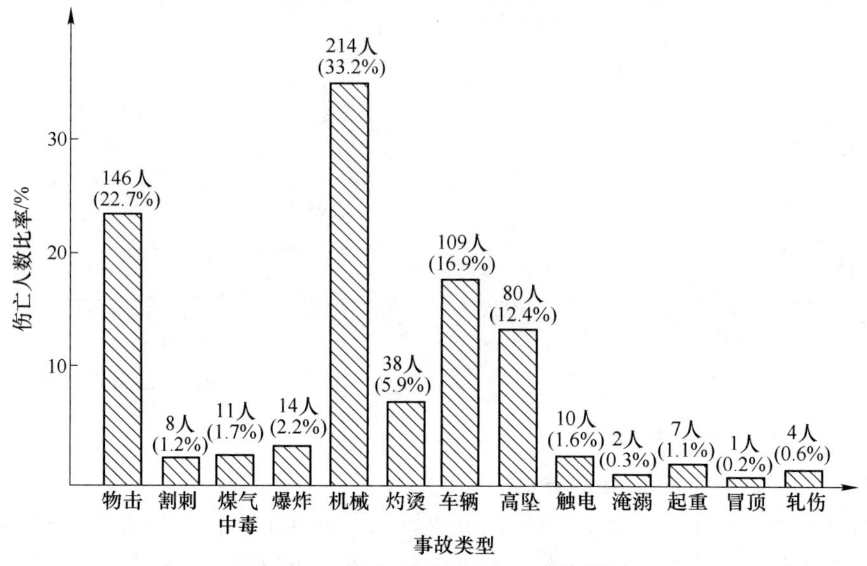

图3-7 某冶金局6年伤亡事故类别

该局的伤亡事故的原因分布如图3-8。在造成事故的原因中，“违章及违反劳动纪律”和“不懂技术知识”两项所占比例最大；其次是“设备、工具、附件有缺陷”和“防护、保险、信号等装置缺乏或有缺陷”两项。鉴于这种情况安全工作的重点应是加强对职工的安全教育和技术知识的教育，其次是加强对设备工具、防护装置的检查修理。

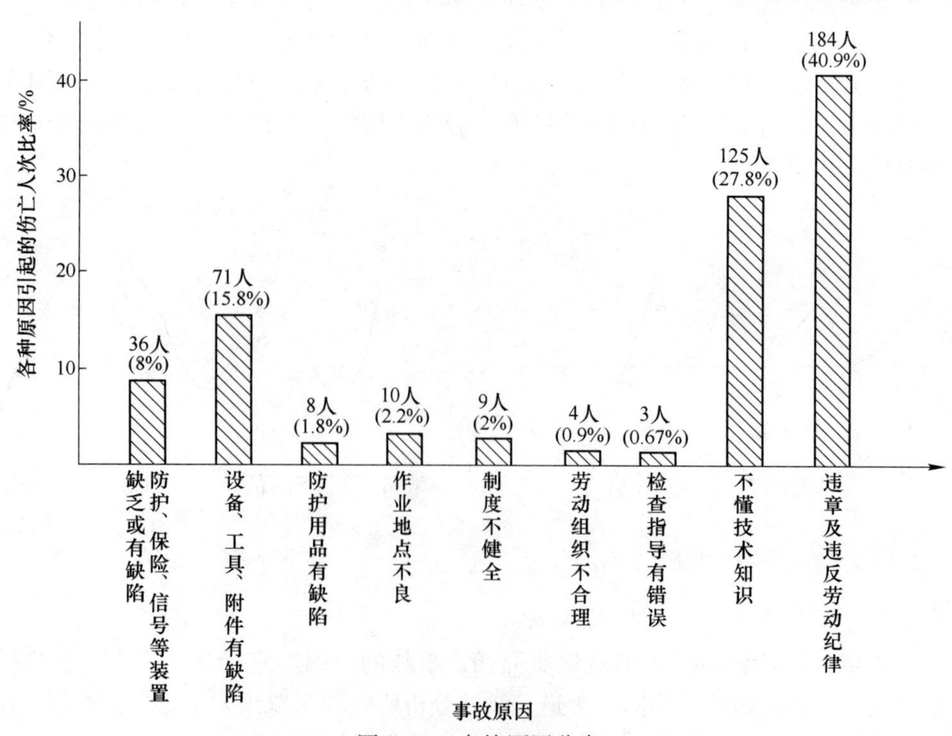

图3-8 事故原因分布

3.3.2.5 探讨伤亡事故发生的规律

通过对统计资料的分析研究，可以概略地掌握企业内部生产过程中伤亡事故发生的规律。一般统计分析的项目如下。

（1）对不同的车间，判断哪些车间潜藏着大量的危害？其结果和原因是什么？

（2）工种不同，作业条件也不同，不同的生产作业条件和内容对事故有什么影响？

（3）随着作业时间的推移，事故发生频率有什么变化？

（4）伤亡事故的发生在时间上有什么周期性规律？如一年内各季节间的差异、一周内不同日期间的差异等。

（5）伤亡事故与工人年龄及工龄间有何关系？与一般情况比较自无特殊的规律？作业条件对此有什么影响？

（6）人员身体的哪个部位容易受到伤害？它与作业条件和作业内容有何关系？有关操作方法是否应加以改进？需要穿戴哪些防护用品？对身体的不同部位，事故的严重率有何特征？

例如，南方某生产硬质合金和稀有金属粉末冶金产品的工厂，统计23年4202起伤亡事故发生情况，发现6～8月份伤亡事故较多，其中7月份最为突出（见图3－9）。进一步分析认为，工人在6～8月高温、高湿的条件下作业，体力消耗大、容易疲劳。在这种情况下由于精神分散往往做出错误的判断，引起操作失误而造成事故。为防止出现伤亡事故高峰，在夏季里应该做好防暑降温工作，改善劳动条件，给职工创造良好的工作环境。

例如，某露天采矿的采选联合企业，统计785例伤亡事故伤害部位，其结果如图3－10所示。由图表看出，手、脚、头、腰等部位伤害较多。这与该单位生产条件有关。该单位笨重体力劳动较多，修理、安装作业工作最大，手、脚等部位容易受伤。应该注意对这些部位的保护。

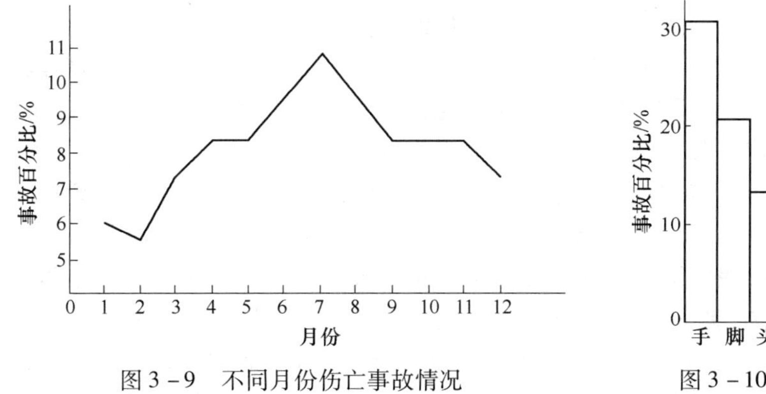

图3－9　不同月份伤亡事故情况

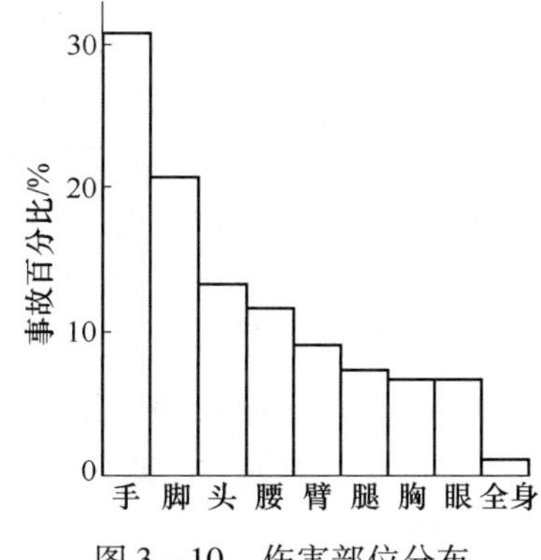

图3－10　伤害部位分布

需要注意的是，在伤亡事故综合研究中必须采用相对指标。这就需要确定一个合适的计算分母。确定一个比率的分子比较容易，但要确定一个合适的分母就要困难得多。确定事故发生的次数固然重要，但确定事故发生率则更重要。不了解分母就不能做出精确的判断。

在对比研究中，如按受伤害者的属性（年龄、性别、工龄等）、作业条件（部门、工种等)、工作班等进行统计分析时,应采用对应于同一分类标准的工人数为基础数,而不应以全部工人数做分母。某矿根据统计资料绘出了图 3 – 11 那样的曲线(实线),表示工人年龄对伤亡事故发生频率的影响。这一结论与一般的规律不一致。它是否为该矿特有的规律呢?认真对其统计方法加以考察,发现问题在于各年龄等级区段都是以全矿人数为基础统计的。实际情况是该矿工人年龄大多数应为 30 岁到 40 多岁之间,年轻工人和老年工人数目较少。正确的统计结果如图 3 – 11 中虚线所示。还有的单位统计工作班次与伤亡事故发生频率的关系,得出了日班比夜班事故多的结论。实际上该厂绝大部分人都上日班,上夜班的人很少。如果以相应于各班的人数为基础数来统计,则可能得出相反的结论。利用不恰当的基础数进行统计,往往无法反映真实的伤亡事故发生规律,甚至导致错误的结论。

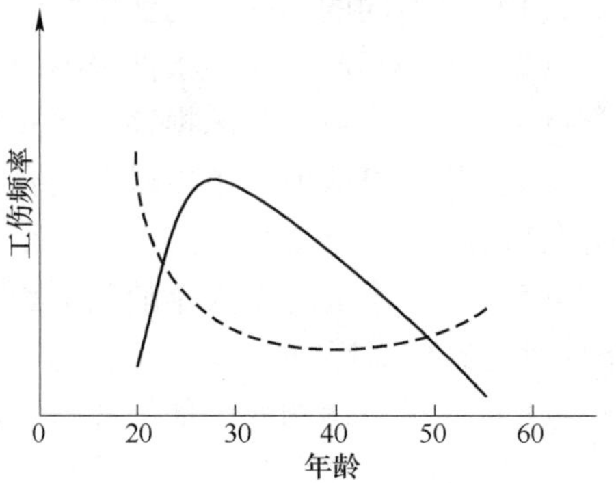

图 3 – 11 伤亡事故与工人年龄关系

3.4 事故的调查与处理

生产安全事故的报告和调查处理,是安全生产工作的重要环节。

国务院 2007 年 4 月 9 日颁布的《生产安全事故报告和调查处理条例》是《安全生产法》的重要配套法规,它在总结国务院颁布的《企业职工伤亡事故报告和处理规定》和《特别重大事故调查程序暂行规定》实践经验的基础上,对生产安全事故的报告和调查处理作出了全面、明确的法律规定,是各级人民政府、安全生产监督管理部门和负有安全生产监督管理职责的其他有关部门做好事故报告和调查处理工作的主要法律依据。

伤亡事故调查的主要任务是:揭示伤亡事故的事实真相及发生经过,为事故分析提供依据;找到伤亡事故发生的原因、经过;确定其规模、性质和类别;为正确处理伤亡事故引起的纠纷提供依据(如受害者丧失劳动能力的程度,工伤的确定以及对事故责任人的处罚等);为拟订安全措施,预防同类事故再次发生,消除隐患,保证安全生产提供资料;为安全管理部门建立或修正安全管理法规、标准提供科学依据。

安全生产事故的原因是事故调查的起点,也是事故管理工作的核心,没有调查清楚事故的原因是不可能处理好事故的。事故责任人的处理就是事故原因调查分析的直接结果,人的不安全行为是事故的主要原因,所以强化对安全事故责任人的处理也是事故管理制度的重点。整改措施是在调查事故原因的基础上采取的管理和技术措施,是防止同类型事故再次发生的根本保障。每次事故的处理都有一定的程序,调查事故原因,处理责任人,落实整改措施属于初步的防治措施,而吸取事故教训,从思想上真正重视安全生产的重要性,为长远的安全生产工作制定合理的管理制度才是事故管理的最终目的。

在事故调查处理过程中要遵循“四不放过”原则。国务院总理温家宝在主持国务院常务会议时提出了“四不放过”原则,分别是:事故原因未查清不放过;事故责任者未处理不放过;整改措施未落实不放过;相关人员未受到教育不放过。这是事故调查处理的基本原则。

3.4.1 生产安全事故的报告

3.4.1.1 生产安全事故报告的原则要求

事故报告是安全生产工作中的一项十分重要的内容，事故发生后，及时、准确、完整地报告事故，对于及时、有效地组织事故救援，减少事故损失，顺利开展事故调查具有十分重要的意义。

《生产安全事故报告和调查处理条例》第四条第一款规定：生产安全事故报告应当及时、准确、完整，任何单位和个人对事故不得迟报、漏报、谎报或者瞒报。

《安全生产法》第七十条、第七十一条对事故的报告作出了如下规定：

生产经营单位发生生产安全事故后，事故现场有关人员应当立即报告本单位负责人。

单位负责人接到事故报告后，应当迅速采取有效措施，组织抢救，防止事故扩大，减少人员伤亡和财产损失，并按照国家有关规定立即如实报告当地负有安全生产监督管理职责的部门，不得隐瞒不报、谎报或者拖延不报，不得故意破坏事故现场、毁灭有关证据。

负有安全生产监督管理职责的部门接到事故报告后，应当立即按照国家有关规定上报事故情况。负有安全生产监督管理职责的部门和有关地方人民政府对事故情况不得隐瞒不报、谎报或者拖延不报。

3.4.1.2 生产安全事故报告责任

下列人员和单位负有报告事故的责任：

（1）事故现场有关人员。

（2）事故发生单位的主要负责人。

（3）安全生产监督管理部门。

（4）负有安全生产监督管理职责的有关部门。

（5）有关地方人民政府。

事故单位负责人既有向县级以上人民政府安全生产监督管理部门报告的责任，又有向负有安全生产监督管理职责的有关部门报告的责任，即事故报告是两条线，实行双报告制。

安全生产监督管理部门和负有安全生产监督管理职责的有关部门，既有向上级部门报告事故的责任，又有同时报告本级人民政府的责任。

3.4.1.3 生产安全事故报告程序及时限

事故现场有关人员、事故单位负责人和有关部门应当按照下列程序和时间要求报告事故：

（1）事故发生后，事故现场有关人员应当立即向本单位负责人报告；情况紧急时，事故现场有关人员可以直接向事故发生地县级以上人民政府安全生产监督管理部门和负有安全生产监督管理职责的有关部门报告。

（2）单位负责人接到事故报告后，应当于1小时内向事故发生地县级以上人民政府安全生产监督管理部门和负有安全生产监督管理职责的有关部门报告。

（3）安全生产监督管理部门和负有安全生产监督管理职责的有关部门接到事故报告后，应当按照事故的级别逐级上报事故情况，并报告同级人民政府，通知公安机关、劳动保障行政部门、工会和人民检察院，且每级上报的时间不得超过2h。

（4）国务院安全生产监督管理部门和负有安全生产监督管理职责的有关部门以及省级人民政府接到发生特别重大事故、重大事故的报告后，应当立即报告国务院。必要时，安全生产监督管理部门和负有安全生产监督管理职责的有关部门可以越级上报事故情况。

3.4.1.4 生产安全事故报告的内容

事故报告的内容应当包括事故发生单位概况、事故发生的时间、地点、简要经过和事故现场情况，事故已经造成或者可能造成的伤亡人数和初步估计的直接经济损失，以及已经采取的措施等。事故报告后出现新情况的，还应当及时补报。

（1）事故发生单位概况。事故发生单位概况应当包括单位的全称、所处地理位置、所有制形式和隶属关系、生产经营范围和规模等。

（2）事故发生的时间、地点以及事故现场情况。报告事故发生的时间应当具体、报告事故发生的地点要准确、报告事故现场的情况应当全面。

（3）事故的简要经过。对事故全过程的简要叙述，核心要求在于“全”和“简”。“全”就是要全过程描述，“简”就是要简单明了。但是，描述要前后衔接、脉络清晰、因果相连。

（4）事故已经造成或者可能造成的伤亡人数（包括下落不明的人数）和初步估计的直接经济损失。由于人员伤亡情况和经济损失情况直接影响事故等级的划分，并因此决定事故的调查处理等后续重大问题，在报告这方面情况时应当谨慎细致，力求准确。

（5）已经采取的措施。已经采取的措施主要是指事故现场有关人员、事故单位负责人、已经接到事故报告的安全生产管理部门为减少损失、防止事故扩大和便于事故调查所采取的应急救援和现场保护等具体措施。

（6）事故的补报。事故报告后出现新情况的，应当及时补报。

3.4.1.5 事故的救援与现场处置

事故发生单位的主要负责人、安全生产监督管理部门、负有安全生产监督管理职责的有关部门、有关地方人民政府在接到事故报告后，除要做好事故报告工作外，更重要的是要积极组织事故救援，并保护好事故现场。

事故发生单位负责人接到事故报告后，应当立即启动事故应急预案，或者采取有效措施，组织抢救，防止事故扩大，减少人员伤亡和财产损失。事故发生地有关地方人民政府、安全生产监督管理部门和负有安全生产监督管理职责的有关部门接到事故报告后，其负责人应当立即赶赴事故现场，组织事故救援。有关部门应当服从指挥、调度，参加或者配合救助，将事故损失降到最低限度。

事故发生后，有关单位和人员应当妥善保护事故现场以及相关证据，任何单位和个人不得破坏事故现场、毁灭相关证据。因抢救人员、防止事故扩大以及疏通交通等原因，需要移动事故现场物件的，应当做出标志，绘制现场简图并做出书面记录，妥善保存现场重要痕迹、物证。

3.4.2 事故调查

3.4.2.1 事故调查的原则

事故调查工作必须坚持以下原则。

A 实事求是的原则

实事求是，是唯物辩证法的基本要求。事故调查工作必须坚持实事求是，坚决克服主观主义，保证做到客观、公正。一是必须全面、彻底查清生产安全事故的原因，不得夸大事故事实或者缩小事故事实，更不得弄虚作假；二是在认定事故性质、分析事故责任时一定要从实际出发，要在查明事故原因的基础上，根据实际情况明确事故责任；三是在提出对事故责任者的处理意见时，一定要实事求是，不得从主观出发，不能感情用事，要坚持以事实为依据，以法律为准绳，要根据事故责任划分，按照法律、法规和国家有关规定对事故责任人提出处理意见；四是总结事故教训、落实事故整改措施要实事求是，总结教训要准确、全面，落实整改措施要坚决、彻底。

B 尊重科学的原则

尊重科学，是事故调查工作的客观规律。生产安全事故调查工作具有很强的科学性和技术性，特别是事故原因的调查，往往需要做很多技术上的分析和研究，利用很多技术手段。尊重科学，一是要有科学的态度，不主观臆想，不轻易下结论防止个人意识主导，杜绝心理偏好，努力做到客观、公正；二是要特别注意充分发挥专家和技术人员的作用，把对事故原因的查明、事故责任的分析、认定建立在科学的基础上。

3.4.2.2 事故调查的基本程序

事故调查是一项政策性、法律性、技术性很强的工作，需要遵循科学的调查程序。事故调查的基本程序包括：成立事故调查组；事故现场处理与勘查；物证与事故事实资料的搜集；证人材料的收集；事故现场摄影与现场事故图的绘制；事故原因分析；事故责任分析；填写事故报告；事故结案材料归档。

A 成立事故调查组

事故调查组是事故调查分析的专门机构，是事故调查的组织保证，成立事故调查组是事故调查分析工作的正式开始。

事故调查组的职责主要包括：

（1）查明事故发生的经过：包括事故的具体时间、地点；事故发生前，事故发生单位生产作业状况；事故现场状况及事故现场保护情况；事故发生后采取的应急处置措施情况等。

（2）查明事故发生的原因：包括事故发生的直接原因；事故发生的间接原因。

（3）查明人员伤亡情况：包括事故发生前，事故发生单位生产作业人员分布情况；事故发生时人员涉险情况；事故当场人员伤亡情况及人员失踪情况；事故抢救过程中人员伤亡情况；最终伤亡情况；其他与事故发生有关的人员伤亡情况等。

（4）查明事故的直接经济损失：包括人员伤亡后所支出的费用，如医疗费用、丧葬及抚恤费用、补助及救济费用、歇工工资等：事故善后处理费用，如事故处理的事务性费用、现场抢救费用、现场清理费用、事故罚款和赔偿费用等；事故造成的财产损失费用，如固定资产损失价值、流动资产损失价值等。

（5）认定事故的性质和事故责任：通过事故调查分析，对事故的性质要有明确结论。其中对认定为自然事故（非责任事故或者不可抗拒的事故）的可不再认定或者追究事故责任人；对认定为责任事故的，要按照责任大小和承担责任的不同分别认定事故责任。

（6）提出对事故责任者的处理建议：通过事故调查分析，在认定事故的性质和事故责任的基础上，提出对事故责任者的处理建议。

（7）总结事故教训：通过事故调查分析，在查明事故原因和事故单位在安全生产管理上存在的问题及漏洞，认定事故性质和事故责任的基础上，要认真总结事故教训，要针对安全生产管理、安全投入、安全条件等方面存在的不足和漏洞，查找事故根源。

（8）提出事故防范措施和整改意见：在事故调查分析的基础上，针对事故发生单位和政府监管工作中存在的问题，提出事故防范措施和整改建议。

（9）提交事故调查报告：在事故调查组全面完成事故调查任务的前提下，提出事故调查报告。该调查报告必须经事故调查组全体成员讨论通过并签名。

B 现场处理与保护

事故发生之后，首先要做的工作是立即抢救伤员，疏散有关人员，并迅速采取措施防止事故蔓延扩大。同时，要认真保护好事故现场，不得破坏与事故有关的物体、状态及痕迹等。确定抢救伤员和防止事故扩大需要移动现场某些物件时，须作出标志、拍照，详细记录和绘制事故现场图。死亡事故现场还须经过当地安监、公安部门同意才能清理。

C 搜集物证和事故事实资料

事故调查获取的第一手资料是事故现场所留下的各种物证，如遭破坏的部件、碎片，各种残留及致害物所处的位置等。在现场搜集到的所有物件均应贴上标签，注明地点、时间、管理者。所有物证均应保持原样，不得冲洗和擦拭，确保各种现场物证的完整性和真实性。

在获取现场物证后，应对事故发生前的有关事实及有利于鉴别和分析事故的各种材料进行搜集。包括：（1）与事故鉴别、记录有关的材料，如发生事故的单位、地点、时间，受害人和肇事者的姓名、性别、年龄、文化程度、职业、技术等级、工龄、本工种工龄，受害人和肇事者的技术状况，接受安全教育情况，出事当天受害人和肇事者什么时间开始工作、工作内容、工作量、作业程序、操作时的动作（或位置），受害人和肇事者过去的事故记录等；（2）事故发生的有关事实，如事故发生前设备、设施等的性能和质量状况，使用的材料，个人防护措施状况，出事前受害人或肇事者的健康状况等。

D 证人材料的收集

事故发生后，要尽快找被调查者搜集材料，认真询问当事人。对证人的口述材料，应认真考证其真实程度。

E 事故现场摄影及绘图

对于一些不能较长时间保留、有可能被消除或被践踏的证据，如各种残骸、受害者原始存息地信息、可能被清除或被践踏的各种痕迹、事故现场全貌等，应利用摄影或录像等手段记录下来，为随后的事故调查和分析提供较完善的信息内容。必要时，绘出事故现场示意图、流程图、受害者位置图等。

F 事故原因分析

对一起事故的原因分析，通常有两个层次，即直接原因和间接原因。直接原因通常是一种或多种不安全行为、不安全状态或两者共同作用的结果。间接原因可追踪于管理措施及决策的缺陷，或者环境的因素。分析事故时，应从直接原因入手，逐步深入到间接原因，从而掌握事故的全部原因。

《企业职工伤亡事故调查分析规则》中，给出了分析事故原因的步骤：

（1）整理和阅读调查材料。

（2）按以下7项内容进行分析：1）受伤部位；2）受伤性质；3）起因物；4）致害物；5）伤害方式；6）不安全状态；7）不安全行为。

（3）确定事故的直接原因。

（4）确定事故的间接原因。

（5）确定事故责任者。

G 事故责任分析

通过事故原因分析，对事故的性质要有明确结论。其中对认定为自然事故（非责任事故或者不可抗拒的事故）的可不再认定或者追究事故责任人；对认定为责任事故的，要按照责任大小和承担责任的不同分别认定事故责任。在此基础上，提出对事故责任者的处理建议。

H 提交事故调查报告及归档

原则上，事故调查组应当自事故发生之日起60日内提交事故调查报告；特殊情况下，提交事故调查报告的期限经负责事故调查的人民政府批准可以适当延长，但延长的期限最长不超过60日。事故调查报告报送负责事故调查的人民政府后，事故调查工作即告结束，事故调查的有关资料应当归档保存。

事故调查报告的主要内容包括：

（1）事故调查报告正文的内容。事故调查报告正文应当包括下列内容：1）事故发生单位概况；2）事故发生经过和事故救援情况；3）事故造成的人员伤亡和直接经济损失；4）事故发生的原因和事故性质；5）事故责任的认定以及对事故责任者的处理建议；6）事故防范和整改措施。

（2）事故调查报告附件应当包括的内容。事故调查报告应当附具有关证据材料和事故调查组成员在事故调查报告上的签名页。

3.4.3 事故处理

3.4.3.1 有关事故处理的规定

事故处理对于事故责任追究以及防范和整改措施的落实等非常重要，也是落实“四不放过”，要求的核心环节。

A 事故调查报告的批复主体和批复期限

事故调查报告由负责组织事战调查的人民政府批复，即：特别重大事故的调查报告由国务院批复；重大事故、较大事故、一般事故的事故调查报告分别由负责事故调查的有关省级人民政府、设区的市级人民政府、县级人民政府批复。

重大事故、较大事故、一般事故自收到事故调查报告之日起15日内作出批复；特别重大事故30日内作出批复，特殊情况下，批复时间可以适当延长，但延长的时间最长不超过30日。

B 事故责任追究的落实

有关机关应当按照人民政府的批复，依照法律、行政法规规定的权限和程序，对事故发生单位和有关人员进行行政处罚，对负有事故责任的国家工作人员进行处分；事故发生单位应当按照负责事故调查的人民政府的批复，对本单位负有事故责任的人员进行处理；负有事故责任的人员涉嫌犯罪的，依法追究刑事责任。

C 防范和整改措施的落实及其监督检查

事故发生单位应当认真吸取事故教训，落实防范和整改措施，防止事故再次发生。防范和整改措施的落实情况应当接受工会和职工的监督。安全生产监督管理部门和负有安全生产监督管理职责的有关部门应当对事故发生单位负责落实防范和整改措施的情况进行监督检查。所谓监督检查，主要是指通过信息反馈、情况反映、实地检查等方式及时掌握事故发生单位落实防范和整改措施的情况，对未按照要求落实的，督促其落实；经督促仍不落实的，依法采取有关措施。

D 事故处理情况的公布

事故处理情况除依法需要保密的外，由负责事故调查的人民政府或其授权机构向社会公布。

3.4.3.2 事故责任追究

安全生产责任追究是指对安全生产责任者未履行安全生产有关的法定责任，根据其行为的性质及后果的严重性，追究其行政、民事或刑事责任的一种制度。

A 行政责任

a 安全生产责任的行政处分

安全生产责任的行政处分主要是对职务性过错的制裁，包括不作为失职和作为失职处分。《国务院关于特大安全事故行政责任追究的规定》对各种不作为失职行为和作为违法、违纪行为的处分作了明确规定；《安全生产法》对安全生产监督管理人员的行政法律责任有明确的规定。

b 安全生产责任的行政处罚

在《安全生产法》、《国务院关于特大安全事故行政责任追究的规定》、《消防法》、《矿山安全法》、《建筑法》、《环境保护法》、《治安管理条例》和《生产安全事故报告和调查处理条例》等法律、法规中，对违反安全规定或因违法行为造成事故的责任人的行政处罚，都有具体规定。

B 刑事责任

根据《刑法》中的规定，与安全生产有关的犯罪主要有危害公共安全罪，渎职罪，生产、销售伪劣商品罪和重大环境污染事故罪。其中危害公共安全罪是一类社会危害性非常严重的犯罪，是《刑法》分则规定的犯罪中除危害国家安全罪外，客观危险性最大的一类犯罪。罪名包括重大飞行事故罪，铁路运营安全事故罪，交通肇事罪，生产、作业重大安全事故罪，强令违章冒险作业重大安全事故罪，生产设施、条件重大安全事故罪，不报、谎报安全事故罪，危险物品肇事罪，工程重大安全事故罪，教育设施重大安全事故罪，消防责任事故罪。

在《安全生产法》中，对安全事故刑事责任有明确具体的规定。

C 民事责任

安全生产的民事责任主要是侵权民事责任，包括财产损失赔偿责任和人身伤害民事责任。在《安全生产法》中，对有关民事责任有明确的规定。

习题与思考题

3－1 试述事故的概念和特征。

3－2 事故按致伤原理分为哪几类?

3－3 伤亡事故的伤害有哪几类? 分别如何定义?

3－4 伤亡事故按严重程度分为哪几类?

3－5 简述事故的发展阶段。

3－6 伤亡事故的统计指标有哪些? 试分别说明。

3－7 《生产安全事故报告和调查处理条例》中对生产安全事故是如何分级的?

3－8 伤亡事故调查的主要任务是什么?

3－9 事故调查工作应坚持哪些原则?

3－10 简述事故调查的基本程序。

3－11 某企业五年间发生伤亡事故的次数分别是 12 次、16 次、10 次、13 次和 9 次。如果单位时间内的伤亡事故次数服从泊松分布，求一个月中发生两次伤亡事故的概率。试根据五年间的事故情况确定管理目标，求出安全管理上限，画出事故管理图。

事故致因理论及模型

4.1 事故致因理论的产生与发展

导致伤亡事故原因的理论研究已有一百多年历史。随着生产力的发展，生产方式的变化，生产关系所反映的安全观念的差异，事故致因理论有各种学说。

20 世纪初，资本主义世界工业化大生产飞速发展，美国福特公司的大规模流水线生产方式得到广泛应用。这种生产方式充分利用机械的自动化，但是这些机械在设计时很少甚至根本不考虑操作的安全和方便，几乎没有安全防护装置。工人没有受过培训，操作很不熟练，加上每天长达 11 ~13h 以上的工作时间。根据美国一份被称为“匹兹伯格调查”的报告，1909 年美国全国的工业死亡事故高达 3 万起，一些工厂的百万工时死亡率达到 150 ~200 人。根据美国宾夕法尼亚钢铁公司的资料，在 20 世纪初的 4 年间，该公司的 2200 名职工中，竟有 1600 人在事故中受到了伤害。

面对广大工人群众的生命健康受到工业事故严重威胁的严峻情况，企业主的态度是消极的。他们说，“为了安全这类装门面的事，我没有钱”，“我手里的余钱也是做生意用的”。他们认为，“有些人就是容易出事，不管做什么，他们总是自己害自己”。

当时，世界各地的诉讼程序大同小异，只要能证明事故原因中有受伤害工人的过失，法庭总是袒护企业主。法庭判决的原则是，工人理应承受所从事的工作通常可能发生的一切危险。

1919 年，英国的格林伍德（M. Greenwood）和伍兹（H. H. Woods）对许多工厂里的伤亡事故数据中的事故发生次数，按不同的统计分布进行了统计检验。结果发现，工人中的某些人较其他人更容易发生事故。从这种现象出发，后来法默（Farmer）等人提出了事故频发倾向的概念。所谓事故频发倾向（Accident Proneness），是指个别人容易发生事故的、稳定的、个人的内在倾向。根据这种理论，工厂中少数工人具有事故频发倾向，是事故频发倾向者，他们的存在是工业事故发生的主要原因。如果企业里减少了事故频发倾向者，就可以减少工业事故。因此，防止企业中出现事故频发倾向者是预防事故的基本措施：一方面通过严格的生理、心理检验，从众多的求职人员中选择身体、智力、性格特征及动作特征等方面表现优秀的人才就业；另一方面，一旦发现事故频发倾向者，则将其解雇。这种理论把事故致因归咎于人的天性，至今仍有某些人赞成这一理论，但是后来的许多研究结果并没有证实该理论的正确性。

这一时期最著名的事故致因理论，是 1936 年由美国人海因里希（W. H. Heinrich）所提出的事故因果连锁理论。海因里希认为，伤害事故的发生是一连串的事件，按一定因果关系依次发生的结果。他用五块多米诺骨牌来形象地说明这种因果关系，即第一块倒下后，会引起后面的牌连锁反应而倒下，最后一块即为伤害事故。因此，该理论称为“多米诺骨牌”理论。多米诺骨牌理论建立了事故致因的事件链这一重要概念，并为后来者研究事故机理提供了一种有价值的方法。

海因里希曾经调查了75000件工伤事故，发现其中有98%是可以预防的。在可预防的工伤事故中，以人的不安全行为为主要原因的事故占89.8%，而以设备的、物质的不安全状态为主要原因的只占10.2%。按照这种统计结果，绝大部分工伤事故都是由于工人的不安全行为引起的。海因里希还认为，即使有些事故是由于物的不安全状态引起的，其不安全状态的产生也是由于工人的错误所致。因此，这一理论与事故倾向性格论一样，将事件链中的原因大部分归于工人的错误，表现出时代的局限性。从这一认识出发，海因里希进一步追究事故发生的根本原因，认为人的缺点来源于遗传因素和人员成长的社会环境。

到第二次世界大战时期，已经出现了高速飞机、雷达和各种自动化机械等。为防止和减少飞机飞行事故而兴起的事故判定技术及人机工程等，对后来的工业事故预防产生了深刻的影响。

事故判定技术（Critical Incident Technique）最初被用于确定军用飞机飞行事故原因的研究。研究人员用这种技术调查了飞行员在飞行操作中的心理学和人机工程方面的问题，然后针对这些问题采取改进措施防止发生操作失误。战后作为一种调查研究不安全行为和不安全状态的方法，这项技术在国外工业事故预防工作中被广泛采用，从而使得不安全行为和不安全状态在引起事故之前被识别和被改正。

第二次世界大战期间使用的军用飞机速度快，战斗力强，但是它们的操纵装置和仪表非常复杂。飞机操纵装置和仪表的设计往往超出人的能力范围，或者容易引起驾驶员误操作而导致严重事故。为了防止飞行事故，飞行员要求改变那些看不清楚的仪表的位置，改变与人的能力不适合的操纵装置和操纵方法。这些要求推动了人机工程学的研究。

人机工程学（Ergonomics）是研究如何使机械设备、工作环境适应人的生理、心理特征，使人员操作简便、准确、失误少、工作效率高的学问。人机工程学的兴起标志着工业生产中人与机械关系的重大变化：以前是按机械的特性训练工人，让工人满足机械的要求，工人是机械的奴隶和附庸；现在是在设计机械时要考虑人的特性，使机械适合人的操作。从事故致因的角度，机械设备、工作环境不符合人机工程学要求可能是引起人失误、导致事故的原因。

随着战后工业迅速发展带来的广泛就业，使得企业不能像战前那样进行“拔尖”的人员选择。除了极少数身心有问题的人之外，广大群众都有机会进入工业部门；工人运动蓬勃发展，企业主不能随意地开除工人，这就使职工队伍素质发生了重大变化。

战后，人们对所谓的事故频发倾向的概念提出了新的见解。一些研究表明，认为大多数工业事故是由事故频发倾向者引起的观念是错误的，有些人较另一些人容易发生事故，是与他们从事的作业有较高的危险性有关。越来越多的人认为，不能把事故的责任简单地说成是工人的不注意，应该注重机械的、物质的危险性质在事故致因中的重要地位。于是，在事故预防工作中比较强调实现生产条件、机械设备的安全。先进的科学技术和经济条件为此提供了物质基础和技术手段。

1949年，葛登（Gorden）利用流行病传染机理来论述事故的发生机理，提出了“用于事故的流行病学方法”理论。葛登认为，流行病病因与事故致因之间具有相似性，可以参照分析流行病的方法分析事故。

能量意外释放论的出现是人们对伤亡事故发生的物理实质认识方面的一大飞跃。1961年和1966年，吉布森（Gibson）和哈登（Hadden）提出了一种新概念：事故是一种不正常的，或不希望的能量释放，各种形式的能量是构成伤害的直接原因。于是，应该通过控制能量，或控制作为能量达及人体媒介的能量载体来预防伤害事故。根据能量意外释放论，可以利用各种屏蔽来防止能量的意外释放。

与早期的事故频发倾向理论、海因里希因果连锁论等强调人的性格特征、遗传特征等不同，战后人们逐渐地认识到管理因素作为背后原因在事故致因中的重要作用。人的不安全行为或物的不安全状态是工业事故的直接原因，必须加以追究。但是，它们只不过是其背后的深层原因的征兆、管理上缺陷的反映，只有找出深层的、背后的原因，改进企业管理，才能有效地防止事故。博德、亚当斯、北川彻三等都对海因里希的事故因果连锁理论进行了改进研究，提出了新的模型。

20世纪50年代以后，科学技术进步的一个显著特征是设备、工艺和产品越来越复杂。战略武器的研制、宇宙开发和核电站建设等作为现代先进科学技术标志的复杂巨系统相继问世。这些复杂巨系统往往由数以千、万计的元件、部件组成，元件、部件之间以非常复杂的关系相连接，而在它们被研制和被利用的过程中常常涉及高能量。系统中微小的差错就可能引起大量的能量意外释放，导致灾难性的事故，因而这些复杂巨系统的安全性问题受到了人们的关注。人们在开发研制、使用和维护这些复杂巨系统的过程中，逐渐萌发了系统安全的基本思想。作为现代事故预防理论和方法体系的系统安全（System Safety）就产生于美国研制民兵式洲际导弹的过程中。

系统安全在许多方面发展了事故致因理论。系统安全认为，系统中存在的危险源是事故发生的原因。所谓危险源（Hazard）是可能导致事故、造成人员伤害、财物损坏或环境污染的潜在的不安全因素。系统中不可避免地会存在或出现某些种类的危险源，不可能彻底消除系统中所有的危险源。系统安全认为可能意外释放的能量是事故发生的根本原因，而对能量控制的失效是事故发生的直接原因。

1969年由瑟利（J. Surry）提出，在70年代初得到发展的瑟利模型，是以人对信息的处理过程为基础描述事故发生因果关系的一种事故模型。这种理论认为，人在信息处理过程中出现失误从而导致人的行为失误，进而引发事故。与此类似的理论还有1970年的海尔（Hale）模型，1972年威格尔斯沃思（Wigglesworth）的“人失误的一般模型”，1974年劳伦斯（Lawrence）由威格尔斯沃思的理论发展为能适用于自然条件复杂的、连续作业情况下的“矿山以人失误为主因的事故模型”，以及1978年安德森（R. Anderson）对瑟利模型的修正得出的新模型。

1983年，瑞典工作环境基金会（WEF）对瑟利提出的人的信息处理过程及事故发生序列的安全信息模型进行了修改。1998年，安德森综合了三个事故序列信息模型，制成了新的安德森模型，把安全信息方面的事故致因理论向前推进了一大步。

这些理论把人、机、环境作为一个整体（系统）看待，研究人、机、环境之间的相互作用、反馈和调整，从中发现事故的致因，揭示出预防事故的途径，所以，也将它们统称为系统理论。

系统安全注重整个系统寿命期间的事故预防，尤其强调在新系统的开发、设计阶段采取措施消除、控制危险源。对于正在运行的系统，如工业生产系统，管理方面的疏忽和失误是事故的主要原因。1975年，约翰逊（Johnson）研究了管理失误和危险树（Management Oversight and Risk Tree，MORT），创立了系统安全管理的理论和方法体系。这是一种系统安全逻辑树的新方法，也是全面理解事故现象的一种图表模型。它把能量意外释放论、变化的观点、人失误理论等引入其中，又包括了工业事故预防中许多行之有效的管理方法，如事故判定技术、标准化作业、职业安全分析等。它的基本思想和方法对现代工业安全管理产生了深刻的影响。

动态和变化的观点是现代事故致因理论的又一基础。1972 年，本奈（Benner）提出了起因于“扰动”而促成事故的理论，即 P 理论（Perturbation Occurs），进而提出了“多重线性事件过程图解法”（Multilinear Events Sequencing Charting Methods）。1980 年，塔兰兹（Talanch）在“安全测定”一书中介绍了变化论模型。1981 年佐藤吉信根据 MORT 又引申出从变化的观点说明“作用 - 变化与作用连锁”的模型。

近十几年来，比较流行的事故致因理论是“轨迹交叉”论。该理论认为，事故的发生不外乎是人的不安全行为（或失误）和物的不安全状态（或故障）两大因素综合作用的结果，即人、物两大系列时空运动轨迹的交叉点就是事故发生的所在。预防事故的发生，就是设法从时空上避免人、物运动轨迹的交叉。

与轨迹交叉论类似的理论是“危险场”理论。危险场是指危险源能够对人体造成危害的时间和空间范围。这种理论多用于研究存在诸如辐射、冲击波、毒物、粉尘、声波等危害的事故模式。

到目前为止，事故致因理论的发展还很不完善，还没有给出对于事故调查分析和预测预报方面普遍有效的方法。然而，通过对事故致因理论的深入研究，必将在安全生产工作中产生深远的影响。事故致因理论及其模型化在安全生产中具有以下重要作用：

（1）从本质上阐明事故发生的机理，奠定安全生产的理论基础，为安全生产指明正确的方向。

（2）有助于指导事故的调查分析，帮助查明事故原因，预防同类事故再次发生。

（3）为系统安全分析、危险性评价和安全决策提供充分的信息和依据，增强针对性，减少盲目性。

（4）有利于从定性的物理模型向定量的数学模型发展，为事故的定量分析和预测奠定基础，真正实现安全管理的科学化。

（5）增加安全生产的理论知识，丰富安全教育的内容，提高安全教育的水平。

图 4 - 1 是事故致因理论及其模型在安全生产中的作用示意图。

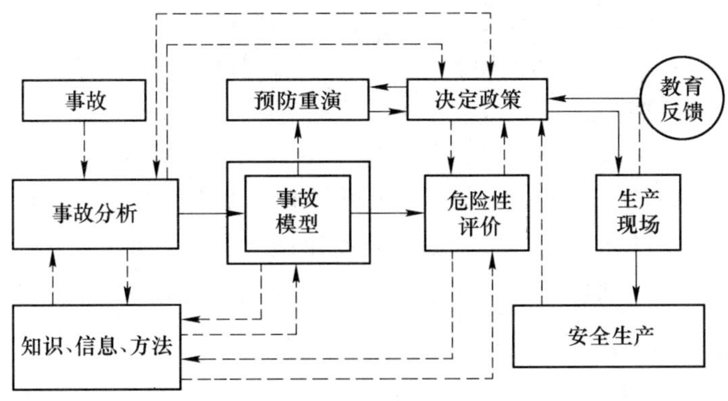

图 4 - 1　事故模型在安全生产中的作用示意图

4.2 事故频发倾向论

4.2.1 事故频发倾向

事故频发倾向（Accident Proneness）是指个别人容易发生事故的、稳定的、个人的内在倾向。

1919 年，格林伍德和伍兹对许多工厂里伤害事故发生次数资料按如下三种统计分布进行统计检验：

（1）泊松分布（Poisson Distribution）：当发生事故的概率不存在个体差异时，即不存在事故频发倾向者时，一定时间内事故发生次数服从泊松分布。在这种情况下，事故的发生是由于工厂里的生产条件、机械设备方面的问题，以及一些其他偶然因素引起的。

（2）偏倚分布（Biased Distribution）：一些工人由于存在着精神或心理方面的毛病，如果在生产操作过程中发生过一次事故，则会造成胆怯或神经过敏，当再继续操作时，就有重复发生第二次、第三次事故的倾向。造成这种统计分布的人是少数有精神或心理缺陷的人。

（3）非均等分布（Distribution of Unequal Liability）：当工厂中存在许多特别容易发生事故的人时，发生不同次数事故的人数服从非均等分布，即每个人发生事故的概率不相同。在这种情况下，事故的发生主要是由于人的因素引起的。

为了检验事故频发倾向的稳定性，他们还计算了被调查工厂中同一个人在前三个月里和后三个月里发生事故次数的相关系数。结果发现，工厂中存在着事故频发倾向者，并且前、后三个月事故次数的相关系数变化在（0.37 ±0.12）~（0.72 ±0.07）之间，皆为正相关。

1926 年，纽伯尔德（E. M. Newbold）研究大量工厂中事故发生次数分布，证明事故发生次数服从发生概率极小，且各个人发生事故概率不等的统计分布。他计算了一些工厂中前五个月和后五个月里事故次数的相关系数，其结果为（0.04 ±0.09）~（0.71 ±0.06）。之后，马勃（Marbe）跟踪调查了一个有 3000 人的工厂，结果发现，第一年里没有发生事故的工人在以后几年里平均发生 0.30 ~0.60 次事故；第一年里发生过一次事故的工人在以后平均发生 0.86 ~1.17 次事故；第一年里出过两次事故的工人在以后平均发生 1.04 ~1.42 次事故。这些都充分证明了存在事故频发倾向。

1939 年，法默（Farmer）和查姆勃（Chamber）明确提出了事故频发倾向的概念。认为事故频发倾向者的存在是工业事故发生的主要原因。

判断某人是否为事故频发倾向者，要通过一系列的心理学测试。例如，在日本曾采用 YG 测验（Yatabe – Guilford Test）来测试工人的性格。另外，也可以通过对日常工人行为的观察来发现事故频发倾向者。一般来说，具有事故频发倾向的人在进行生产操作时往往精神动摇，注意力不能经常集中在操作上，因而不能适应迅速变化的外界条件。

4.2.2 事故遭遇倾向

第二次世界大战后，人们对所谓的事故频发倾向的概念提出了新的见解。一些研究表明，认为大多数工业事故是由事故频发倾向者引起的观念是错误的，有些人较另一些人容易发生事故，是与他们从事的作业有较高的危险性有关。越来越多的人认为，不能把事故的责任简单地说成是工人的疏忽，应该注重机械的、物质的危险性质在事故致因中的重要地位，于是出现了事故遭遇倾向论。事故遭遇倾向（Accident Liability）是指某些人员在某些生产作业条件下容易发生事故的倾向。

许多研究结果表明，前后不同时期里事故发生次数的相关系数与作业条件有关。例如，罗奇（Roche）发现，工厂规模不同，生产作业条件也不同。大工厂的场合相关系数在0.6左右，小工厂则或高或低，表现出劳动条件的影响。高勃（P. W. Gobb）考察了6年和12年间两个时期事故频发倾向稳定性，结果发现前后两段时间内事故发生次数的相关系数与职业有关，变化在0.08～0.72的范围内。当从事规则的、重复性作业时，事故频发倾向较为明显。

明兹（A. Mintz）和布卢姆（M. L. B）建议用事故遭遇倾向取代事故频发倾向的概念，认为事故的发生不仅与个人因素有关，而且与生产条件有关。根据这一见解，克尔（W. A. Kerr）调查了53个电子工厂中40项个人因素及生产作业条件因素与事故发生频度和伤害严重度之间的关系，发现影响事故发生频度的主要因素有搬运距离短、噪声严重、临时工多、工人自觉性差等；与事故后果严重度有关的主要因素是工人的“男子汉”作风，其次是缺乏自觉性、缺乏指导、老年职工多、不连续出勤等，证明事故发生情况与生产作业条件有着密切关系。

4.2.3 关于事故频发倾向理论

自格林伍德的研究起，迄今有无数的研究者对事故频发倾向理论的科学性问题进行了专门的研究探讨，关于事故频发倾向者存在与否的问题一直有争议。实际上，事故遭遇倾向就是事故频发倾向理论的修正。

许多研究结果证明，事故频发倾向者并不存在：

（1）当每个人发生事故的概率相等且概率极小时，一定时期内发生事故次数服从泊松分布。根据泊松分布，大部分工人不发生事故，少数工人只出一次，只有极少数工人发生两次以上事故。大量的事故统计资料是服从泊松分布的。例如，莫尔（D. L. Morh）等研究了海上石油钻井工人连续两年时间内伤害事故情况，得到了受伤次数多的工人数没有超出泊松分布范围的结论。

（2）许多研究结果表明，某一段时间里发生事故次数多的人，在以后的时间里往往发生事故次数不再多了，并非永远是事故频发倾向者。通过数十年的实验及研究，很难找出事故频发者稳定的个人特征。换言之，许多人发生事故是由于他们行为的某种瞬时特征引起的。

（3）根据事故频发倾向理论，防止事故的重要措施是人员选择。但是许多研究表明，把事故发生次数多的工人调离后，企业的事故发生率并没有降低。例如，韦勒（Waller）对司机的调查，伯纳基（Bernacki）对铁路调车员的调查，都证实调离或解雇发生事故多的工人，并没有减少伤亡事故发生率。

多年的研究与实践证明，“事故频发倾向论”是错误的，实际上并不存在所谓的事故频发倾向者。因此，这一理论基本被排除在事故致因理论当代研究范围之外。

其实，工业生产中的许多操作对操作者的素质都有一定的要求，或者说，人员须具有一定的职业适合性。当人员的素质不符合生产操作要求时，人在生产操作中就会发生失误或不安全行为，从而导致事故发生。例如特种作业的场合，操作者要经过专门的培训、严格的考核，获得特种作业资格后才能从事该种操作。因此，尽管事故频发倾向论把工业事故的原因归因于少数事故频发倾向者的观点是错误的，然而从职业适合性的角度来看，关于事故频发倾向的认识也有一定的可取之处。

4.3　事故因果连锁理论

4.3.1　因果继承关系

事故现象的发生与其原因存在着必然的因果关系。“因”与“果”有继承性，前段的结果往往是下一段的原因。事故现象是“后果”，与其“前因”有必然的关系。因果是多层次相继发生的，一次原因是二次原因的结果，二次原因又是三次原因的结果，如此类推。事故发生的层次顺序见图4－2。

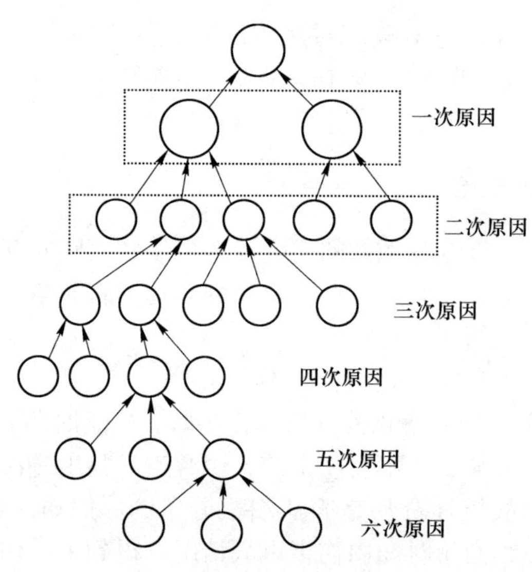

图4－2　事故发生的层次顺序

一般而言，事故原因常分为直接原因和间接原因。直接原因又称一次原因，是在时间上最接近事故发生的原因。直接原因通常又进一步分为两类，物的原因和人的原因。物的原因是设备、物料、环境（又称环境物）等的不安全状态，人的原因是指人的不安全行为。

间接原因是二次、三次以至多层次继发来自事故本源的基础原因。

间接原因大致分为6类：

（1）技术的原因：主要机械设备的设计、安装、保养等技术方面不完善，工艺过程和防护设备存在技术缺陷；

（2）教育的原因：对职工的安全知识教育不足，培训不够，职工缺乏安全意识等；

（3）身体的原因：指操作者身体有缺陷，如视力或听力有障碍，以及睡眠不足等；

（4）精神的原因：指焦躁、紧张、恐惧、心不在焉等精神状态以及心理障碍或智力缺陷等；

（5）管理的原因：企业领导安全责任心不强，规程标准及检查制度不完善，决策失误等；

（6）社会及历史原因：涉及体制、政策、条块关系，地方保护主义，机构、体制和产业发展历史过程等。

在（1）~（6）项的间接原因中，（1）~（4）为二次原因，（5）和（6）为基础原因。

可将因果继承原则看成如下一个连锁“事件链”：损失←事故←一次原因（直接原因）←二次原因（间接原因）←基础原因。

追查事故原因时，从一次原因逆行查起。因果有继承性，是多层次的连锁关系。一次原因是二次原因的结果，二次原因是三次原因的结果，一直可以追溯到最基础原因。

如果采用适当的对策，去掉其中的任何一个原因，就切断了这条“事件链”，就能防止事故的发生。但即使去掉直接原因，只要间接原因还存在，也无法防止再产生新的直接原因。所以，作为最根本的对策，应当追溯到二次原因以至基础原因，并深入研究，加以解决。

4.3.2 事故因果类型

发生事故的原因与结果之间，关系错综复杂，因与果的关系类型分为集中型、连锁型、复合型。

几个原因各自独立共同导致某一事故发生，即多种原因在同一时序共同造成一个事故后果的，称为集中型，如图 4－3 所示。

某一原因要素促成下一个要素发生，下一要素再促成更下一要素发生，因果相继连锁发生的事故，称为连锁型，如图 4－4 所示。

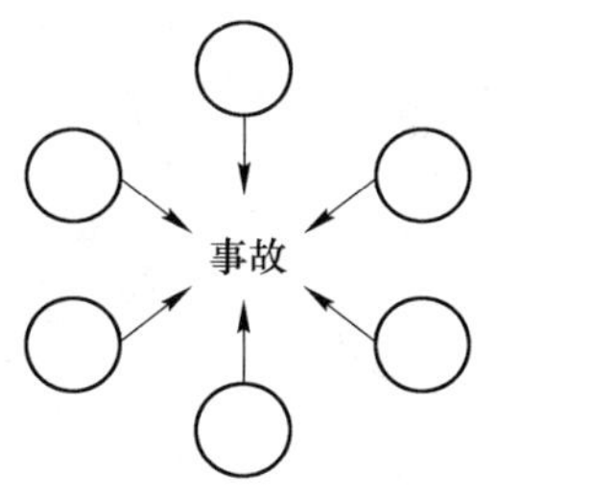

图 4－3 多因致果集中型

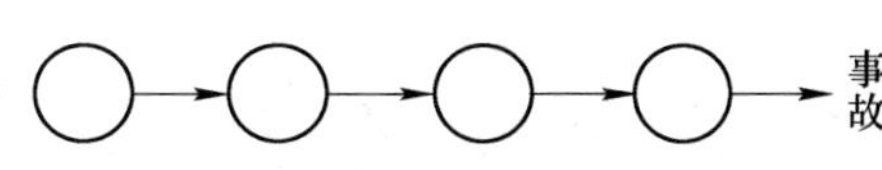

图 4－4 因果连锁型

某些因果连锁，又有一系列原因集中、复合组成伤亡事故后果，称为复合型。见图 4－5。单纯集中型或连锁型均较少，事故的因果关系多为复合型。

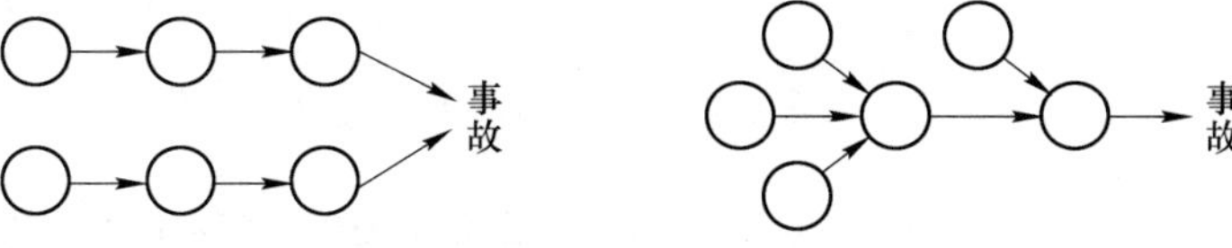

图 4－5 集中连锁复合型

4.3.3 起因物和施害物

所谓起因物，是指造成事故现象起源的机械、装置、天然或人工物件、环境物等；施害物是指直接造成事故而加害于人的物质。不安全状态导致起因物的作用；施害物又是由起因物促成其造成事故后果的。

就物的系列而言，从远因到近因，由最早的起因物（物0）到施害物（物1），物1又会派生出新的施害物（物2），连续产生直至与人接触而发生人员伤亡的事故现象，见图4-6。

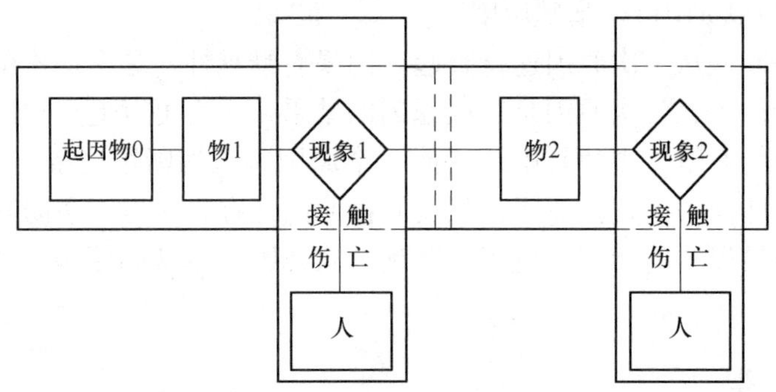

图4-6 事故发生的物的系列

【案例4-1】 在焊接作业中有火花飞溅，引燃了聚氨酯橡胶，燃烧产物使人一氧化碳中毒；火花飞溅到清漆汽油上又引起火灾，烧伤了工人；同时火灾又引起汽油桶爆炸，又造成了桶片飞出而砸伤人员。

引发这一事故的起因物是电焊装置，施害物1是火花，施害物2是聚氨酯橡胶和汽油，施害物3是CO、高温可燃物、汽油桶碎片。这一案例的物系列因果关系见图4-7。

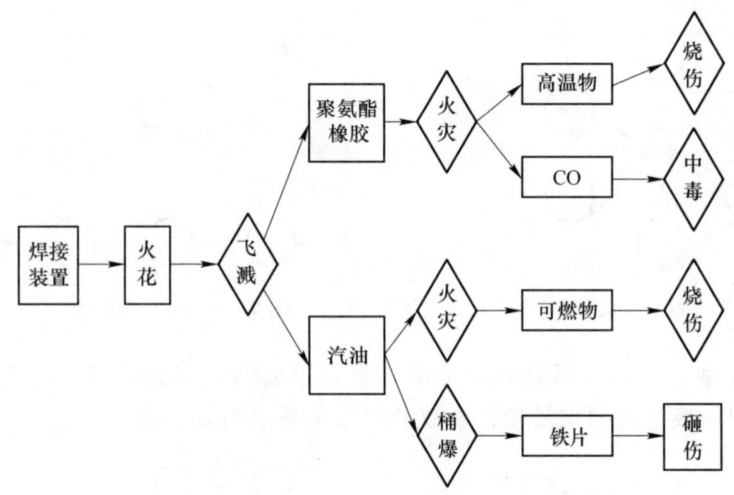

图4-7 焊接作业中事故因果关系

【案例4-2】 2002年3月，某金矿2号井-270m 9303采场CO中毒死亡6人事故的因果关系图及因果顺序，如图4-8及图4-9所示。

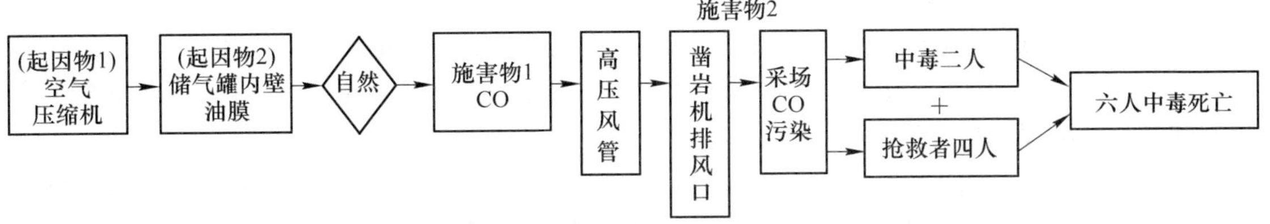

图4－8　某金矿空压机自燃导致CO中毒事故的因果关系

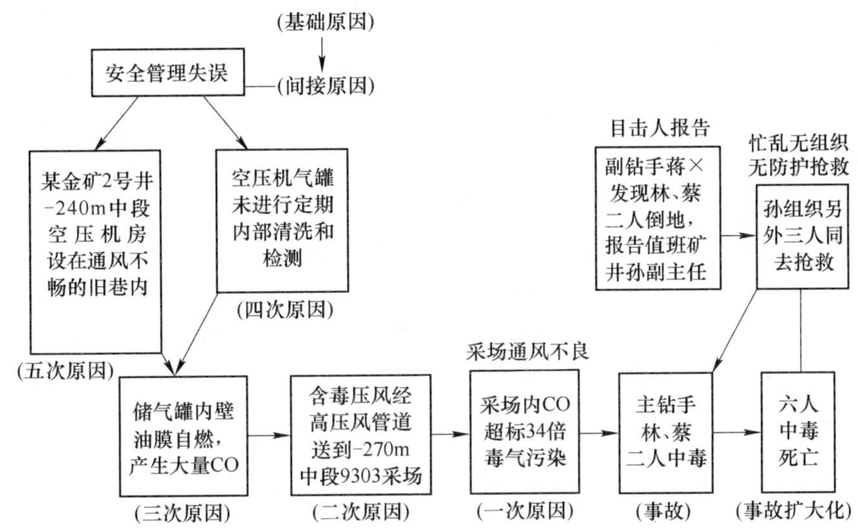

图4－9　某金矿空压机自燃导致CO中毒事故的因果顺序

4.3.4　海因里希事故因果连锁理论

海因里希首先提出了事故因果连锁论，用以阐明导致事故的各种原因因素之间及与事故、伤害之间的关系。该理论认为，伤害事故的发生不是一个孤立的事件，尽管伤害的发生可能只发生在某个瞬间，却是一系列互为因果的原因事件相继发生的结果。

在事故因果连锁论中，以事故为中心，事故的结果是伤害（伤亡事故的场合），事故的原因包括三个层次：直接原因，间接原因，基本原因。由于对事故的各层次的原因的认识不同，形成了不同的事故致因理论。因此，人们也经常用事故因果连锁的形式来表达某种事故致因理论。

海因里希把工业伤害事故的发生、发展过程描述为具有一定因果关系的事件的连锁，即：

（1）人员伤亡的发生是事故的结果。

（2）事故的发生是由于人的不安全行为和物的不安全状态。

（3）人的不安全行为或物的不安全状态是由于人的缺点造成的。

（4）人的缺点是由于不良环境诱发的，或者是由先天的遗传因素造成的。

海因里希最初提出的事故因果连锁过程包括如下五个因素。

（1）遗传及社会环境：遗传因素及社会环境是造成人的性格存在缺陷的原因。遗传因素可能造成鲁莽、固执等不良性格；社会环境可能妨碍教育，助长性格上的缺点发展。

（2）人的缺点：人的缺点是使人产生不安全行为或造成机械、物质不安全状态的原因，它包括鲁莽、固执、过激、神经质、轻率等性格上的先天的缺点，以及缺乏安全生产知识和技能等后天的缺点。

（3）人的不安全行为或物的不安全状态：所谓人的不安全行为或物的不安全状态是指那些曾经引起过事故，或可能引起事故的人的行为，或机械、物质的状态，它们是造成事故的直接原因。例如，在起重机的吊荷下停留，不发信号就启动机器，工作时间打闹，或拆除安全防护装置等，都属于人的不安全行为；没有防护的传动齿轮，裸露的带电体，照明不良等，属于物的不安全状态。

（4）事故：事故是由于物体、物质、人或放射线的作用或反作用，使人员受到伤害或可能受到伤害的、出乎意料的，失去控制的事件。坠落、物体打击等能使人员受到伤害的事件是典型的事故。

（5）伤害：直接由于事故产生的人身伤害。

人们用多米诺骨牌来形象地描述这种事故因果连锁关系，得到图 4－10 那样的多米诺骨牌系列。在多米诺骨牌系列中，一颗骨牌被碰倒了，则将发生连锁反应，其余的几颗骨牌相继被碰倒。如果移去连锁中的一颗骨牌，则连锁被破坏，事故过程被中止。海因里希认为，企业事故预防工作的中心就是防止人的不安全行为，消除机械的或物质的不安全状态，中断事故连锁的进程而避免事故的发生。

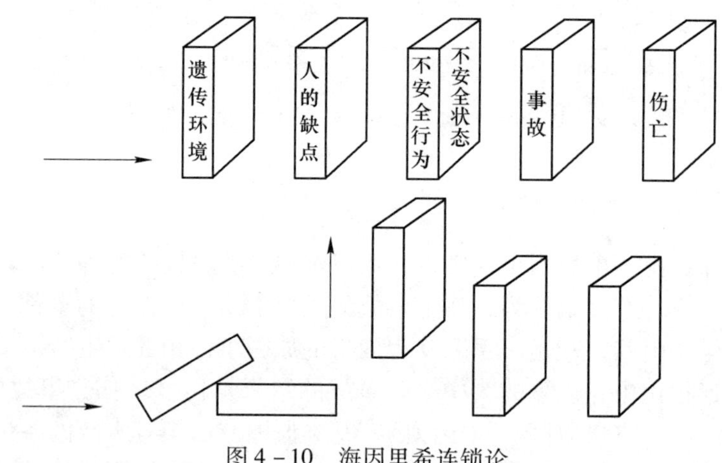

图 4－10 海因里希连锁论

4.3.5 多米诺骨牌新模型

海因里希的因果连锁理论认为事故发生的直接原因是人的不安全行为和物的不安全状态，而这又是一系列间接原因和基础原因连续作用的后果，从而用变化的观点认识了事故演化的过程，强调了事故的因果关系，很好的揭示了事故的本质特征。但是他将事故的基础原因归结为“遗传和环境因素”，强调先天性格缺陷等人的缺点作为事故基点，具有时代的局限性，是不可取的。根据后人的反复研究与实践，可将多米诺骨牌事故模型加以修正，并将概率引入，提出新的模型。

一种可防止的伤亡事故的发生，系一连串原件的一定顺序下发生的结果。按因果顺序，伤亡事故的五因素：社会环境和管理欠缺（设A_1）促成人为的过失（设A_2），人为的过失又造成了不安全动作或机械、物质危害（设A_3），后者促成了意外事件（设A_4）（包括未遂事故）和由此产生的人身伤亡的事件（设A_5）。五因素连锁反应构成了事故，可以应用多米诺骨牌原理（Domnio Sequence）来表示，如图 4-11 所示。

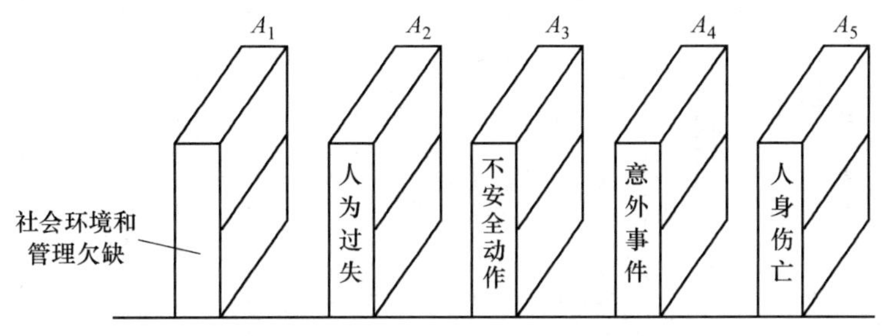

图 4-11　伤亡事故五因素

伤害之所以产生是由于前面因素的作用。在意外事件及伤害发生前，一切工作应以减少环境内机械的危害及人为的不安全动作为原则。防止事故的着眼点，应集中于顺序的中心，即设法消除事件A_3，使系列中断，则伤害便不会发生，如图 4-12 所示。

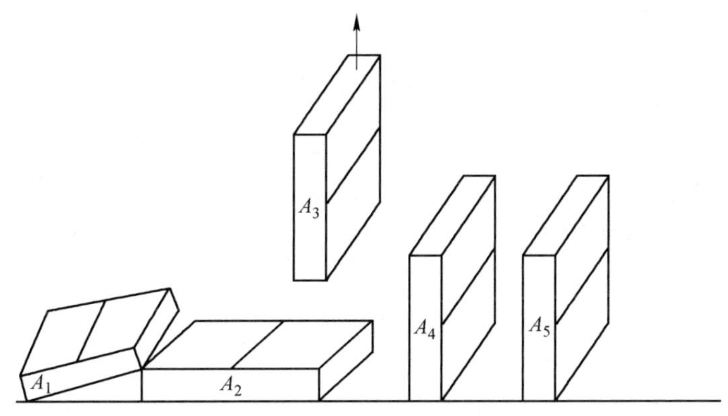

图 4-12　去掉中间因素，使系列中断

如果移去一枚骨牌，也就是使某一因素出现的概率为零，例如 $P(A_3)=0$。这时随机事件变成不可能事件，即可避免伤亡事故的发生。

新模型中事故的直接原因仍然是人的不安全行为和物的不安全状态，但是导致人的不安全行为的本质原因不再是遗传因素造成的人的先天性格缺陷等缺点，而是由于现场环境和管理失误造成的人为的过失。该模型摒弃了海因里希因果连锁模型中的唯心主义观点，强调了环境的因素、物的不安全状态和管理的缺陷。

4.3.6　博德事故因果连锁理论

在海因里希的事故因果连锁中，把遗传和社会环境看做事故的根本原因，表现出了它的时代局限性。尽管遗传因素和人员成长的社会环境对人员的行为有一定的影响，却不是影响人员行为的主要因素。在企业中，如果管理者能够充分发挥管理机能中的控制机能，则可以有效地控制人的不安全行为、物的不安全状态。

博德在海因里希事故因果连锁的基础上，提出了反映现代安全观点的事故因果连锁，见图4－13。博德的事故因果连锁过程同样为五个因素，但每个因素的含义与海因里希的都有所不同。

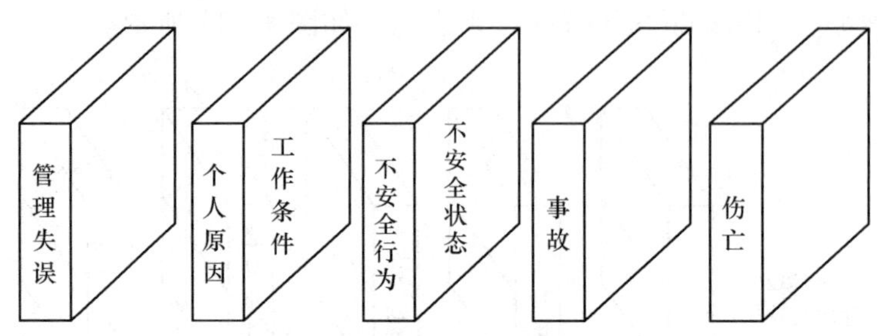

图4－13 博德的事故因果连锁

A 本质原因——管理缺陷

事故因果连锁中一个最重要的因素是安全管理。安全管理人员应该充分理解，他们的工作要以得到广泛承认的企业管理原则为基础，即，安全管理者应该懂得管理的基本理论和原则。控制是管理机能（计划、组织、指导、协调及控制）中的一种机能。安全管理中的控制是指损失控制，包括对人的不安全行为、物的不安全状态的控制。它是安全管理工作的核心。

大多数正在生产的工业企业中，由于各种原因，完全依靠工程技术上的改进来预防事故既不经济也不现实。只能通过专门的安全管理工作，经过较长时间的努力，才能防止事故的发生。管理者必须认识到，只要生产没有实现本质安全化，就有发生事故及伤害的可能性，因而他们的安全活动中必须包含有针对事故连锁中所有要因的控制对策。

管理系统是随着生产的发展而不断变化、完善的，十全十美的管理系统并不存在。由于管理上的缺欠，使得能够导致事故的基本原因出现。

B 基本原因——个人及工作条件原因

为了从根本上预防事故，必须查明事故的基本原因，并针对查明的基本原因采取对策。

基本原因包括个人原因及与工作条件有关的原因，这方面的原因是由于管理缺陷造成的。个人原因包括缺乏知识或技能，动机不正确，身体上或精神上的问题。工作条件方面的原因包括操作规程不合适，设备、材料不合格，通常的磨损及异常的使用方法等，以及温度、压力、湿度、粉尘、有毒有害气体、蒸汽、通风、噪声、照明、周围的状况（容易滑倒的地面、障碍物、不可靠的支持物、有危险的物体）等环境因素。只有找出这些基本原因，才能有效地防止后续原因的发生，从而控制事故的发生。

C 直接原因——不安全行为和不安全状态

人的不安全行为或物的不安全状态是事故的直接原因。这一直是最重要的，必须加以追究的原因。安全管理应该能够预测及发现这些作为管理缺欠的征兆的直接原因，采取恰当的改善措施。但是，直接原因不过是像基本原因那样的深层原因的征兆，是一种表面的现象。在实际工作中，如果只抓住了作为表面现象的直接原因而不追究其背后隐藏的深层原因，就永远不能从根本上杜绝事故的发生。同时，为了在经济上可能及实际可能的情况下采取长期的控制对策，必须努力找出其基本原因。

D　事故

从实用的目的出发，往往把事故定义为最终导致人员身体损伤、死亡，财物损失的，不希望的事件。但是，越来越多的安全专业人员从能量的观点把事故看做是人的身体或构筑物、设备与超过其阈值的能量的接触，或人体与妨碍正常生理活动的物质的接触。于是，防止事故就是防止接触。为了防止接触，可以通过改进装置、材料及设施防止能量释放，通过训练提高工人识别危险的能力、佩戴个人保护用品等来实现。

E　损失

人员伤害及财物损坏统称为损失。博德的模型中的人员伤害，包括了工伤、职业病，以及对人员精神方面、神经方面或全身性的不利影响。在许多情况下，可以采取恰当的措施以最大限度地减少事故造成的损失。例如，对受伤人员进行迅速抢救，对设备进行抢修以及平日对人员进行应急训练等。

4.3.7　亚当斯事故因果连锁理论

亚当斯（Edward Adams）提出了与博德的事故因果连锁论类似的事故因果连锁模型，该模型以表格形式给出，见表4-1。

表4-1　亚当斯连锁论

管理体制	管理失误		现场失误	事故	伤害或损坏
目标 组织 机能运转	领导者在下述方面决策出现问题 1. 政策 2. 目标 3. 权威 4. 责任 5. 职责 6. 考核 7. 权限授予	安全技术人员在下述方面存在失误 1. 行为 2. 责任 3. 权威 4. 规则 5. 指导 6. 主动性 7. 积极性 8. 业务活动	不安全行为 不安全状态	伤亡事故 损坏事故 无伤害事故	伤害 损坏

在该因果连锁理论中，第四、五个因素（事故和损失）基本上与博德的理论相似。这里把事故的直接原因——人的不安全行为及物的不安全状态称为现场失误。本来，不安全行为和不安全状态是操作者在生产过程中的错误行为及生产条件方面的问题，采用现场失误这一术语，其主要目的在于提醒人们注意不安全行为及不安全状态的性质。

该理论的核心在于对现场失误的背后原因进行了深入的研究。操作者的不安全行为及生产作业中的不安全状态等现场失误，是由于企业领导者及事故预防工作人员的管理失误造成的。管理人员在管理工作中的差错或疏忽，企业领导人决策错误或没有做出决策等失误，对企业经营管理及事故预防工作具有决定性的影响。管理失误反映企业管理系统中的问题，它涉及管理体制，即如何有组织地进行管理工作，确定怎样的管理目标，如何计划、实现确定的目标等方面的问题。管理体制反映作为决策中心的领导人的信念、目标及规范，它决定各级管理人员安排工作的轻重缓急，工作基准及指导方针等重大问题。

亚当斯于近年著文对他修改过的博德模型又指出：有多种具有争论性的学说涉及事故原因，Frank Bird(1974) 最早提出的模型具有特殊价值，提出了一个适用于许多管理实践的模拟理论。他把导致损伤或破坏的过程比作为站在边缘的一排多米诺骨牌（见图4－14），当任何一张牌倒下时，就牵动了其他的牌，造成一系列的倒塌，直至最后一张。这就相当于损伤的发生。按照这个模拟理论，如果骨牌系列中任何一张牌被排除，或者被加固到足以承受前面的冲击，那么事件链便被阻断，就不会再发生损伤和破坏。尽管目前有很多新模型出现，但此方法仍然有价值，因为它清楚地验证了在事故过程中实施干预的必要性，以及推广安全方案在阻断损伤过程与预防损伤中的有效作用。

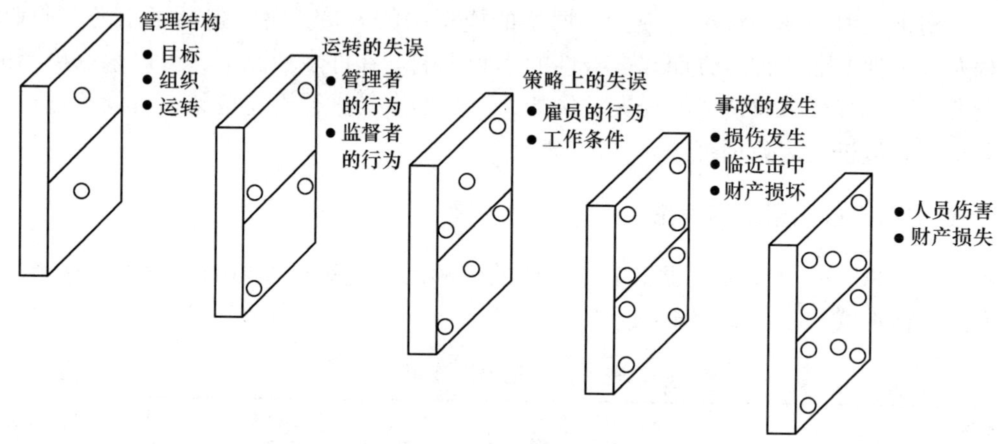

图4－14 经 Adams 修改过的 Bird 的多米诺理论

4.3.8 北川彻三事故因果连锁理论

前面几种事故因果连锁理论把考察范围局限在企业内部。实际上，工业伤害事故发生的原因是很复杂的，一个国家或地区的政治、经济、文化、教育、科技水平等诸多社会因素对伤害事故的发生和预防都有着重要的影响。

日本的北川彻三正是基于这种考虑，对海因里希的理论进行了一定的修正，提出了另一种事故因果连锁理论，如表4－2所示。

表4－2 北川彻三事故因果连锁理论

基本原因	间接原因	直接原因		
管理原因 学校教育原因 社会历史原因	技术原因 教育原因 身体原因 精神原因	不安全行为 不安全状态	事　故	伤　害

日本广泛采用北川彻三的事故因果连锁论作为指导事故预防工作的基本理论。北川彻三从四个方面探讨事故发生的间接原因：

（1）技术原因。机械、装置、建筑物等的设计、建造、维护等技术方面的缺陷。

（2）教育原因。由于缺乏安全知识及操作经验，不知道、轻视操作过程中的危险性和安全操作方法，或操作不熟练、习惯操作等。

(3) 身体原因。身体状态不佳，如头痛、昏迷、癫痫等疾病，或近视、耳聋等生理缺陷，或疲劳、睡眠不足等。

(4) 精神原因。消极、抵触、不满等不良态度，焦躁、紧张、恐怖、偏激等精神不安定，狭隘、顽固等不良性格，白痴等智力缺陷。

在工业伤害事故的上述四个方面的原因中，前两种原因经常出现，后两种原因相对地较少出现。

北川彻三认为，事故的基本原因包括下述三个方面的原因：

(1) 管理原因。企业领导者不够重视安全，作业标准不明确，维修保养制度方面有缺陷，人员安排不当，职工积极性不高等管理上的缺陷。

(2) 学校教育原因。小学、中学、大学等教育机构的安全教育不充分。

(3) 社会或历史原因。社会安全观念落后，工业发展的一定历史阶段，安全法规或安全管理、监督机构不完备等。

在上述原因中，管理原因可以由企业内部解决，而后两种原因需要全社会的努力才能解决。

在北川彻三的因果连锁理论中，基本原因中的各个因素，已经超出了企业安全工作的范围。但是，充分认识这些基本原因因素，对综合利用可能的科学技术、管理手段来改善间接原因因素，达到预防伤害事故发生的目的，是十分重要的。

4.4 事故的流行病学方法理论

1949 年，葛登（Gorden）论述了流行病病因与事故致因之间的相似性，提出了“用于事故的流行病学方法”理论。葛登认为，工伤事故的发生和易感性可以用与结核病、小儿麻痹症等的发生和感染同样的方式去理解，可以参照分析流行病的方法分析事故。

根据流行病学理论，流行病因有三种：

(1) 当事人（病人）的特征，如年龄、性别、心理状况、免疫能力等；

(2) 环境特征，如温度、湿度、季节、社区卫生状况、防疫措施等；

(3) 致病媒介特征，如病毒、细菌、支原体等。

这三种因素的相互作用，可以导致疾病的发生。与此相类似，对于事故，一要考虑人的因素，二要考虑作业环境因素，三要考虑引起事故的媒介。

这种流行病学方法考虑当事人（事故受害者）的年龄、性别、生理、心理状况以及环境的特性，例如工作和生活区域、社会状况，季节等，还有媒介的特性，诸如流行病学中的病毒、细菌，但在工伤事故中就不再是范围确定的生物学问题，而应把“媒介”理解为促成事故的能量，即构成伤害的来源，如机械能、位能、电能、热能和辐射能等等。能量和病毒一样都是事故或疾病现象的瞬时原因。但是，疾病的媒介总是绝对有害的，只是有害程度轻重不同而已。而能量在大多数时间里是有利的动力，是服务于生产的一种功能，只有当能量逆流于人体的偶然情况下，才是事故发生的原点和媒介。

流行病学方法比只考虑人失误的早期事故理论有了较大的进步，它明确地提出了原因因素间的关系特性。该理论认识到，事故是三组变量（当事人的特性、环境特性和作为媒介的能量特性）中某些因素相互作用的结果。该理论的不足之处是三组变量包含大量需要研究的内容，众多的因素必须有大量的标本去统计、评价，但缺乏明确的指导。

4.5 能量意外释放理论

4.5.1 能量意外释放论

近代工业的发展起源于将燃料的化学能转变为热能，并以水为介质转变为蒸汽，然后将蒸汽的热能转变为机械能输送到生产现场。这就是蒸汽机动力系统的能量转换情况。电气时代是将水的势能或蒸汽的动能转换为电能，在生产现场再将电能转变为机械能进行产品的制造加工。核电站则是用原子能转变为电能的。总之，能量是具有做功本领的物理元，它是由物质和场构成系统的最基本的物理量。

输送到生产现场的能量，依生产的目的和手段不同，可以相互转变为各种形式。按照能量的形势，分为势能（Potential energy）、动能（Kinetic energy）、热能（Heat energy）、化学能（Chemical energy）、电能（Electric energy）、原子能（Atomic energy）、辐射能（Radioactive energy）、声能（Sound energy）、生物能（Biological energy）等。

1961 年古布森（Gibson）、1966 年哈登（Haddon）等人提出了解释事故发生物理本质的能量意外释放论。他们认为，事故是一种不正常的或不希望的能量释放并转移于人体。

人类在利用能量的时候必须采取措施控制能量，使能量按照人们的意图产生、转换和做功。从能量在系统中流动的角度，应该控制能量按照人们规定的能量流通渠道流动。如果由于某种原因失去了对能量的控制，就会发生能量违背人的意愿的意外释放或逸出，使进行中的活动中止而发生事故。如果意外释放的能量作用于人体，并且能量的作用超过人体的承受能力，则将造成人员伤害；如果意外释放的能量作用于设备、建筑物、物体等，并且能量的作用超过它们的抵抗能力，则将造成设备、建筑物、物体的损坏。

生产、生活活动中经常遇到各种形式的能量，如机械能、热能、电能、化学能、电离及非电离辐射、声能、生物能等，它们的意外释放都可能造成伤害或损坏。

（1）机械能：意外释放的机械能是导致事故时人员伤害或财物损坏的主要的能量类型。机械能包括势能和动能。位于高处的人体、物体、岩体或结构的一部分，相对于低处的基准面有较高的势能。当人体具有的势能意外释放时，发生坠落或跌落事故；物体具有的势能意外释放时，物体自高处落下可能发生物体打击事故；岩体或结构的一部分具有的势能意外释放时，发生冒顶、片帮、坍塌等事故。运动着的物体都具有动能，如各种运动中的车辆、设备或机械的运动部件、被抛掷的物料等。它们具有的动能意外释放并作用于人体，则可能发生车辆伤害、机械伤害、物体打击等事故。

（2）电能：意外释放的电能会造成各种电气事故。意外释放的电能可能使电气设备的金属外壳等导体带电而发生所谓的“漏电”现象。当人体与带电体接触时，会遭受电击；电火花会引燃易燃易爆物质而发生火灾、爆炸事故；强烈的电弧可能灼伤人体，等等。

（3）热能：现今的生产、生活中到处利用热能，人类利用热能的历史可以追溯到远古时代。失去控制的热能可能灼烫人体、损坏财物、引起火灾。火灾是热能意外释放造成的最典型的事故。应该注意，在利用机械能、电能、化学能等其他形式的能量时，也可能产生热能。

（4）化学能：有毒有害的化学物质使人员中毒，是化学能引起的典型伤害事故。在众多的化学物质中，相当多的物质具有的化学能会导致人员急性、慢性中毒，致病、致畸、致癌。火灾中化学能转变为热能，爆炸中化学能转变为机械能和热能。

（5）电离及非电离辐射：电离辐射主要指 α 射线、β 射线和中子射线等，它们会造成人体急性、慢性损伤。非电离辐射主要为 X 射线、γ 射线、紫外线、红外线和宇宙射线等射线辐射。工业生产中常见的电焊、熔炉等高温热源放出的紫外线、红外线等有害辐射，会伤害人的视觉器官。

麦克法兰特（McFarland）在解释事故造成的人身伤害或财物损坏的机理时说："……所有的伤害事故（或损坏事故）都是因为：（1）接触了超过机体组织（或结构）抵抗力的某种形式的过量的能量；（2）有机体与周围环境的正常能量交换受到了干扰（如窒息、淹溺等）。因而，各种形式的能量是构成伤害的直接原因。"

人体自身也是个能量系统。人的新陈代谢过程是个吸收、转换、消耗能量，与外界进行能量交换的过程；人进行生产、生活活动时消耗能量，当人体与外界的能量交换受到干扰时，即人体不能进行正常的新陈代谢时，人员将受到伤害，甚至死亡。

1966 年，美国运输部国家安全局局长哈登（Haddon）引申了吉布森（Gibson）1961 年提出的下述观点："生物体（人）受伤害的原因只能是某种能量的转换"，并提出了"根据有关能量对伤亡事故加以分类的方法"。他将能量分为两类伤害，表 4－3 为人体受到超过其承受能力的各种形式能量作用时受伤害的情况，表 4－4 为人体与外界的能量交换受到干扰而发生伤害的情况。

表 4－3 能量类型与伤害

施加的能量类型	产生的原发性损伤	举例与注释
机械能	移位、撕裂、破裂和压挤，主要伤及组织	由于运动的物体如子弹、皮下针、刀具和下落物体冲撞造成的损伤，以及由于运动的身体冲撞相对静止的设备造成的损伤，如在跌倒时、飞行时和汽车事故中。具体的伤害结果取决于合力施加的部位和方式。大部分的伤害属于本类型
热能	炎症、凝固、烧焦和焚化，伤及身体任何层次	第一度、第二度和第三度烧伤，具体的伤害结果取决于热能作用的部位和方式
电能	干扰神经—肌肉功能以及凝固、烧焦和焚化，伤及身体任何层次	触电死亡、烧伤、干扰神经功能，如在电休克疗法中。具体伤害结果取决于电能作用的部位和方式
电离辐射	细胞和亚细胞成分与功能的破坏	反应堆事故，治疗性与诊断性照射，滥用同位素、放射性元素的作用。具体伤害结果取决于辐射能作用部位和方式
化学能	伤害一般要根据每一种或每一组织的具体物质而定	包括由于动物性和植物性毒素引起的损伤，化学烧伤如氢氧化钾、溴、氟和硫酸，以及大多数元素和化合物在足够剂量时产生的不太严重而类型很多的损伤

表 4-4 干扰能量交换与伤害

影响能量交换的类型	产生的损伤或障碍的种类	举例与注释
氧的利用	生理损害，组织或全身死亡	由物理因素或化学因素引起的中毒或窒息（例如溺水、一氧化碳中毒和氰化氢中毒）。局部：如“血管性意外”
热能	生理损害、组织或全身死亡	由于体温调节障碍产生的损害、冻伤、冻死

研究表明，人体对各种形式的能量的作用都有一定的承受能力，或者说有一定的伤害阈值。例如，球形弹丸以 4.9N 的冲击力打击人体时，只能轻微地擦伤皮肤；重物以 68.6N 的冲击力打击人的头部时，会造成颅骨骨折。

事故发生时，在意外释放的能量作用下，人体（或结构）能否受到伤害（或损坏），以及伤害（或损坏）的严重程度如何，取决于作用于人体（或结构）的能量的大小、能量的集中程度、人体（或结构）接触能量的部位、能量作用的时间和频率等。显然，作用于人体的能量越大、越集中，造成的伤害越严重；人的头部或心脏受到过量的能量作用时，会有生命危险；能量作用的时间越长，造成的伤害越严重。

该理论阐明了伤害事故发生的物理本质，指明了防止伤害事故就是防止能量意外释放，防止人体接触能量。根据这种理论，人们要经常注意生产过程中能量的流动、转换，以及不同形式能量的相互作用，防止发生能量的意外释放或逸出。

4.5.2 防止能量意外释放的原则与措施

从能量意外释放论出发，预防伤害事故就是防止能量或危险物质的意外释放，防止人体与过量的能量或危险物质接触。

哈登（Haddon）认为，预防能量转移于人体的安全措施可用屏蔽防护系统。他把约束、限制能量，防止人体与能量接触的措施叫做屏蔽。这是一种广义的屏蔽。在一定条件下某种形式的能量能否产生伤害、造成人员伤亡事故，应取决于：（1）人接触能量的大小；（2）接触时间和频率；（3）力的集中程度；（4）屏障设置的早晚，屏障设置得越早，效果越好。按能量大小，可研究建立单一屏蔽还是多重屏蔽（冗余屏蔽）。

防护能量逆流于人体的典型系统可大致分为十二个类型：

（1）限制能量：即限制能量的大小和速度，规定安全极限量，在生产工艺中尽量采用低能量的工艺或装备。如限制行车速度，规定矿井照明用低压电等。

（2）用较安全的能源取代危险性大的能源：有时被利用的能源的危险性较高，这时可考虑用较安全的能源代替。如用水力采煤取代爆破，应用二氧化碳灭火剂代替四氯化碳等。

（3）防止能量蓄积：如控制爆炸性气体的浓度，溜井放矿尽量不要放空（减少和释放位能）等。

（4）控制能量释放：建立防护装置，控制能量意外释放。如采用保护性容器（如耐压氧气罐、盛装辐射性同位素的专用容器）以及生活区远离污染源等。

（5）延缓能量释放：缓慢地释放能量可以降低单位时间内释放的能量，减轻能量对人体或设施的作用。如采用安全阀、溢出阀、吸收振动装置等。

（6）开辟释放能量的渠道：通过新的能量释放渠道将能量安全的释放出来。如接地电线、通过局部通风装置抽排炮烟，抽放煤体中的瓦斯等。

（7）设置屏蔽设施：屏蔽设施是一些防止人员与能量接触的物理实体，即狭义的屏蔽。屏蔽设施可以设置在能源上，如防冲击波的消波室、防噪声的消声器以及原子防护屏等；也可以设置在人员身上，如安全帽、安全鞋、手套、口罩等个体防护品。

（8）在人、物与能源之间设屏障：在时间和空间上把能量与人、物隔离。如防护罩、防火门、密闭门、防水闸墙等。

（9）提高防护标准：如采用双重绝缘工具、连续监测和远距离遥控等。

（10）改变工艺流程：变不安全流程为安全流程。如用无毒、少毒的物质代替剧毒物质等。

（11）修复或急救：治疗、矫正以及减轻伤害程度或恢复原有功能；限制灾害范围，防止损失扩大；搞好急救，进行自救教育等。

（12）信息形式的屏蔽：各种警告措施等信息形式的屏蔽，可以阻止人员的不安全行为或避免发生人失误，防止人员接触能量。

一定量的能量集中于一点要比它铺开所造成的伤害程度更大。因此，可以通过延长能量释放时间或使能量在大面积内消散的方法来降低其危害的程度；对于需要保护的人和物应远离释放能量的地点，以此来控制由于能量转移而造成的事故。最理想的是，在能量控制系统中优先采用自动化装置，而不需要操作者再考虑采取什么措施。

安全工程技术人员在系统设计时应充分利用能量转移理论，对能量加以控制，使其保持在允许范围内。

能量转移致使伤亡事故发生的理论还需结合因果论、事件树和轨迹交叉等致因伤害论点，加以综合研究。这些研究有赖于对伤亡事故建立模型，以便进一步分析各类型事故的发生规律和机理。

总之，把能量管理好，就可以把安全生产管理好。例如管好电能可以防止触电事故；防止坠井就是把势能管好不使之转变为动能；防止炮烟中毒就是要管好化学能；冒顶、落石、物体打击也是势能的转换等。

4.5.3　能量观点的事故因果连锁模型

调查伤亡事故原因发现，大多数伤亡事故都是因为过量的能量，或干扰人体与外界正常能量交换的危险物质的意外释放引起的，并且几乎毫无例外地，这种过量能量或危险物质的释放都是由于人的不安全行为或物的不安全状态造成的。即，人的不安全行为或物的不安全状态使得能量或危险物质失去了控制，是能量或危险物质释放的导火线。

美国矿山局的札别塔基斯（Michael Zabetakis）依据能量意外释放理论，建立了新的事故因果连锁模型，见图4－15。

（1）事故：事故是能量或危险物质的意外释放，是伤害的直接原因。为防止事故发生，可以通过技术改进来防止能量意外释放，通过教育训练提高职工识别危险的能力，佩戴个体防护用品来避免伤害。

（2）不安全行为和不安全状态：人的不安全行为和物的不安全状态是导致能量意外释放的直接原因，它们是管理缺欠、控制不力、缺乏知识、对存在的危险估计错误，或其他个人因素等基本原因的征兆。

（3）基本原因：基本原因包括三个方面的问题。

1）企业领导者的安全政策及决策。它涉及生产及安全目标，职员的配置，信息利用，责任及职权范围，职工的选择、教育训练、安排、指导和监督，信息传递，设备、装置及器材的采购、维修，正常时和异常时的操作规程，设备的维修保养等。

2）个人因素。能力、知识、训练，动机、行为，身体及精神状态，反应时间等。

3）环境因素。自然条件、自然环境等因素。

为了从根本上预防事故，必须查明事故的基本原因，并针对查明的基本原因采取对策。

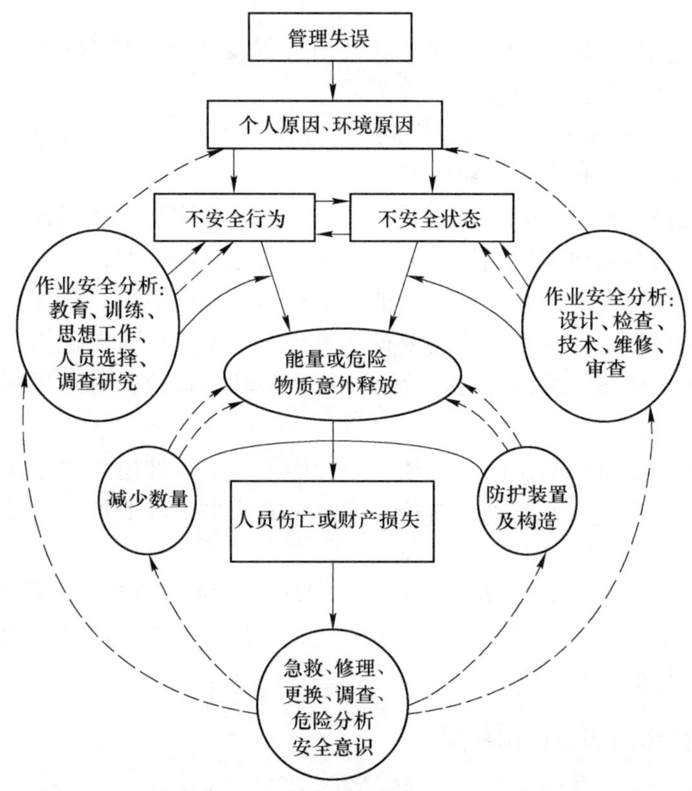

图 4－15　能量观点的事故因果连锁

4.5.4　能量观点的两类危险源理论

“危险源”一词，英文为 Hazard，词义为“Hazard—a source danger”，即危险的根源之意，Hazard 一词有的也译成“危害”。W. 哈默（Willie Hammer）将危险源定义为“可能导致人员伤害或财务损失事故的，潜在的不安全因素”。

危险源是造成事故的一种潜在危险，它是超出人的直接控制之外的某种潜在的环境条件。在有发生工伤或职业病的劳动环境中，即工作场所中工人的操作存在着众多的危险源。

在系统安全研究中，认为危险源的存在是事故发生的根本原因，防止事故就是消除、控制系统中的危险源。

根据危险源在事故发生、发展中的作用，把危险源划分为两大类，即第一类危险源和第二类危险源。

4.5.4.1 第一类危险源

根据能量意外释放论，事故是能量或危险物质的意外释放，作用于人体的过量的能量或干扰人体与外界能量交换的危险物质是造成人员伤害的直接原因，于是把系统中存在的、可能发生意外释放的能量或危险物质称作第一类危险源。

一般地，能量被解释为物体做功的本领。做功的本领是无形的，只有在做功时才显现出来。因此，实际工作中往往把产生能量的能量源或拥有能量的能量载体作为第一类危险源来处理。如带电的导体、奔驰的车辆等。

常见的第一类危险源有：

（1）产生、供给能量的装置、设备；

（2）使人体或物体具有较高势能的装置、设备、场所；

（3）能量载体；

（4）一旦失控可能产生巨大能量的装置、设备、场所，如强烈放热反应的化工装置等；

（5）一旦失控可能发生能量蓄积或突然释放的装置、设备、场所，如各种压力容器等；

（6）危险物质，如各种有毒、有害、可燃烧爆炸的物质等；

（7）生产、加工、储存危险物质的装置、设备、场所；

（8）人体一旦与之接触将导致人体能量意外释放的物体。

表4－5列出了导致各种伤害事故的典型的第一类危险源。

表4－5 伤害事故类型与第一类危险源

事故类型	能源类型	能量载体或危险物质
物体打击	产生物体落下、抛出、破裂、飞散的设备、场所、操作	落下、抛出、破裂、飞散的物体
车辆伤害	车辆，使车辆移动的牵引设备、坡道	运动的车辆
机械伤害	机械的驱动装置	机械运动部分、人体
起重伤害	起重、提升机械	被吊起的重物
触电	电源装置	带电体、高跨步电压区域
灼烫	热源设备、加热设备、炉、灶、发热体	高温体、高温物质
火灾	可燃物	火焰、烟气
高处坠落	高差大的场所、人员借以升降的设备、装置	人体
坍塌	土石方工程的边坡、料堆、料仓、建筑物、构筑物	边坡土（岩）体、物体、建筑物、构筑物、载荷
冒顶、片帮	矿山采掘空间的围岩体	顶板、两帮围岩
放炮、火药爆炸	炸药	
瓦斯爆炸	可燃性气体、可燃性粉尘	
锅炉爆炸	锅炉	蒸汽
压力容器爆炸	压力容器	内容物
淹溺	江、河、湖、海、池塘、洪水、储水容器	水
中毒窒息	产生、储存、聚集有毒有害物质的装置、容器、场所	有毒有害物质

第一类危险源的危险性与能量的高低、数量的多少有密切关系。第一类危险源具有的能量越多，一旦发生事故其后果越严重；相反，第一类危险源处于低能量状态时比较安全。同样，第一类危险源包含的危险物质的量越多，干扰人的新陈代谢越严重，其危险性越大。

4.5.4.2 第二类危险源

在生产和生活中，为了利用能量，让能量按照人们的意图在系统中流动、转换和做功，必须采取措施约束、限制能量，即必须控制危险源。约束、限制能量的屏蔽应该可靠地控制能量，防止能量意外地释放。实际上，绝对可靠的控制措施并不存在。在许多因素的复杂作用下，约束、限制能量的控制措施可能失效，能量屏蔽可能被破坏而发生事故。导致约束、限制能量措施失效或破坏的各种不安全因素称为第二类危险源。

如前所述，札别塔基斯认为，人的不安全行为和物的不安全状态是造成能量或危险物质意外释放的直接原因。从系统安全的观点来考察，使能量或危险物质的约束、限制措施失效、破坏的原因，即第二类危险源，包括人、物、环境三个方面的问题。

（1）人失误。人失误是指人的行为的结果偏离了预定的标准，人的不安全行为可被看做是人失误的特例。人失误可能直接破坏对第一类危险源的控制，造成能量或危险物质的意外释放。例如，合错了开关使检修中的线路带电；误开阀门使有害气体泄放等。人失误也可能造成物的故障，物的故障进而导致事故。例如，超载起吊重物造成钢丝绳断裂，发生重物坠落事故。

（2）物的障碍。物的故障是指由于性能低下不能实现预定功能的现象，物的不安全状态也可以看做是一种故障状态。物的故障可能直接使约束、限制能量或危险物质的措施失效而发生事故。例如，电线绝缘损坏发生漏电；管路破裂使其中的有毒有害介质泄漏等。有时一种物的故障可能导致另一种物的故障，最终造成能量或危险物质的意外释放。例如，压力容器的泄压装置故障，使容器内部介质压力上升，最终导致容器破裂。人失误会造成物的故障，物的故障有时也会诱发人失误。

（3）环境因素。环境因素主要指系统运行的环境，包括温度、湿度、照明、粉尘、通风换气、噪声和振动等物理环境，以及企业和社会的软环境。不良的物理环境会引起物的故障或人失误。例如，潮湿的环境会加速金属腐蚀而降低结构或容器的强度；工作场所强烈的噪声影响人的情绪，分散人的注意力而发生人失误。企业的管理制度、人际关系或社会环境影响人的心理，可能引起人失误。

第二类危险源往往是一些围绕第一类危险源随机发生的现象，它们出现的情况决定事故发生的可能性。第二类危险源出现得越频繁发生事故的可能性越大。

4.5.4.3 两类危险源事故致因理论

一起事故的发生是两类危险源共同起作用的结果。第一类危险源的存在是事故发生的前提，没有第一类危险源就谈不上能量或危险物质的意外释放，也就无所谓事故。另一方面，如果没有第二类危险源破坏对第一类危险源的控制，也不会发生能量或危险物质的意外释放。第二类危险源的出现是第一类危险源导致事故的必要条件。

在事故的发生、发展过程中，两类危险源相互依存，相辅相成：第一类危险源在事故时释放出的能量是导致人员伤害或财物损坏的能量主体，决定事故后果的严重程度；第二类危险源出现的难易决定事故发生的可能性的大小。两类危险源共同决定危险源的危险性。

图4－16为两类危险源理论的事故因果连锁模型。

在企业的实际安全工作中，第一类危险源客观上已经存在并且在设计、建造时已经采取了必要的控制措施，因此安全上作的重点仍是第二类危险源的控制问题。

埃姆伯利（Embrey D. E.）提出如图4－17所示的分层网络事故致因模型（Model of Accident Causation using Hierarchical Influence Network Elicitation，MACHINE）。该模型认为事故的直接原因包括人失误、物的故障和外部事件。

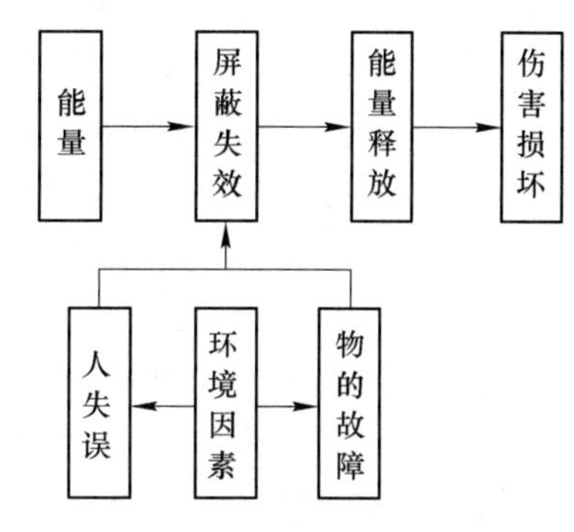

图4－16　两类危险源理论的事故因果连锁

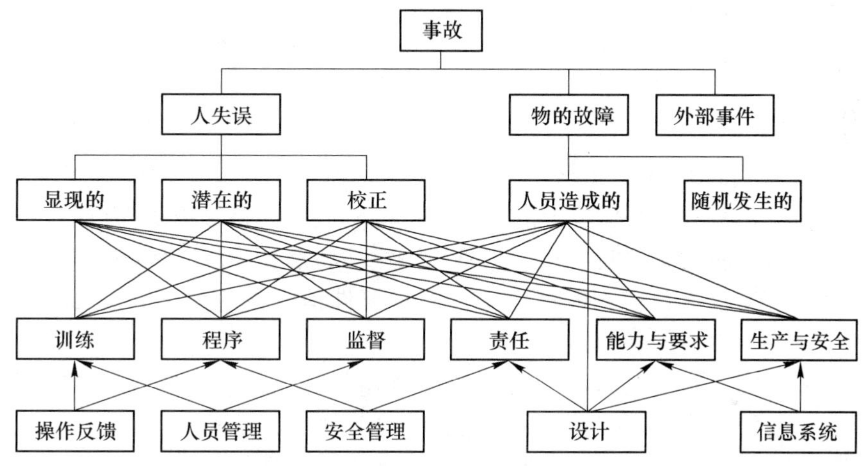

图4－17　分层网络事故致因模型

他把人失误分为显现的、潜在的和校正失误三类，它们的产生取决于人员训练、操作程序、监督、责任规定、能力与要求的符合程度、生产与安全的协调等因素，而这些因素又取决于操作反馈、人员管理、安全管理、设计和信息通信系统等深层次的因素。

物的故障分为物自身的随机故障和人员造成的故障两类。人员造成的故障又分成设计失误造成的故障和安装、试验、维修过程中人员行为失误造成的故障两类。

外部事件主要是系统运行环境方面的问题。

4.6　系统观点的人失误主因论

系统观点的人失误主因论都有一个基本观点，即，人失误会导致事故，而人失误的发生是由于人对外界刺激（信息）的反应失误造成的。系统模型是说明人－机关系中的心理逻辑过程的，特别要辨识事故将要发生时的状态特性，最重要的是与感觉、记忆、理解、决策有关的心理逻辑过程。

4.6.1　威格尔斯沃思模型

事故原因有多种类型，威格尔斯沃思（Wigglesworch）在1972年提出，有一个事故原因构成了所有类型伤害的基础，这个原因就是“人失误”。他把“人失误”定义为“人错误地或不适当地响应一个外界刺激”。图4－18是他绘制的一个事故模型。在工人生产操作过程中，各种“刺激”不断出现，若工人的响应正确或恰当，事故就不会发生；换言之，如果没有危险，则不会发生有伴随着伤害出现的事故；反之，若出现了人失误的事件，就有发生事故的可能。而事故是否能造成伤害，取决于各种随机因素，既可能造成伤亡，也可能是没有伤亡的事故。

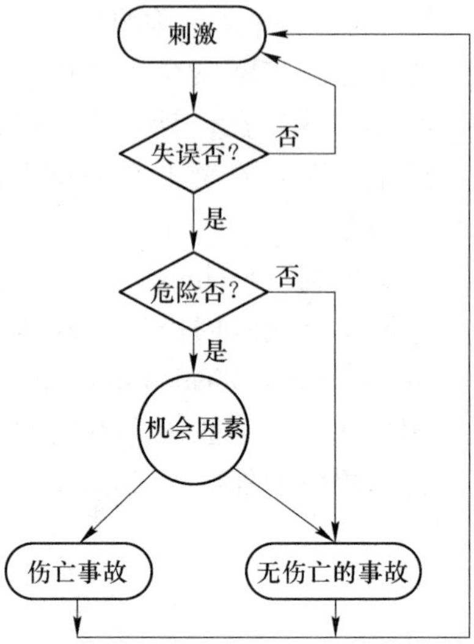

尽管这个模型在描述事故现象时突出了人的不安全行为，但却不能解释人为什么会发生失误。它也不适用于不以人为失误为主的事故。

刺激
失误否？
否
是
危险否？
否
是
机会因素
伤亡事故
无伤亡的事故

图4－18 威格尔斯沃思以人失误为主要原因的事故模型

4.6.2 瑟利模型

1969年，瑟利（J. Surry）提出一个事故模型，他把事故的发生过程分为是否产生迫近的危险（危险构成——指形成潜在危险）和是否造成伤害或损坏（显现危险的紧急时期——指危险由潜在状态变为现实状态）两个阶段，每个阶段都各包含一组类似的心理—生理成分，即对事件信息的感觉、认识以及行为响应的过程。

在危险构成阶段，如果人的信息处理的每个环节都正确，危险就能被消除或得到控制；反之，只要任何环节出现问题，就会使操作者直接面临危险。

在危险显现阶段，如果人的信息处理过程的各个环节都是正确的，则虽然面临着已经出现的危险，但仍然可以避免危险显现出来，就不会发生伤害或损坏；反之，只要任何一个环节出错，危险就会转化成伤害或损害。

瑟利模型如图4－19所示。

由图4－19可以看出，两个阶段具有类似的信息处理过程，每个过程均可分解为6个方面的问题。下面以危险显现为例，分别介绍这6个方面问题的含义：

（1）对危险的显现有警告吗？这里警告的意思是指工作环境中是否存在与安全运行状态之间可被感觉到的差异。如果危险没有带来可被感知的差异，则会使人直接面临该危险。在生产实际中，危险即使存在，也并不一定直接显现出来。这一问题给我们的启示，就是要让不明显的危险状态充分显示出来，这往往要采取一定的技术手段和方法来实现。

（2）感觉到了这警告吗？这个问题有两个方面的含义：一是人的感觉能力如何，如果人的感觉能力差，或者注意力在别处，那么即使有足够明显的警告信号，也可能未被察觉；二是环境对警告信号的“干扰”如何，如果干扰严重，则可能妨碍对危险信息的察觉和接受。根据这个问题得到的启示是：感觉能力存在个体差异，提高感觉能力要依靠经验和训练，同时训练也可以提高操作者抗干扰的能力。在干扰严重的场合，要采用能避开干扰的警告方式（如在噪音大的场所使用光信号或与噪音频率差别较大的声信号）或加大警告信号的强度。

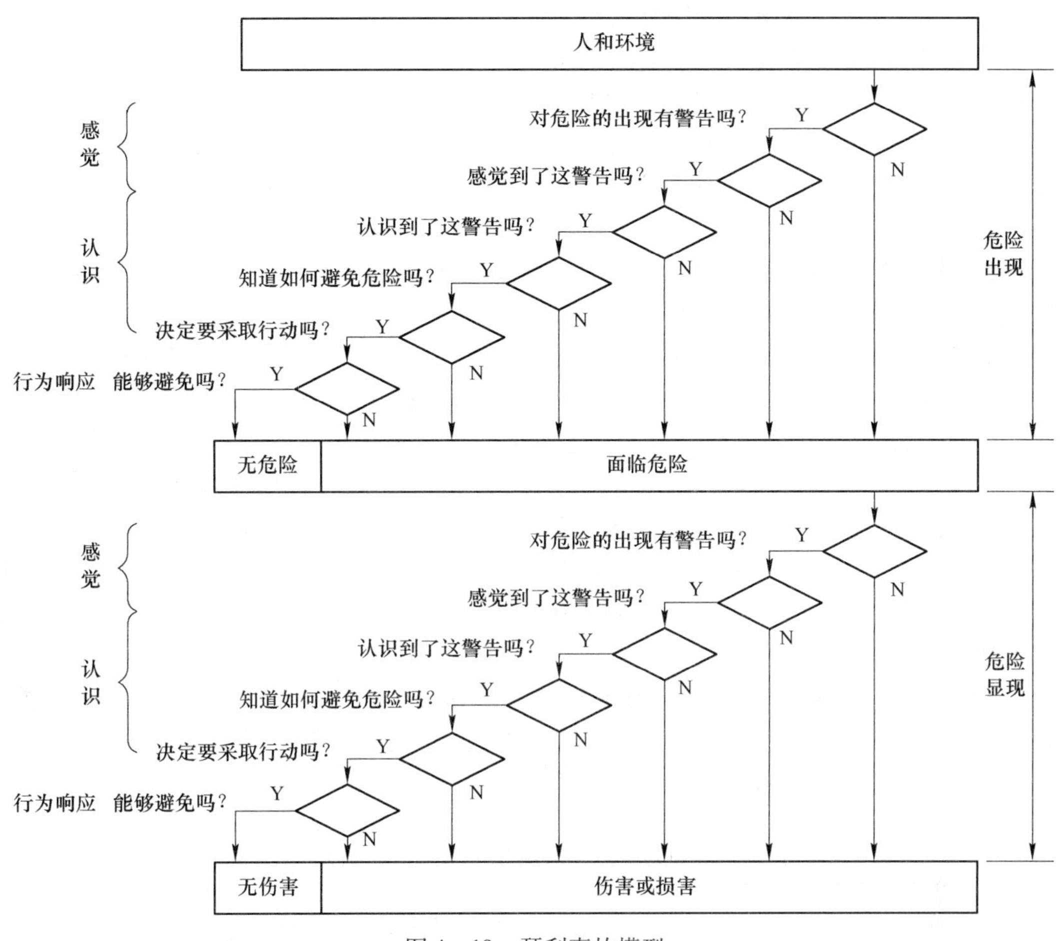

图4－19 瑟利事故模型

(3) 认识到了这警告吗？这个问题问的是操作者在感觉到警告之后，是否理解了警告所包含的意义，即，操作者将警告信息与自己头脑中已有的知识进行对比，从而识别危险的存在。

(4) 知道如何避免危险吗？问的是操作者是否具备避免危险的行为响应的知识与技能。为了使这种知识和技能变得完善和系统，从而更有利于采取正确的行动，操作者应该接受相应的训练。

(5) 决定采取行动吗？表面上看，这个问题毋庸置疑，既然有危险，当然要采取行动。但是，在实际情况下，人们的行动是受各种动机中的主导动机驱使的，采取行动回避风险的“避险”动机往往与“趋利”动机（如省时、省力、多挣钱、享乐等）交织在一起。当趋利动机成为主导动机时，尽管认识到危险的存在，并且也知道如何避免危险，但操作者仍然会“心存侥幸”而不采取避险行动。

(6) 能够避免危险吗？问的是操作者在做出采取行动的决定后，能否迅速、敏捷、正确地做出行动上的反应。

在上述6个问题中，前两个问题都是与人对信息的感觉有关的，第3～5个问题是与人的认识有关的，最后一个问题是与人的行为响应有关的。这6个问题涵盖了人的信息处理全过程，并且反映了在此过程中有很多发生失误进而导致事故的机会。

由以上对瑟利模型的分析可以看出，该模型从人、机、环境的结合上对危险从潜在到显现从而导致事故和伤害进行了深入细致的分析。这将给人以多方面的启示，比如为了防止事故，关键在于发现和识别危险。这涉及操作者的感觉能力、环境的干扰、危险的知识和技能等等。改善安全管理就应该致力于这些方面问题的解决：如人员的选拔、培训；作业环境的改善；监控报警装置的设置等等。

【案例 4-3】 1998 年 10 月，某集团有限公司污水处理站在对清水池进行清理时发生硫化氢中毒，死亡 3 人。事故的发生经过如下：10 月 1 日下午 1 时左右，污水处理站站长宋某与员工周某以及一名外来临时杂工徐某开始清理清水池。徐某头戴防毒面具（滤毒罐）下池清理，约在 1 时 45 分，周某发现徐某没有上来，预感情况不好，当即喊“救命”。这时 2 名租用该集团公司厂房的个体业主施某、邵某闻声赶到现场，周某即下池营救，施某与邵某在洞口接应。在此同时，污水处理站站长宋某赶到，听说周某下池后也没有上来，随即也下池营救，并嘱咐施某与邵某在洞口接应。宋某下洞后，邵某随即下洞，站在下洞的梯子上，上身在洞外，下身在洞口内。当宋某挟起周某约离池底 50cm 高处，叫上面的人接时，因洞口直径小（0.6m×0.6m），邵某身体较胖，一时下不去，接不到，随即宋某也倒下，邵某闻到一股臭鸡蛋味，意识到可能有毒气。在洞口的施某拉邵某一把说：“宋刚下去，又倒下，不好！快起来！”邵某当即起来，随后报警。4～5min 后，消防人员赶到，救出 3 名中毒人员，急送某市第二人民医院抢救。结果抢救无效，3 人全部死亡。应用瑟利模型分析事故的危险出现阶段如图 4-20 所示。

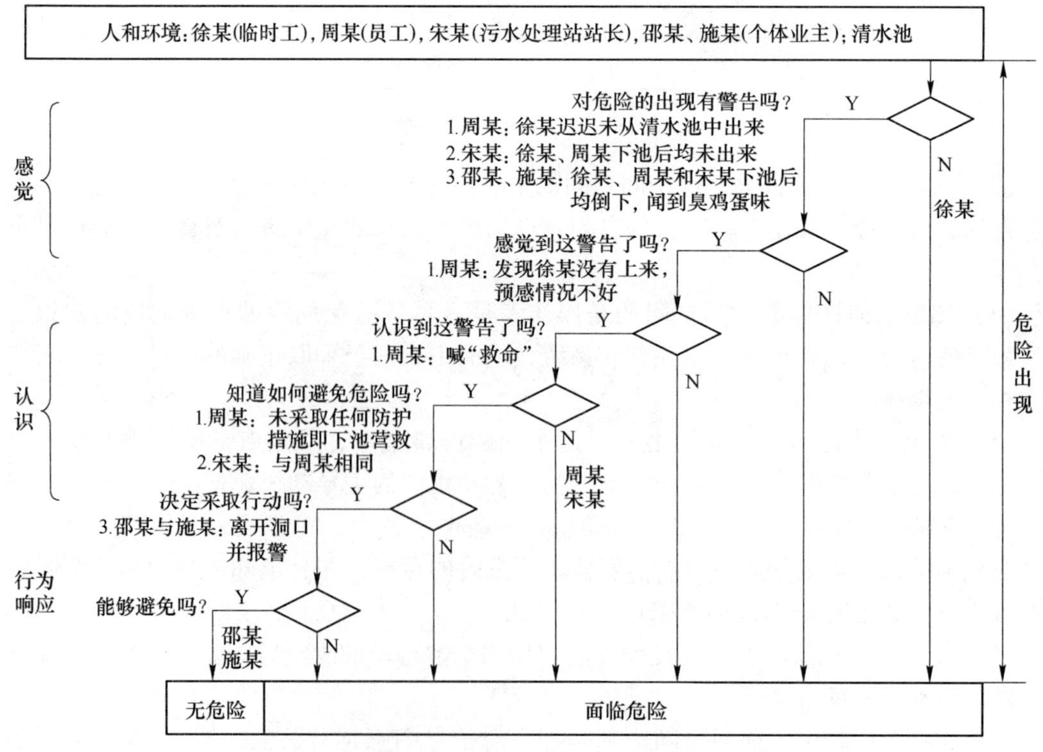

图 4-20 某公司硫化氢中毒事故危险出现阶段的瑟利模型分析

4.6.3 劳伦斯模型

劳伦斯（Lawrence）在威格尔斯沃思和瑟利等人的人失误模型的基础上，通过对南非金矿中发生的事故研究，于1974年提出了针对金矿企业以人失误为主因的事故模型，如图4-21所示。该模型对一般矿山企业和其他企业中比较复杂的事故具有良好的实用价值。

在采矿工业中，包括人的因素在内的连续生产活动，可能引起两种结果：发生伤害和不发生伤害，所以“事故”的定义是使正常生产活动中断的不测事件。在矿山安全工作中使用事故一词，常常作为伤害的同义语。然而，事故是否发生伤害却取决于危险的情况（人体受伤害的概率）和机会因素。

表4-6列出了事故、危险和伤害在理论上的八种组合。因为不存在危险或没有事故也就不可能发生伤害，所以只有五种事故后果类型。

表4-6 事故、危险和伤害的组合

出现的类型	事故（accident）	危险（danger）	伤害（injury）
1	NO	NO	NO
2	NO	YES	NO
3	YES	YES	NO
4	YES	YES	YES
5	YES	NO	NO
不可能出现	YES	NO	YES
不可能出现	NO	YES	YES
不可能出现	NO	NO	YES

表4-6中可能存在的5种组合类型中，1型是无事故、无危险、无伤害，最为理想；4型是既有危险又伴随伤害的事故，是我们最不希望发生的结果。1型~5型的5类组合绘于图4-21上方。

矿工操作期间，顶板地压活动，突水征兆，有毒气体涌出，视觉与听觉感受到的声、光信号；或者来自与安全生产、环境条件相适应的有关指令、规程、标准、采掘工艺流程等书面信息的各种“刺激”不断出现。若工人响应正确或恰当，就没有危险，不会发生伴随着伤害出现的事故；反之，工人响应刺激不当，则会出现人失误的事件，人失误的同时又遇有客观存在的危险，再加上各种机会因素，则可能发生伤亡事故或无伤亡的险肇事故。

在采矿生产中所见到听到的信息、征兆会警告工人在他所处的生产环境中有可能发生事故。在图4-21的模型中称此为“初期警报”。

（1）在正常生产条件下，没有任何危险征兆和不安全信息，即没有初期警报。没有意外事件也就没有生产的中断，结果是“无事故、无危险、无伤害”，属于1型。

（2）如图中“初期警报”横线向右，在没有初期警报情况下却发生了意外事件，这将根据危险是否出现与有关伤害的机会因素分别产生3、4、5型的结果。如有危险，则产生3、4型结果；如无危险，则产生5型结果。

（3）当没有事前征兆，甚至连一般的安全标准或指示等原则性警告都没有一旦根据危险的存在和机会因素的巧合发生了4型的伤亡事故，这也不能单纯归咎于矿工的失误，而应当定为管理上的领导失误，属于管理层“不恰当地回答先前的警告”，“错误地响应刺激信息”。分析这种责任事故时，应当追究深远的，间接的但却是主要的原因，是管理失误。

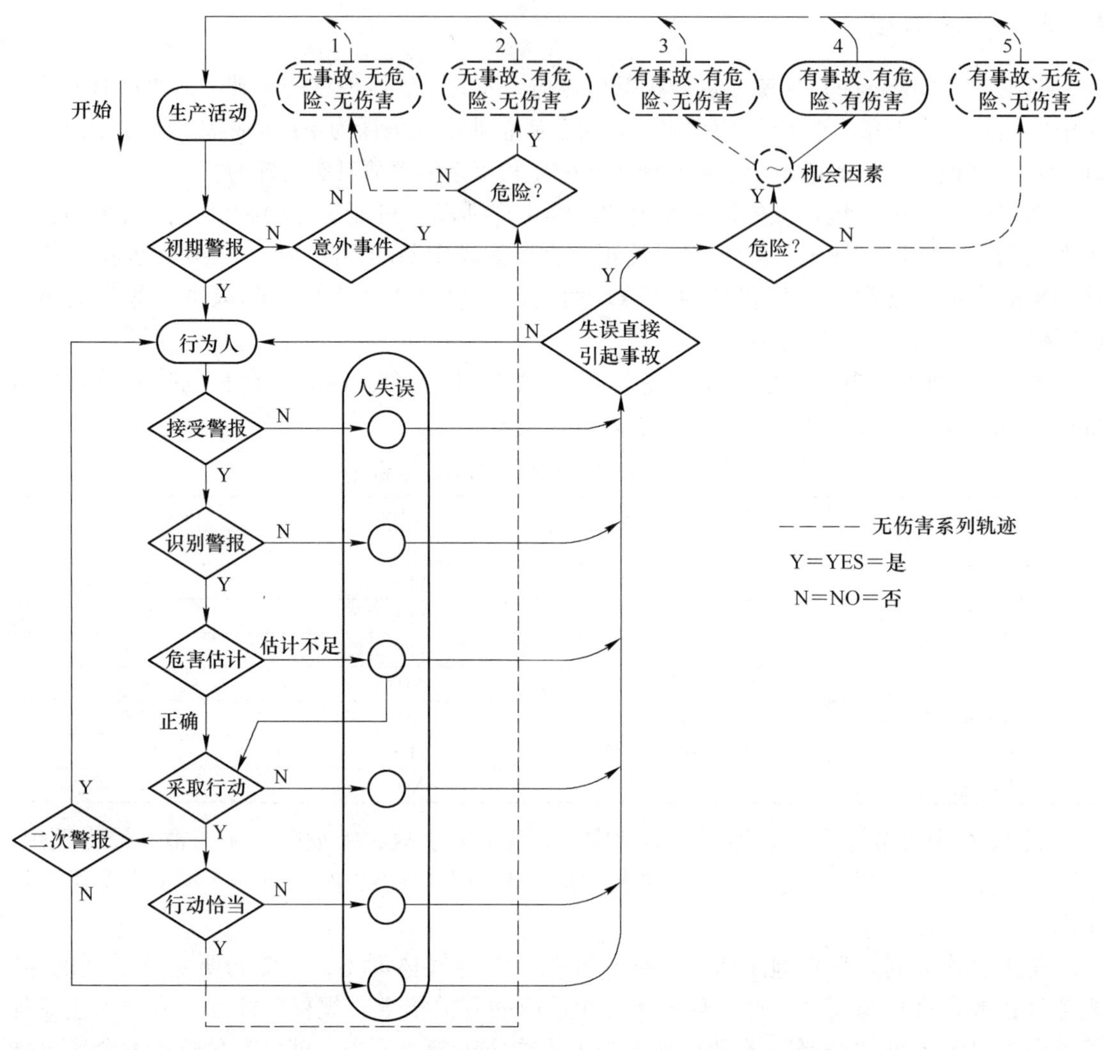

图4－21 金矿山中以人失误为主要原因的事故模型

（4）如果发现了事故征兆，即有了初期警报，矿工对这警报接受与否，识别是否正确，是否充分而正确地估计了危险，回答警报情况，是否直接采取应急措施（行为、行动），总之，如何处置和对待这一警报，将决定着是否可能发生伤害事故。在回答警报和采取控制措施的同时，还要给其他工人发出第二次警报（如会同班组成员，共同撤出危险地带）。

在这条竖直的回答链中（图中左侧“行为人”栏下竖行各项）任何阶段的故障（或称NO）都会构成“人失误”（图中央的椭圆），其结果或因失误直接引起事故和自身伤害，或把伤害转嫁给其他工人。

（5）关于对危害的估计，模型中“行为人”下方第三个菱形符号表明，如果工人对危害估计正确，则会发出二次警报和采取直接行动；反之如果对危害估计不足（习惯称为麻痹大意），构成了“人失误”，能直接引起事故。管理人员低估危险，即所谓违章指挥，会有更严重的危险后果。

这个以人失误为主因的矿山事故模型，把辨识事故征兆、估计危害、采取直接控制措施和交流信息、矿工自救、矿山安全管理等有机地结合起来，阐述了不同的事故后果。

劳伦斯模型适用于类似矿山生产的多人作业生产方式。在这种生产方式下，危险主要来自于自然环境，而人的控制能力相对有限，在许多情况下，人们唯一的对策是迅速撤离危险区域。因此，为了避免发生伤害事故，人们必须及时发现、正确评估危险，并采取适当的行动。

【案例4－4】 某煤矿建于1959年，199×年×月×日14时班，某煤矿井下共有91人作业，掘进一队15人到达掘进头后，瓦检员冯某某测得瓦斯超限，队长发现风筒不正，班长王某某把风筒摆正后，通风一段时间后测量瓦斯已下降，就开始作业。风筒再次脱位，在打了八个眼后，瓦斯又超限，把风筒摆正后，吹了10min，放了第一茬炮。6~7min后打第二茬炮眼，打了两个，再打第三个时，发现煤电钻发火。孙某某把电钻放到底板上，去找电工修理，临走时对大家说："你们千万别动，免得出大乱子。"孙某某离开30min左右，发生了瓦斯爆炸事故。爆炸产生了大量浓烟，波及下山绞车房、大巷，冲击波将许多风门冲坏，绞车上的金属片鼓形控制器吹出30m处，事故死亡45人，伤11人。应用劳伦斯模型分析事故如图4－22所示。

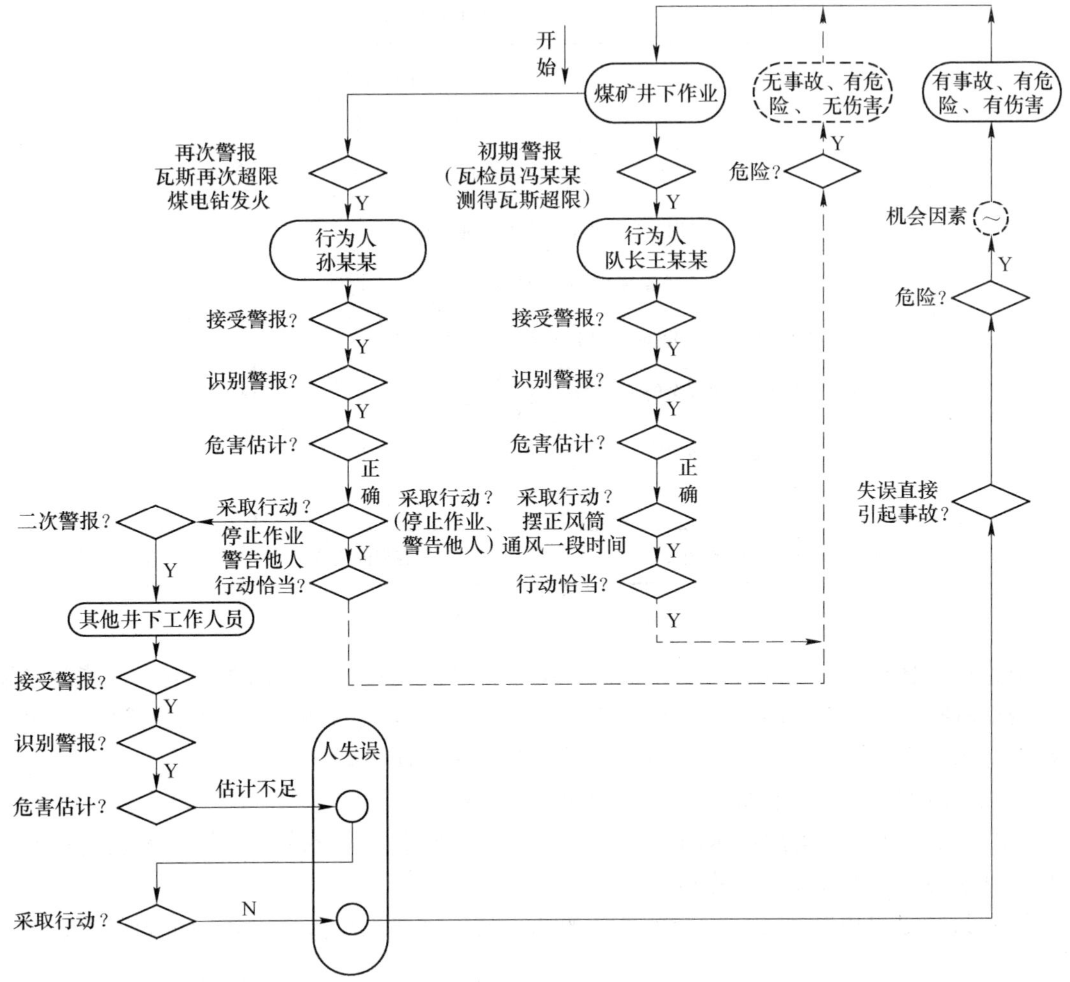

图4－22 某煤矿瓦斯爆炸事故的劳伦斯模型分析

4.6.4 安德森模型

瑟利模型实际上研究的是在客观已经存在潜在危险（存在于机械的运行和环境中）的情况下，人与危险之间的相互关系、反馈和调整控制的问题。然而，瑟利模型没有探究何以会产生潜在危险，没有涉及机械及其周围环境的运行过程。1978 年，安德森等人曾在分析 60 件工业事故中应用瑟利模型，发现了上述问题，从而对其进行了扩展，形成了安德森模型。该模型是在瑟利模型之上增加了一组问题，所涉及的是：危险线索的来源及可察觉性，运行系统内的波动（机械运行过程及环境状况的不稳定性），以及控制或减少这些波动使之与人（操作者）的行为的波动相一致。这一工作过程的增加使瑟利模型更为有用，详见图 4－23。

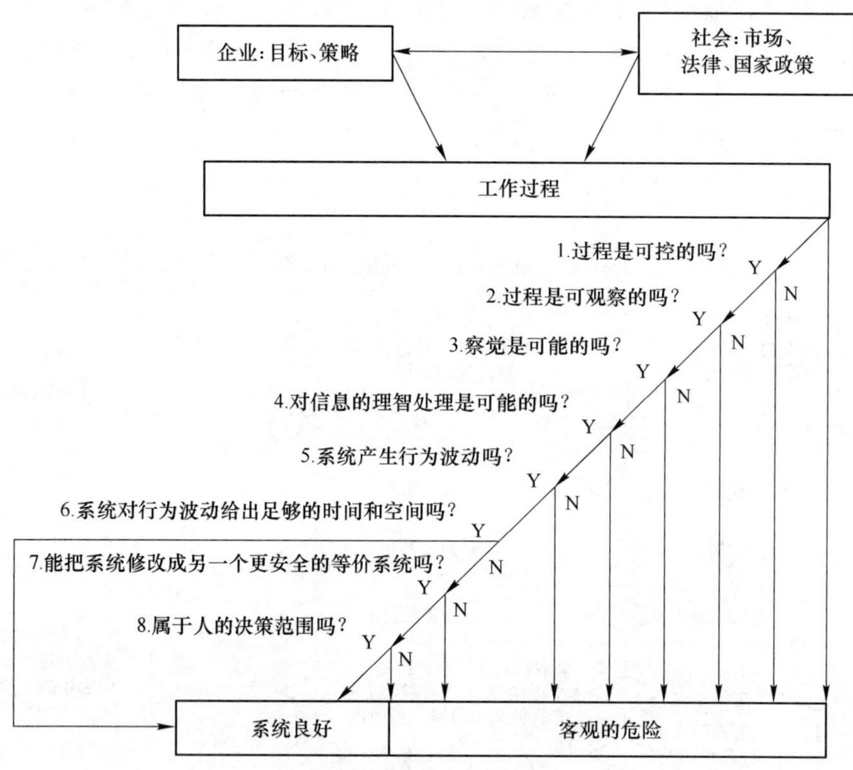

图 4－23 安德森事故模型

安德森对瑟利模型的增补，始于控制系统（一个不可控系统，例如闪电，不能为模型的开始组所阐明）。问及系统是否能观察到（通过仪表或人的感官），阻止察觉是否可能主要指有无噪声、照明不良或因栅栏而阻碍了对工作过程的察觉。

安德森模型对工作过程提出的八个问题分别是：

（1）过程是可控制的吗？即不可控制的过程（如闪电）所带来的危险无法避免，此模型所讨论的是可以控制的工作过程。

（2）过程是可以观察的吗？指的是依靠人的感官或借助于仪表设备能否观察了解工作过程。

（3）察觉是可能的吗？指的是工作环境中的噪声、照明不良、栅栏等是否会妨碍对工作过程的观察了解。

（4）对信息的理智处理可能吗？此问题有两方面的含义：一是问操作者是否知道系统是怎样工作的，如果系统工作不正常，他是否能感觉、认识到这种情况；二是问系统运行给操作者带来的疲劳、精神压力（如长期处于高度精神紧张状态）以及注意力减弱是否会妨碍其对系统工作状况的准确观察和了解。

上述问题的含义与瑟利模型第一阶段问题的含义有类似的地方，所不同的是，安德森模型是针对整个系统，而瑟利模型仅仅是针对具体的危险线索。

（5）系统产生行为波动吗？问的是操作者的行为响应的不稳定性如何，有无不稳定性？有多大？

（6）运行系统对行为的波动给出了足够的时间和空间吗？问的是运行系统（机械、环境）是否有足够的时间和空间以适应操作者行为的不稳定性。如果是，则可以认为运行系统是安全的（图中跨过问题7、8，直接指向系统良好），否则就转入下一个问题。

（7）能否对系统进行修改（机器或程序），以适应操作者行为在预期范围内的不稳定性。

（8）属于人的决策范围吗？指修改系统是否可以由操作和管理人员做出决定。尽管系统可以被改为安全的，但如果操作和管理人员无权改动，或者涉及政策法律，不属于人的决策范围，那么修改系统也不可能。

对模型的每个问题，如果回答肯定，则能保证系统安全可靠（图中沿斜线前进）；如果对问题1～4、7～8做出否定回答，则会导致系统产生潜在的危险，从而转入瑟利模型。对问题5如果回答否定，则跨过问题6、7而直接回答问题8。对问题6如果回答否定，则要进一步回答问题7，才能继续系统的发展。

4.6.5 海尔模型

1970年，海尔认为，当人们对事件的真实情况不能做出适当响应时，事故就会发生，但并不一定造成伤害后果。海尔的模型集中于操作者与运行系统的相互作用。他的模型是一个闭环反馈系统，把下列四个方面的相互关系清楚地显示了出来：（1）察觉情况，接受信息；（2）处理信息；（3）用行动改变形势；（4）新的察觉、处理，响应。详见图4－24。

信息包括操作者在运行系统中收到的信息，这种信息可能由于机械的故障而不正确，或因视力听力不佳而察觉不到，即不完整的信息。这两种情况都可能导致行动失误。预期的信息指经常指导对信息收集和选择的预测。就预测指导感觉而言，可能发生两种类型的失误：一是操作者感觉上的失误；二是对危险征兆没有察觉。只有当信息显示不安全时，预测可以举一反三，触类旁通。当负担过重，有压力、疲劳或药物作用，使操作者对收集信息的注意力削弱，以致不能保持对危险的警惕。

行为的决策：根据察觉到的信息，经过处理，能否采取正确的行动，这取决于指导、培训以及固有的能力。决策要考虑经济效益、社会效益，这包括生产班组群体的利益，也有原有的经验及由此而产生的对危险的主观评估。认识、理解、决策均属于中枢处理，接着便是行动输出（响应行为）。

响应行动之后，运行系统会发生变化。检察和监测功能是反馈环节中的主要功能。

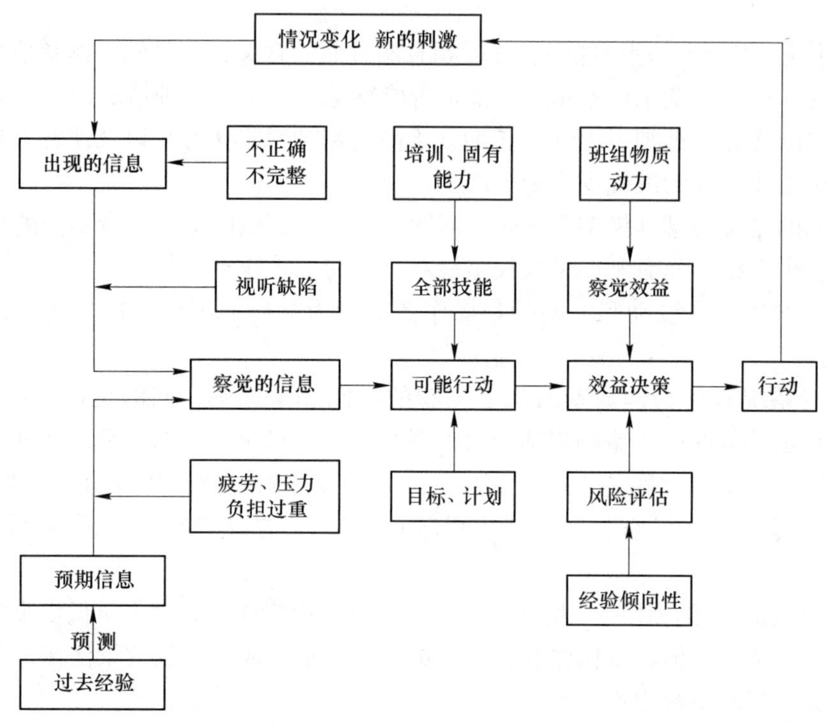

图 4－24 海尔事故模型

4.7 扰动起源论

4.7.1 扰动起源事故模型

1972 年，本奈（Benner）提出了解释事故致因的综合概念和术语，同时把分支事件链和事故过程链结合起来，并用逻辑图加以显示。他指出，从调查事故起因的目的出发，把一个事件看成某种发生过的事物，是一次瞬时的重大情况变化，是导致下一事件发生的偶然事件。一个事件的发生势必由有关人或物所造成。将有关人或物统称之为“行为者”，其举止活动则称“行为”。这样，一个事件可用术语“行为者”和“行为”来描述。“行为者”可以是任何有生命的机体，如车工、司机、厂长；或者任何非生命的物质，如机械、车轮、设计图。“行为”可以是发生的任何事，如运动、故障、观察或决策。事件必须按单独的行为者和行为来描述，以便把事故过程分解为若干部分加以分析综合。

1974 年，劳伦斯（Lawrence）利用上述理论提出了扰动起源论。该理论认为“事件”是构成事故的因素。任何事故当它处于萌芽状态时就有某种非正常的“扰动”，此扰动为起源事件。事故形成过程是一组自觉或不自觉的，指向某种预期的或不测结果的相继出现的事件链。这种事故进程包括了外界条件及其变化的影响。相继事件过程是在一种自动调节的动态平衡中进行的。如果行为者行为得当或受力适中，即可维持能流稳定而不偏离，从而达到安全生产；如果行为者行为不当或发生故障，则对上述平衡产生扰动，就会破坏和结束自动动态平衡而开始事故进程，一事件继发另一事件，最终导致“终了事件”——

事故和伤害。这种事故和伤害或损坏又会依次引起能量释放或其他变化。

扰动起源论把事故看成从相继事件过程中的扰动（Perturbation）开始，最后以伤害或损坏而告终。这可称之为“P 理论”（Perturbation 理论）。

依上述对事故起源、发生及发展的解释，可按时间关系描绘出事故现象的一般模型，见图 4－25。

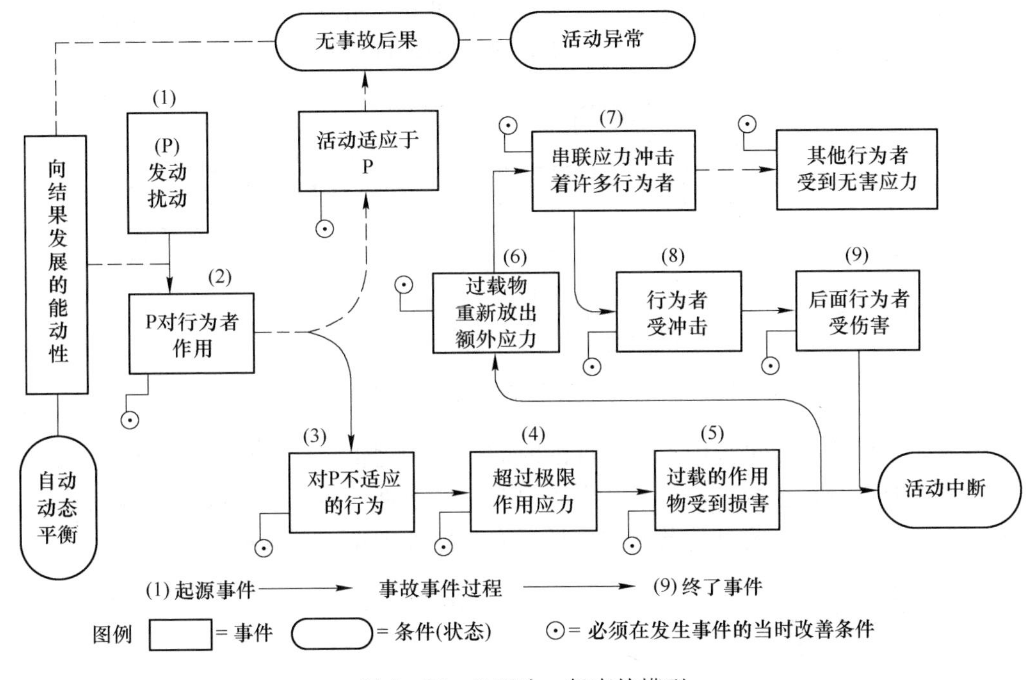

图 4－25 P 理论一般事故模型

该图由（1）发生扰动到（9）伤害组成事件链。扰动（1）称为起源事件，（9）伤害称为终了事件。

该图外围是自动平衡，无事故后果，只使生产活动异常。该图还表明，在发生事件的当时，如果改善条件，亦可使事件链中断，制止事故进程发展下去而转化为安全。事件用语都是高度抽象的“应力”术语，以适应各种状态。

4.7.2 事故事件过程的多重线性及应用

多重线性事件过程的图解可根据事件的次序要求与事故的有关因素和同其他事件的相互关系进行分析。当与 P 理论提供的上述模型相结合时，对调查和分析事故是更加有效的工具。

与大多数系统安全分析一样，这里也使用长方形框表示事件，而用椭圆形表示条件。

图 4－26 表示构成一种活动的事件和对一个行为者进行这种活动的结果。当两个或更多行为者产生结果时，示于图 4－27。

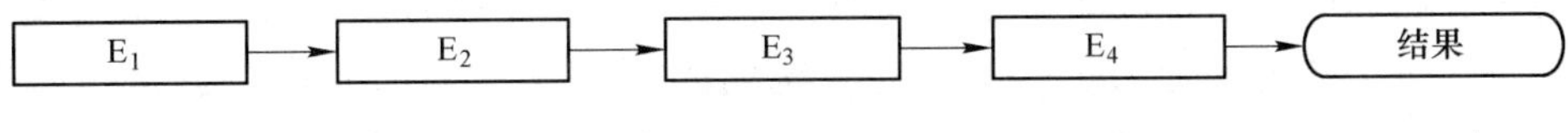

图 4－26 一个行为者的活动事件和结果

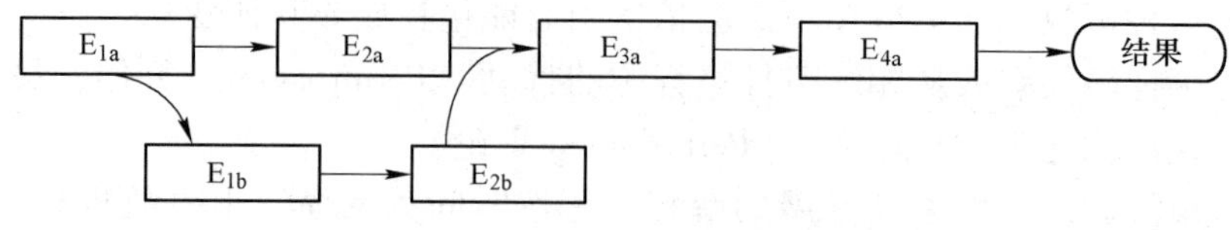

图 4－27 两个行为者的活动事件和结果

图中每个事件的间隔可以用于表示该事件相对于其他事件的时序。箭头表示事件的流动关系或事件发生前后的逻辑关系，也可类似地表示条件。参看图 4－28。

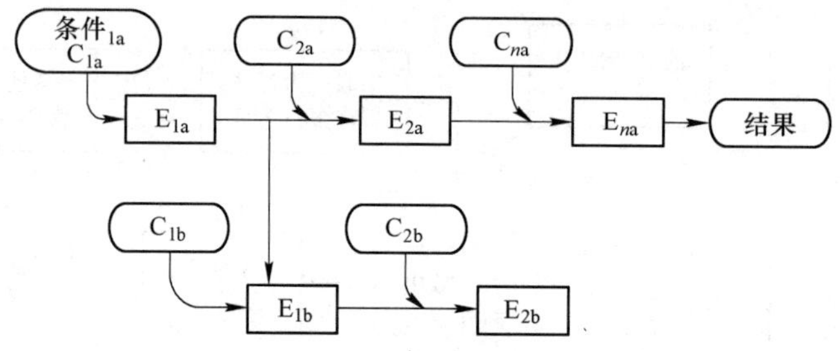

图 4－28 包括条件的两个行为者活动事件和结果

这种方法指出了事故进程中出现事件的时间顺序和逻辑顺序，如图 4－29 所示。

这种方法允许分析者探求一个或几个需要改善的条件，而把条件改变过程从被调查的事件中分立出来。一个行为者的条件与事件分立程序如图 4－30 所示。

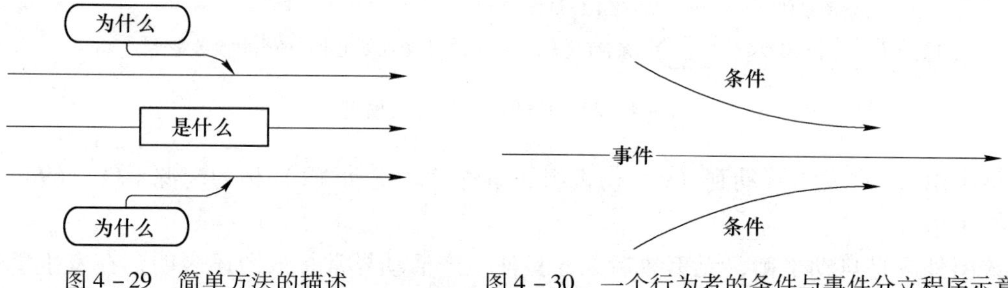

图 4－29 简单方法的描述

图 4－30 一个行为者的条件与事件分立程序示意

综上所述，事故现象的一般模型能满足调查研究伤亡事故的基本要求。多重线性事件过程图表方法提供了事故调查中交流知识和观点的方式，在解释事故致因上可有共同的认识。如将 MORT 与发展了的 P 理论相结合，可望创造出一种适用于一切类型事故的有理论基础的研究方法。采用 P 理论和图表以后可加强对事故现象的解释，有助于克服其他事故模型存在的弱点。

4.8 动态变化理论

状态和要素发生变化对于大多数系统来说会产生本质性的影响。研究某个部分发生变化及其对安全的影响，对于高级子系统及对整个系统又能导致何种结果，是系统安全分析最基本任务之一。研究和分析事故时，对系统内的“变化”及因变化而引起的“失误”，必须作为一种基本要素来考虑。

当某一生产过程或操作失去控制之时，显然会发生变化。变化包括：(1) 预期地有计划的变化；(2) 意外的变化。大多数事故原因都涉及变化，所以说，变化会导致事故发生。同时，变化也可用来创造一些安全条件。“变化”，还可用来作为一种判断事件因果的方法。因此，应该把“变化”当种评价事故发生可能性的依据来加以研究。

企业在生产过程中设备不断更新，流程和工艺不停地变化着。针对客观实际的变化，事故预防工作也要随之改进，以适应变化了的情况。如果管理者不能或没有及时地适应变化，则将发生管理失误；操作者不能或没有及时地适应变化，则将发生操作失误；外界条件的变化也会导致机械、设备等故障，进而导致事故。

约翰逊（Johnson）很早就注意了变化在事故发生、发展中的作用。他把事故定义为一起不希望的或意外的能量释放，其发生是由于管理者的计划错误或操作者的行为失误，没有适应生产过程中物的因素或人的因素的变化，从而导致不安全行为或不安全状态，破坏了对能量的屏蔽或控制，在生产过程中造成人员伤亡或财产损失。图 4－31 为约翰逊的事故因果连锁模型。

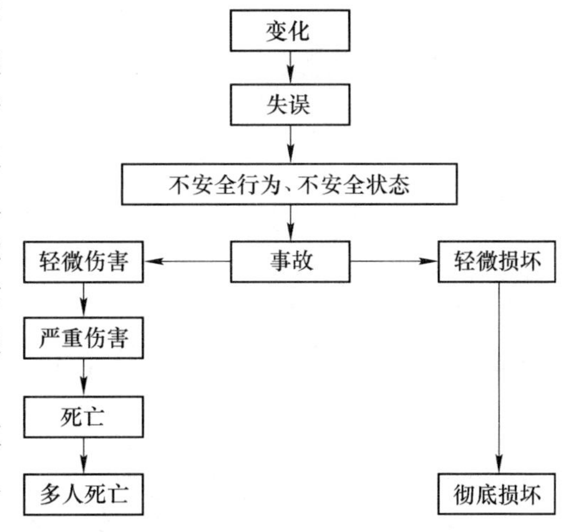

图 4－31　约翰逊的变化—失误理论

在系统安全研究中，人们注重作为事故致因的人失误和物的故障。按照变化的观点，人失误和物的故障的发生都与变化有关。例如，新设备经过长时间的运转，即时间的变化，逐渐磨损、老化而发生故障，正常运转的设备由于运转条件突然变化而发生故障等。

在安全生产工作中，变化被看做是一种潜在的事故致因，应该被尽早地发现并采取相应的措施。作为安全管理人员，应该注意下述的一些变化：

(1) 企业外的变化及企业内的变化。企业外的社会环境，特别是国家政治、经济方针、政策的变化，对企业内部的经营管理及人员思想有巨大影响。例如，纵观新中国建立以后工业伤害发生状况可以发现，在大跃进和文化大革命两次大的社会变化时期，企业内部秩序被打乱了，伤害事故大幅度上升。针对企业外部的变化，企业必须采取恰当的措施适应这些变化。

(2) 宏观的变化和微观的变化。宏观的变化是指企业总体上的变化，如领导人的更换、新职工录用，人员调整、生产状况的变化等。微观的变化是指一些具体事物的变化。通过微观的变化，安全管理人员应发现其背后隐藏的问题，及时采取恰当的对策。

(3) 计划内与计划外的变化。对于有计划进行的变化，应事先进行危害分析并采取安全措施；对于没有计划到的变化，首先是发现变化，然后根据发现的变化采取改善措施。

(4) 实际的变化和潜在的或可能的变化。通过观测和检查可以发现实际存在的变化，发现潜在的或可能出现的变化则要经过分析研究。

(5) 时间的变化。随时间的流逝，性能低下或劣化，并与其他方面的变化相互作用。

（6）技术上的变化。采用新工艺、新技术或开始新的工程项目，人们不熟悉而发生失误。

（7）人员的变化。人员的各方面变化影响人的工作能力，引起操作失误及不安全行为。

（8）劳动组织的变化。劳动组织方面的变化，交接班不好造成工作的不衔接，进而导致人失误和不安全行为。

（9）操作规程的变化。应该注意，并非所有的变化都是有害的，关键在于人们是否能够适应客观情况的变化。另外，在事故预防工作中也经常利用变化来防止发生人失误。例如，按规定用不同颜色的管路输送不同的气体；把操作手柄、按钮做成不同形状防止混淆等。

应用变化的观点进行事故分析时，可由下列因素的现在状态、以前状态的差异来发现变化：（1）对象物、防护装置，能量等；（2）人员；（3）任务、目标、程序等；（4）工作条件，环境，时间安排等；（5）管理工作，监督检查等。

约翰逊认为，事故的发生往往是多重原因造成的，包含着一系列的变化—失误连锁。例如，企业领导者的失误、计划人员失误、监督者的失误及操作者的失误等，见图4－32。

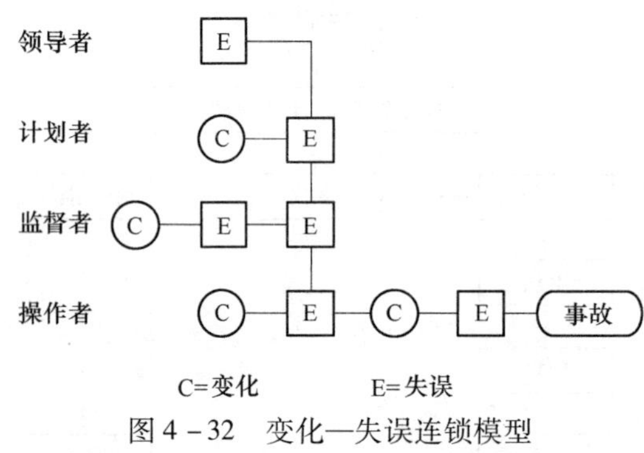

图4－32　变化—失误连锁模型

图4－33为煤气管路破裂而失火，造成事故的变化失误分析。由图可以看出，从焊接缺陷开始，一系列变化和失误相继发生的结果，导致了煤气管路失火事故。

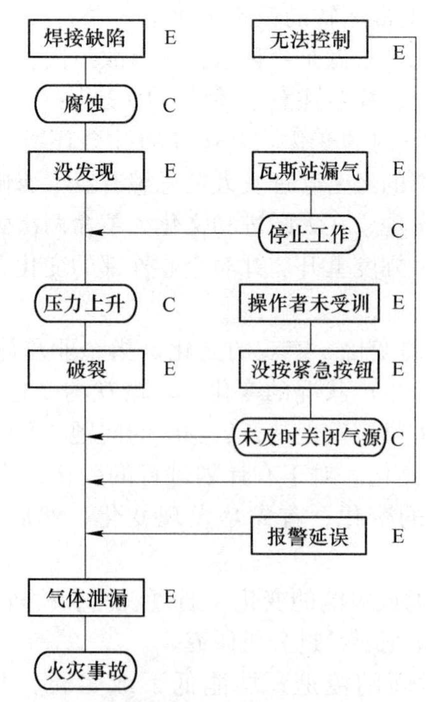

图4－33　煤气管路破裂而失火的变化—失误分析

4.9 轨迹交叉论

4.9.1 人与物在事故致因中的地位

人的不安全行为和物的不安全状态是引起工业伤害事故的直接原因。关于人的不安全行为和物的不安全状态在事故致因中地位的认识，是事故致因理论中的一个重要问题。

海因里希曾经调查了美国的75000起工业伤害事故，发现占总数98%的事故是可以预防的，只有2%的事故超出人的能力所能达到的范围，是不可预防的。在可预防的工业事故中，以人的不安全行为为主要原因的事故占88%，以物的不安全状态为主要原因的事故占10%。根据海因里希的研究，事故的主要原因或者是由于人的不安全行为，或者是由于物的不安全状态，没有一起事故是由于人的不安全行为及物的不安全状态共同引起的（参见图4-34）。于是，他得出的结论是，几乎所有的工业伤害事故都是由于人的不安全行为造成的。

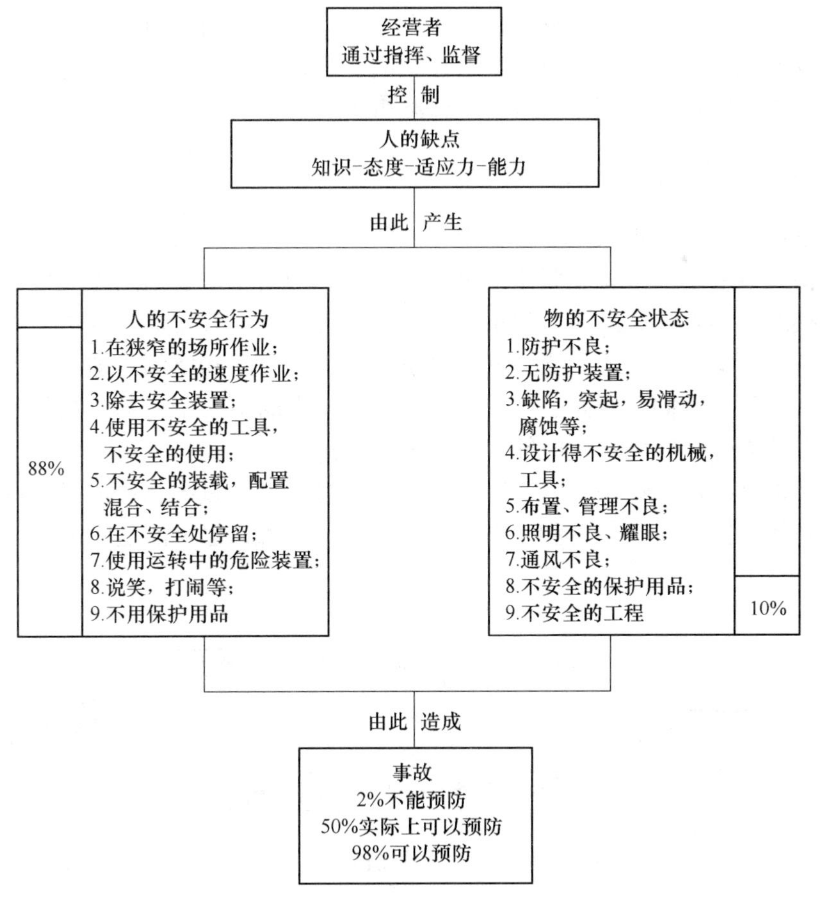

图4-34 海因里希对事故的直接原因分析结果

后来，这种观点受到了许多研究者的批判。根据日本的统计资料，1969年机械制造业的休工8天以上的伤害事故中，96%的事故与人的不安全行为有关，91%的事故与物的不安全状态有关；1977 年机械制造业的休工 4 天以上的 104638 件伤害事故中，与人的不安全行为无关的只占 5.5%，与物的不安全状态无关的只占 16.5%。这些统计数字表明，大多数工业伤害事故的发生，既由于人的不安全行为，也由于物的不安全状态。

对人和物两种因素在事故致因中地位认识的变化，一方面是由于生产技术的进步的同时，生产装置、生产条件不安全的问题越发引起了人们的重视；另一方面是人们对人的因素研究的深入，能够正确地区分人的不安全行为和物的不安全状态。正如约翰逊指出的，判断到底是不安全行为还是不安全状态，受到研究者主观因素的影响，取决于他对问题认识的深刻程度。许多人由于缺乏有关人失误方面的知识，把由于人失误造成的不安全状态看作是不安全行为。

现在，越来越多的人认识到，一起工业事故之所以能够发生，除了人的不安全行为之外，一定存在着某种不安全条件。R. 斯奇巴（R. Skiba）指出，生产操作人员与机械设备两种因素都对事故的发生有影响，并且机械设备的危险状态对事故的发生作用更大些。他认为，只有当两种因素同时出现时，才能发生事故。实践证明，消除生产作业中物的不安全状态，可以大幅度地减少伤害事故的发生。例如，美国铁路车辆安装自动连接器之前，每年都有数百名铁路工人死于车辆连接作业事故中。铁路部门的负责人把事故的责任归因于工人的错误或不注意。后来，根据政府法令的要求，把所有铁路车辆都装上了自动连接器，结果车辆连接作业中的死亡事故大大地减少了。

4.9.2 轨迹交叉论事故致因模型

轨迹交叉论认为，在事故发展进程中，人的因素和物的因素在事故归因中占有同样重要的地位。伤害事故是许多相互联系的事件顺序发展的结果，事故的发生发展过程为：基本原因→间接原因→直接原因→导致事故→发生伤害。在事故发展进程中，人的因素的运动轨迹和物的因素的运动轨迹的交点，就是事故发生的时间和空间。即人的不安全行为和物的不安全状态发生于同一时间、同一空间，或者说人的不安全行为与物的不安全状态相遇，能量转移于人体，则将在此时间、空间发生事故。

轨迹交叉论事故模型如图 4－35 所示。图中，起因物与致害物可能是不同的物体，也可能是同一物体；同样，肇事者和受害者可能是不同的人，也可能是同一个人。

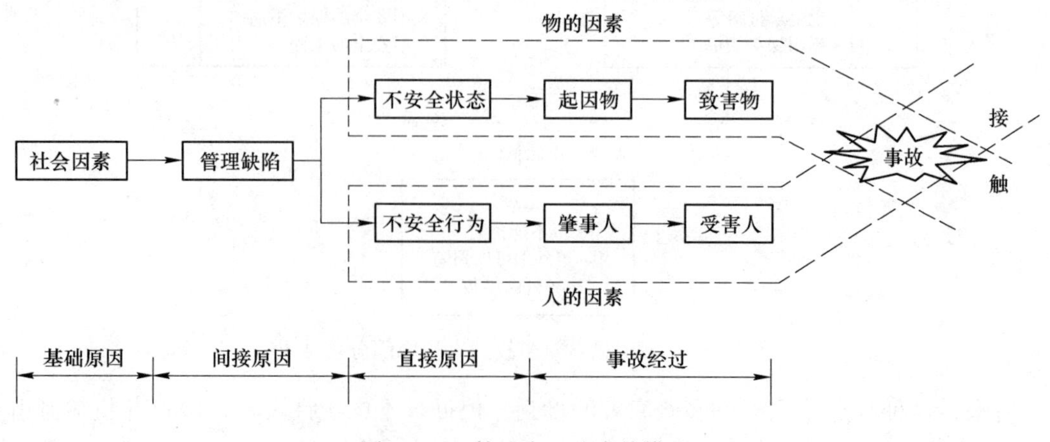

图 4－35 轨迹交叉论事故模型

具体地说，人和物的两事件链的因素如下所述。

4.9.2.1　人的事件链

人的不安全行为基于生理、心理、环境、行为几个方面而产生：

①生理遗传，先天身心缺陷；

②社会环境、企业管理上的缺陷；

③后天的心理缺陷；

④视觉、听觉、嗅觉、味觉、触觉等感官差异；

⑤行为失误。人的行动自由度很大，生产劳动中受环境条件影响，加上自身生理、心理缺陷都易于发生失误动作或行为失误。

人的事件链随时间进程的运动轨迹按①→②→③→④→⑤的方向线顺序进行。

4.9.2.2　物的事件链

在机械、物质系列中，从设计开始，经过现场的种种程序，在整个生产过程中各阶段都可能产生不安全状态。

A. 设计、制造上的缺陷，如用材不当，强度计算错误，结构完整性差，错误的加工方法或加工精度低等；

B. 工艺流程上的缺陷，如采矿方法不适应矿床围岩性质等；

C. 维修保养上的缺陷，降低了可靠性，如设备磨损、老化、超负荷运转、维修保养不良等；

D. 使用运转上的缺陷；

E. 作业场所环境上的缺陷。

物质或机械的事件链随时间进程的运动轨迹按 A→B→C→D→E 的方向线进行。

人的因素链的运动轨迹与物的因素链的运动轨迹的交叉点，即人的不安全行为与物的不安全状态同时同地出现，则将发生事故和伤害。人、物两事件链相交的时间与地点（时空），就是发生伤亡事故的“时空”，如图 4 -36 所示。

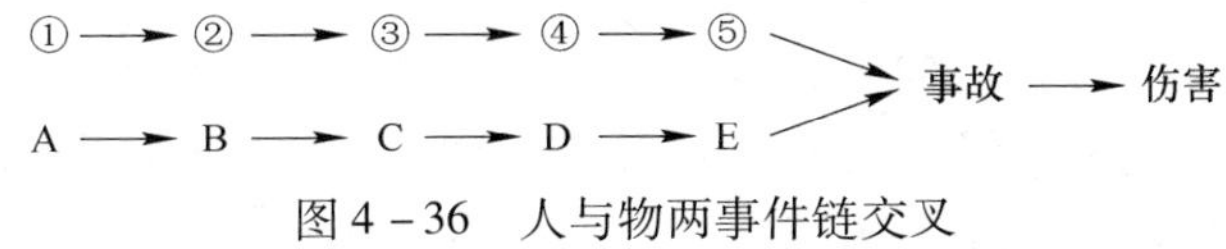

图 4 -36　人与物两事件链交叉

在多数情况下，由于企业管理不善，使工人缺乏教育和训练或者机械设备缺乏维护、检修以及安全装置不完备，导致了人的不安全行为或物的不安全状态。若设法排除机械设备或处理危险物质过程中的隐患，或者消除人为失误、不安全行为，使两事件链连锁中断，则两系列运动轨迹不能相交，危险就不会出现，可达到安全生产。

4.9.3　轨迹交叉论在事故预防中的应用

根据轨迹交叉论的观点，消除人的不安全行为可以避免事故。强调工种考核，加强安全教育和技术培训，进行科学的安全管理，从生理、心理和操作管理上控制人的不安全行为的产生，就等于砍断了事故产生的人的因素轨迹。但是应该注意到，人与机械设备不同，机器在人们规定的约束条件下运转，自由度较少；而人的行为受各自思想的支配，有较大的行为自由性。这种行为自由性一方面使人具有搞好安全生产的能动性，另一方面也可能使人的行为偏离预定的目标，发生不安全行为。由于人的行为受到许多因素的影响，控制人的行为是件十分困难的工作。

消除物的不安全状态也可以避免事故。通过改进生产工艺，设置有效安全防护装置，根除生产过程中的危险条件，使得即使人员产生了不安全行为也不致酿成事故。在安全工程中，把机械设备、物理环境等生产条件的安全称做本质安全。在所有的安全措施中，首先应该考虑的就是实现生产过程、生产条件的本质安全。实践证明，消除生产作业中物的不安全状态，可以大幅度地减少伤亡事故的发生。

轨迹交叉理论的侧重点是说明人失误难以控制，但可控制设备、物流不发生故障。某些管理人员，甚至某些领导干部，总是错误地把一切伤亡事故归咎于操作人员“违章作业”，实质上，人的不安全行为也是由于教育培训不足等管理欠缺造成的。管理的重点应放在控制物的不安全状态上，即消除“起因物”，当然就不会出现“施害物”，“砍断”物流连锁事件链，使人流与物流的轨迹不相交叉，事故即可避免。

例如，对人的系列而言，强化工种考核、加强安全教育和技术培训，进行科学的安全管理，从生理、心理和操作管理上控制人的不安全行为的产生，就等于砍断了人的事件链。但是，如前所述，对自由度很大且身心性格气质差异均大的人难于控制，偶然失误很难避免。轨迹交叉论强调的是砍断物的事件链，提倡采用可靠性高、结构完整性强的系统和设备，大力推广保险系统、防护系统和信号系统及自动化遥控装置，这样，即使人为失误，构成①→⑤系列，也会因为安全闭锁等可靠性高的安全系统的作用，控制住 A→E 系列的发展，可完全避免伤亡事故。

但是，受实际的技术、经济条件等客观条件的限制，完全地根除生产过程中的危险因素几乎是不可能的，只能努力减少、控制不安全因素，使事故不容易发生。

而且，需要注意的是，在人的因素和物的因素两个运动轨迹中，二者往往是相互关联、互为因果、相互转换的。有时物的不安全状态诱发了人的不安全行为；反之，人的不安全行为又促进了物的不安全状态发展，或导致新的不安全状态出现。因此，人流和物流两条轨迹交叉呈现非常复杂的因果关系。

因此，在安全工程中，首先应考虑的就是实现生产过程、生产条件，即机械设备、物质和环境的本质安全。设置有效的安全防护装置，即使人员工作和操作失误，也不致酿成事故。但是，即使在采取了安全技术措施，增设了安全防护装置，减少、控制了物流的不安全状态的情况下，仍然要强化安全教育、加强安全培训、开展工人和干部的安全心理学的咨询，严格执行安全规程和操作标准化等来规范人的行为，防止人为失误。

总之，根据轨迹交叉论的观点，为了有效地防止事故发生，必须同时采取措施消除人的不安全行为和物的不安全状态。

4.10 综 合 论

从上述各种事故致因理论的分析中可以看出，人的不安全行为和物的不安全状态是造成事故的表面的直接的原因，如果对它们进行更进一步的考虑，则可挖掘出二者背后深层次的原因。

如今国内外的安全专家普遍认为，事故的发生不是单一因素造成的，也并非个人偶然失误或单纯设备故障所形成的，而是各种因素综合作用的结果。

综合论认为，事故的发生是社会因素、管理因素、生产中各种危险源被偶然事件触发所造成的结果。综合论事故模型见图4－37。

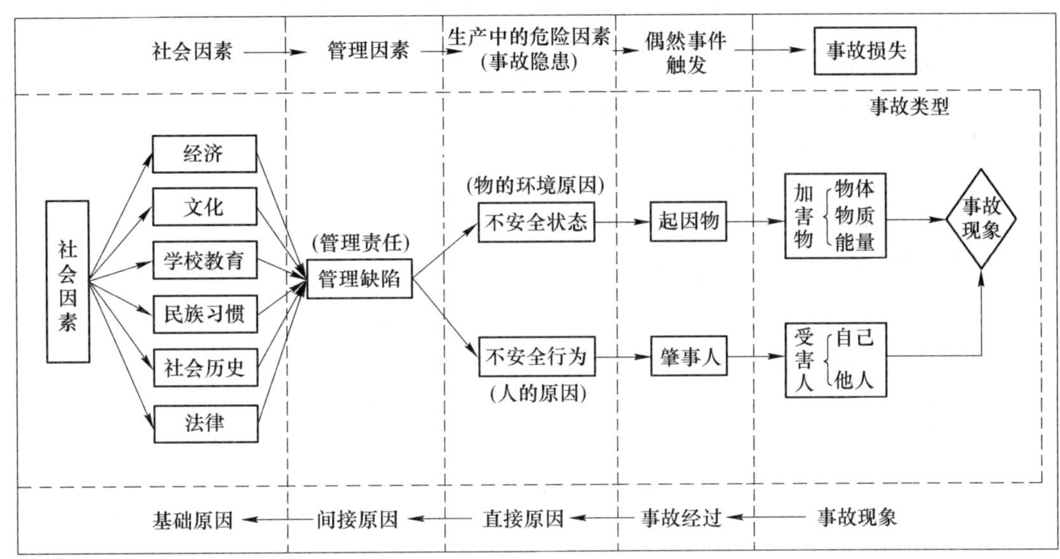

图4－37　综合论事故模型

综合论认为，事故的适时经过是由起因物和肇事人偶然触发了加害物和受害人而形成的灾害现象。

偶然事件之所以触发，是由于生产中环境条件存在着危险源的各种隐患（物的不安全状态）和人的某种失误（人的不安全行为）共同构成事故的直接原因。

这些物质的、环境的以及人的原因，是由管理上的失误、管理上的缺陷和管理责任所导致。这是形成直接原因的间接原因，也是重要的基本原因。形成间接原因的因素，包括社会的经济、文化、教育、习惯、历史、法律等基础原因，统称之为社会因素。

显然，这个理论综合地考虑了各种事故现象和因素，因而比较正确，有利于各种事故的分析、预防和处理，是当今世界上最为流行的理论。美国、日本和我国都主张按这种模式分析事故。

事故的发生过程可以表述为由基础原因的“社会因素”产生“管理因素”，进一步产生“生产中的危险因素”，通过人与物的偶然因素触发而发生伤亡和损失。

调查分析事故的过程则与上述经历方向相反。如逆向追踪：通过事故现象，查询事故经过，进而了解物的环境原因和人的原因等直接造成事故的原因；依次追查管理责任（间接原因）和社会因素（基础原因）。

习题与思考题

4－1　什么是事故致因理论，事故致因理论的发展经历了哪几个阶段？

4－2　试分析事故致因理论在安全生产中的作用。

4－3 海因里希因果连锁论主要观点是什么，根据该理论应如何预防事故的发生？

4－4 试分析博德、亚当斯、北川彻三事故因果连锁理论的异同及各自的特点。

4－5 流行病学方法对事故致因的分析有何启发作用？

4－6 能量意外释放理论的核心观点是什么，根据能量意外释放理论，人们应如何预防事故？

4－7 什么是第一类危险源、第二类危险源？试阐述在事故的发生、发展过程中两类危险源的关系。

4－8 试举例说明瑟利模型在事故分析中的应用。

4－9 试举例说明劳伦斯模型在事故分析中的应用。

4－10 扰动起源论的核心观点是什么？

4－11 动态变化理论的核心观点是什么？

4－12 什么是轨迹交叉理论，根据轨迹交叉论的观点，应如何预防事故的发生？

4－13 试举例说明综合论在事故分析中的应用。

事故的预测与预防理论

5.1 事故的预测理论

5.1.1 事故预测的概念与分类

5.1.1.1 事故预测的概念

事故预测是运用各种知识和科学手段，分析、研究历史资料，对安全生产发展的趋势或可能的结果进行事先的推测和估计。也就是说，预测是从过去和现在已知的情况出发，利用一定的方法或技术去探索或模拟未出现的或复杂的中间过程，推断出未来的结果。预测的过程见图5－1。

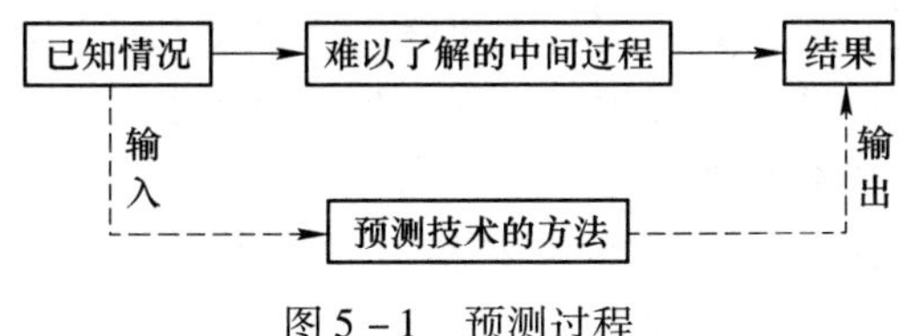

图5－1 预测过程

预测由四部分组成，即预测信息、预测分析、预测技术和预测结果。

（1）预测信息：在调查研究的基础上所掌握的反映过去、揭示未来的有关情报、数据和资料为预测信息。

（2）预测分析：就是将各方面的信息资料，经过比较核对、筛选和综合，进行科学的分析和测算。

（3）预测技术：就是预测分析所用的科学方法和手段。

（4）预测结果：就是在预测分析的基础上最后提出的事物发展的趋势、程度、特点以及各种可能性的结论。

5.1.1.2 事故预测的内容和种类

系统安全预测的内容包括：

（1）预测造成事故后果的许多前级事件，包括起因事件、过程事件和情况变化。

（2）随着生产的发展以及新工艺、新技术的应用，预测会产生什么样的新危险、新的不安全因素。

（3）随着科学技术的发展，预测未来的安全生产面貌及应采取的安全对策。

事故预测按照预测对象范围和预测时间长短可以有不同的种类划分方法。

A 按预测对象范围的划分法

（1）宏观预测：是指对整个行业、一个省区、一个局（企业）的安全状况的预测。

(2) 微观预测：是指对一个厂（矿）的生产系统或对其子系统的安全状况的预测。

B 按预测时间长短的划分法

(1) 长（远）期预测：是指对五年以上的安全状况的预测。它为安全管理方面的重大决策提供科学依据。

(2) 中期预测：是指对一年以上五年以下的安全生产发展前景进行的预测。它是制订五年计划和任务的依据。

(3) 短期预测：是指对一年以内的安全状态的预测。它是年度计划、季度计划以及规定短期发展任务的依据。

从预测趋势看，定量、定性、计算机技术的结合是预测研究的主导方向。

5.1.2 事故预测原理和程序

5.1.2.1 事故预测的原理

现代预测是在调查成果的基础上，通过对有关历史与现状的信息资料的分析研究，探索、揭示其中发展变化的规律，然后根据规律，应用一定的预测技术，推断未来一定时期内发展前景、趋势，得出符合逻辑的结论，为决策提供依据的活动。因此，科学的事故预测应该建立在对事故的统计分析与评价的基础上。

科学预测之所以可能，是因为任何客观事物的发展变化总有一定的规律性可循。人们要在实践中认识、掌握了某事物发展规律，就不但能解释其历史和现状，而且还能预测其未来。这就是预测的一条基本原理——可知性原理。

安全生产及其事故规律的变化和发展是极其复杂和杂乱无章的，但在杂乱无章的背后，往往隐藏着规律性。工业事故的发生表面上具有随机性和偶然性，但其本质上更具有因果性和必然性。对于个别事故具有不确定性，但对大样本则表现出统计规律性。通过应用概率论、数理统计与随机过程等数学理论，就可以研究具有统计规律性的随机事故的规律；而应用惯性原理、相关性原理、相似性原理、量变到质变原理，就可以进行科学的事故预测。

A 惯性原理

任何事物在其发展过程中，从其过去到现在以及延伸至将来，都具有一定的延续性，这种延续性称为惯性。利用惯性原理可以研究事物或一个预测系统的未来发展趋势。例如从一个单位过去的安全生产状况、事故统计资料，可以找出安全生产及事故发展变化趋势，以推测其未来安全状态。惯性越大，影响越大；反之，则影响越小。一个系统的惯性是这个系统内的各个内部因素之间互相联系、互相影响，互相作用按照一定的规律发展变化的一种状态趋势。因此，只有当系统是稳定的，受外部环境和内部因素的影响产生的变化较小时，其内在联系和基本特征才可能延续下去，该系统所表现的惯性发展结果才基本符合实际。但是，绝对稳定的系统是没有的，因为事物是发展的，惯性在受外力作用时，可使其加速或减速甚至改变方向。这样就需要对一个系统的预测进行修正，即在系统主要方面不变、而其他方面有所偏离时，就应根据其偏离程度对所出现的偏离现象进行修正。

B 相关性原理

相关性是指一个安全系统，其属性、特征与事故存在着因果的相关性。事物的因果相关性是普遍存在的，任何事物的变化都不是孤立的，而是相关事物在演变中相互影响的结果。事故和导致事故发生的各种原因（危险因素）之间存在着相关关系，表现为依存关系和因果关系。危险因素是原因，事故是结果，事故的发生是由许多因素综合作用的结果。深入分析事物的依存关系和因果关系以及影响程度是揭示其变化特征和规律的有效途径。

C 相似性原理

相似性原理是根据两个或两类对象之间存在着某些相同或相似的属性，从一个已知对象具有某个属性来推出另一个对象具有此种属性的一种推理过程，也叫类推原理。如果两事件之间的联系可用数字来表示，就叫定量类推；如果这种联系只能用性质来表示，就叫定性类推。常用的类推方法有：平衡推算法、代替推算法、因素推算法、抽样推算法、比例推算法和概率推算法。

D 量变到质变原理

任何一个事物在发展变化过程中都存在着从量变到质变的规律。同样，在一个系统中，许多有关安全的因素也都一一存在着从量变到质变的过程。在预测一个系统的安全状况时，也都离不开从量变到质变的原理。

另外，客观事物发展的规律性，是通过偶然性表现出来的，其每一种状态的出现，常常带有一定的随机性，事先也无法完全确定，就如事故的发生，往往是随机的。因此，未来虽然可知，但又不可能确知，预测结果与实际状态之间的偏差即预测误差在所难免。这就是预测的又一条基本原理——误差性原理。当然，实际上造成误差的，还有很多人为的、主观方面的原因，如预测方法不对或不完善、预测信息不足或质量不高、预测者缺乏有关的知识经验等。科学预测应努力克服这些问题，尽量控制误差范围和缩小误差，提高预测的精度和可信度，满足决策的需要。

5.1.2.2 事故预测的程序

预测是对客观事物发展前景的一种探索性的研究工作，它有一套科学的程序。预测对象不同，预测程度也不一样。但一般来说，预测的程序可分为四个阶段十个步骤，如图5－2所示。

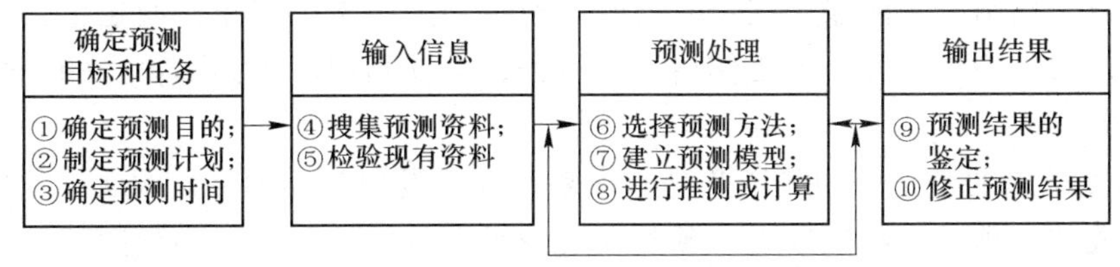

图5－2 预测程序示意图

第一阶段，确定预测目标和任务。预测总是为一定的任务和目标服务的，管理的目标和任务决定了预测的目标和任务。目标清楚，任务明确，才能进行有效的预测。这一阶段有三个步骤：

（1）确定预测目的。只有首先明确为解决什么问题而预测，才能确定收集什么资料、采取什么预测方法、应取得何种预测结果，以及预测的重点在哪里等。

（2）制订预测计划。预测计划是预测目的的具体化，主要是规划预测的具体工作，包括选择和安排预测人员、预测期限、预测经费、预测方法、情报获取的途径等。

（3）确定预测时间。不仅要明确预测的起讫时间，更重要的是根据预测的目的和预测对象的不同特点，明确预测本身是近期预测、中期预测，还是远期预测。只有这样，才能使搜集的资料符合预测要求，及时地完成预测任务。

第二阶段，输入信息阶段。根据确定的预测目标和任务，收集必要的预测信息，是进行预测的前提。预测结果的准确性取决于输入信息的可靠程度和预测方法的正确性。如果输入的信息不可靠或者没有根据，预测的结果必然错误。这一阶段可分为两个步骤：

（1）收集预测资料。预测所需的资料，有纵的资料，也有横的资料。纵的资料是指反映事物发展的历史数据，如历史活动的统计资料。横的资料是指某特定时间对同一预测对象所需的各种有关的统计资料。

（2）检验现有资料。对于已有资料要进行周密的分析检查，这是做好预测工作的关键之一。要检验资料的可靠性，去粗取精，去伪存真。一个假信息或失真的信息比没有信息更坏，它会对预测结果和决策的正确性造成严重的危害。要检查统计资料的正确性和完整性，不够正确的要作适当调整，不完整的要通过调查研究，填缺补齐。

第三阶段，预测处理阶段。预测程序的核心正是在这一阶段中。在这一阶段中，根据收集的资料，应用一定的科学方法和逻辑推理，对事物未来发展的趋势进行预料、推测和判断。这一阶段分为三个步骤：

（1）选择预测方法。预测方法很多，选择什么样的预测方法，应依据预测目的、预测对象的特点、现有资料情况、预测费用以及预测方法的应用范围等条件来决定。有时还可以把几种预测方法结合起来，互相验证预测的结果，借以提高预测的质量。

（2）建立预测模型。通过分析资料和推理判断，揭示所预测对象的结构和变化规律，做出各种假设，最后制定和识别所预测对象的结构和变化模型，这是预测的关键。

（3）进行推理和计算。即根据模型进行推理或具体运算，求出初步结果，并考虑到模型中所没有包括的因素，对初步结果进行必要的调整。

第四阶段，输出结果阶段。这个阶段既是通过预测结果的修正，使之更符合客观实际情况的过程，又是检查预测系统工作情况的过程，是预测程序中必不可少的一个阶段，它分为两个步骤：

（1）预测结果的鉴定。预测毕竟是对未来事件的设想和推测，人的认识的局限性、预测方法的不成熟、预测资料的缺乏、预测人员的水平较低，都会影响预测的准确性，使预测结果往往与实际有出入，而产生预测误差。这种误差越大，预测的可靠性就越小，甚至失去预测的实际意义。因此，必须对预测结果进行鉴定，找出预测与实际产生的误差大小。

（2）修正预测结果。分析预测误差的目的，在于观察预测结果与实际情况偏离的程度，并分析研究发生偏离的原因。如果是由于预测方法和预测模型不完善，就需要改进模型重新计算。如果是受不确定因素的影响，则应在修正预测结果的同时，估计不确定因素的影响程度。

5.1.3 事故预测方法概述

5.1.3.1 预测分析方法

预测分析是预测的重要组成部分。它是建立在调查研究或科学实验基础上的科学分析。对于任何事物，如果只有情况和数据，没有科学的分析，就不能揭示事物演变的规律及其发展的趋势，也就不能有预测。

预测分析包括定性分析、定量分析、定时分析、定比分析以及对预测结果的评价分析等。

（1）定性分析。定性就是确定预测事物未来的发展性质。凡对缺乏定量数据或难以用数字表示的事物或状态，多采用此法。如政治经济发展形势、社会心理、产品品种、花色、款式、包装装潢、学术活动规律等等。定性分析是依靠个人经验、判断能力和直观材料，确定事物发展性质和趋势的一种方法，它也可以与定量分析结合起来应用，借以提高预测的可信程度。

（2）定量分析。定量分析就是根据已掌握的大量信息资料，运用统计和数学的方法，进行数量计算或图解，来推断事物发展趋势及其程度的一种方法。定量，定的是影响因素量。因素量是指对预测目标（y）的影响因素（x）的量。研究因素影响（x）与预测目标（y）之间的因果关系及影响程度，可用函数 $y=f(x)$ 来表示。

（3）定时分析。定时分析是对预测对象随时间变化情况的分析。定时，定的是时间影响量。即时间（t）对预测目标（y）的影响量。研究预测目标（y）与时间（t）之间的关系，包括时间序列的发展趋势、季节变化、周期变化和不规则变化等。通过对预测对象随时间变化情况的分析，预测未来事物的发展进程。可用函数 $y=f(t)$ 来表示。

（4）定比分析。定比，定的是结构比例量。比例量是指不同经济事务之间相互影响的比例（或结构量）。如国民经济各部门之间的比例、消费与积累之间的比例、消费品结构比例、商品库存比例等等。定比分析是用定比方法来研究和选择事物未来发展的结构关系。

（5）评价分析。在对预测目标进行了定性、定量、定时、定比等项分析预测之后，还必须对预测结果进行评价，即对预测结果可能产生的误差运用一定的科学方法进行计算，对预测结果实现的可能性做出估计，借以判断预测结果的准确程度。

预测分析方法现代化、科学化的要求包括：定性分析数量化、定量分析模型化、模型分析计算机化等。

5.1.3.2 事故预测方法分类

事故的预测方法有150种以上，常用的也有20～30种，主要预测方法及分类如下：

（1）经验推断预测法。经验推断法包括：头脑风暴法、德尔菲法、主观概率法、试验预测法、相关树法、形态分析法、未来脚本法等。

（2）时间序列预测法。时间序列预测法包括：滑动平均法、指数滑动平均法、周期变动分析法、线性趋势分析法、非线性趋势分析法等。

（3）计量模型预测法。计量模型预测法包括：回归分析法、马尔科夫链预测法、灰色预测法、投入产出分析法、宏观经济模型等。

以下各小节将分别介绍几种常用的预测方法。

5.1.4　回归分析法

要准确地预测，就必须研究事物的因果关系。回归分析法就是一种从事物变化的因果关系出发的预测方法。它利用数理统计原理，在大量统计数据的基础上，通过寻求数据变化规律来推测、判断和描述事物未来的发展趋势。

事物变化的因果关系可用一组变量来描述，即自变量与因变量之间的关系。一般可以分为两大类。一类是确定的关系，它的特点是，自变量为已知时就可以准确地求出因变量，变量之间的关系可用函数关系确切地表示出来；另一类是相关关系，或称为非确定关系，它的特点是，虽然自变量与因变量之间存在密切的关系，却不能由一个或几个自变量的数值准确地求出因变量，在变量之间往往没有明确的数学表达式，但可以通过观察，应用统计方法，大致地或平均地说明自变量与因变量之间的统计关系。回归分析法正是根据这种相互关系建立回归方程的。

5.1.4.1　一元线性回归法

比较典型的回归法是一元线性回归法，它是根据自变量（x）与因变量（y）的相互关系，用自变量的变动来推测因变量变动的方向和程度，其基本方程式是：

$$y = a + bx \tag{5-1}$$

式中　y——因变量；

x——自变量；

a，b——回归系数。

进行一元线性回归，应首先收集事故数据，并在以时间为横坐标的坐标系中，画出各个相对应的点，根据图中各点的变化情况，就可以大致看出事故变化的某种趋势，然后进行计算，求出回归直线。

回归系数 a、b 是根据统计的事故数据，通过以下方程组来决定的：

$$\begin{cases} \sum y = na + b\sum x \\ \sum xy = a\sum x + b\sum x^2 \end{cases} \tag{5-2}$$

式中　x——自变量，为时间序号；

y——因变量，为事故数据；

n——事故数据总数。

解上述方程组得：

$$\begin{cases} a = \dfrac{\sum x\sum xy - \sum x^2\sum y}{(\sum x)^2 - n\sum x^2} \\ b = \dfrac{\sum x\sum y - n\sum xy}{(\sum x)^2 - n\sum x^2} \end{cases} \tag{5-3}$$

a 和 b 确定之后就可以在坐标系中画出回归直线。

［例 5-1］　表 5-1 是某矿务局 1978～1987 年顶板事故死亡人数的统计数据，试用一元线性回归方法建立其预测方程。

表 5-1 某局 1978 ~ 1987 年顶板事故统计表

年度	时间顺序 x	死亡人数 y	x^2	$x \cdot y$	y^2
1978	1	30	1	30	900
1979	2	24	4	48	576
1980	3	18	9	54	324
1981	4	4	16	16	16
1982	5	12	25	60	144
1983	6	8	36	48	64
1984	7	22	49	154	484
1985	8	10	64	80	100
1986	9	13	81	117	169
1987	10	5	100	50	25
合计	$\sum x = 55$	$\sum y = 146$	$\sum x^2 = 385$	$\sum x \cdot y = 657$	$\sum y^2 = 2802$

解 将表中数据代入上述方程组便可求出 a 和 b 的值，即：

$$a = \frac{\sum x \sum xy - \sum x^2 \sum y}{(\sum x)^2 - n\sum x^2} = \frac{55 \times 657 - 385 \times 146}{55^2 - 10 \times 385} = 24.3$$

$$b = \frac{\sum x \sum y - n\sum xy}{(\sum x)^2 - n\sum x^2} = \frac{55 \times 146 - 10 \times 657}{55^2 - 10 \times 385} = -1.77$$

故回归直线的方程为：

$$y = 24.3 - 1.77x$$

在坐标系中画出回归直线，见图 5-3。

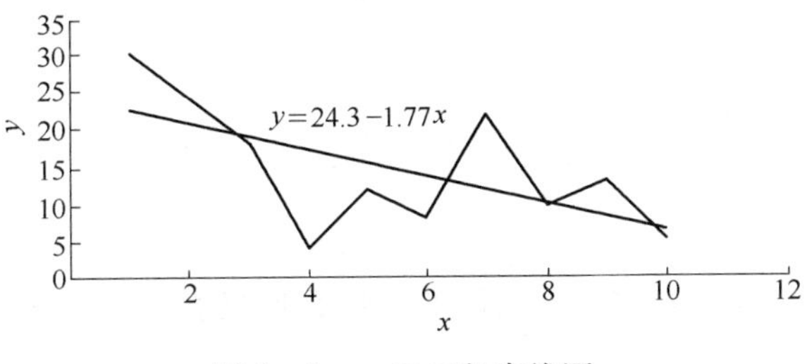

图 5-3 一元回归直线图

在回归分析中，为了了解回归直线对实际数据变化趋势的符合程度的大小，还应求出相关系数 r，其计算公式如下：

$$r = \frac{L_{xy}}{\sqrt{L_{xx}L_{yy}}} \tag{5-4}$$

式中，$L_{xy} = \sum xy - \frac{1}{n}\sum x \sum y$；$L_{xx} = \sum x^2 - \frac{1}{n}(\sum x)^2$；$L_{yy} = \sum y^2 - \frac{1}{n}(\sum y)^2$。

将表 5-1 中的有关数据代入，即：

$$L_{xy}=657-\frac{1}{10}\times 55\times 146=-146$$

$$L_{xx}=385-\frac{1}{10}\times 55^2=82.5$$

$$L_{yy}=2802-\frac{1}{10}\times 146^2=670.4$$

所以

$$r=\frac{-146}{\sqrt{82.5\times 670.4}}=-0.62$$

$|r|=0.62>0.6$，说明回归直线与实际数据的变化趋势相符合。

故，可根据所建立的回归直线预测方程对以后的死亡人数趋势进行预测。

注意：相关系数 $r=1$ 时，说明回归直线与实际数据的变化趋势完全相符；$r=0$ 时，说明 x 与 y 之间完全没有线性关系。在大部分情况下，$0<|r|<1$。这时，就需要判别变量 x 与 y 之间有无密切的线性相关关系。一般来说，r 越接近于1，说明 x 与 y 之间存在着的线性关系越强，用线性回归方程来描述这两者的关系，就越合适，利用回归方程求得的预测值也就越可靠。

5.1.4.2 一元非线性回归方法

在回归分析法中，除了一元线性回归法外，还有一元非线性回归分析法、多元线性回归分析法、多元非线性回归分析法等。

非线性回归的回归曲线有多种，选用哪一种曲线作为回归曲线，则要看实际数据在坐标系中的变化分布形状。也可根据专业知识确定分析曲线。非线性回归的分析方法是通过一定的变换，将非线性问题转化为线性问题，然后利用线性回归的方法进行回归分析。

根据专业知识和实用观点，这里仅列举一种非线性回归曲线——指数函数。

（1）$y=ae^{bx}$

令：

$$y'=\ln y,\quad a'=\ln a$$

则有：

$$y'=a'+bx$$

（2）$y=ae^{\frac{b}{x}}$

令：

$$y'=\ln y,\quad x'=\frac{1}{x},\quad a'=\ln a$$

则有：

$$y'=a'+bx'$$

［例5－2］ 某矿1984年的工伤人数的统计数据见表5－2，用指数函数 $y=ae^{bx}$ 进行回归分析。

解 对 $y=ae^{bx}$ 两边取自然对数得：

$$\ln y=\ln a+\ln b$$

令

$$y'=\ln y,\quad a'=\ln a$$

则

$$y'=a'+bx$$

用一元线性回归方程计算公式得：

$$a'=\frac{\sum x\sum xy'-\sum x^2\sum y'}{(\sum x)^2-n\sum x^2}=\frac{78\times 99.337-650\times 19.129}{78^2-12\times 650}\approx 2.73$$

$$b=\frac{\sum x\sum y'-n\sum xy'}{(\sum x)^2-n\sum x^2}=\frac{78\times 19.129-12\times 99.337}{78^2-12\times 650}\approx -0.175$$

因 $a'=\ln a$，所以 $a=e^{a'}=e^{2.73}\approx 15.33$。

故指数回归方程为：

$$y=15.33e^{-0.175x}$$

求相关系数 r：

$$L_{xy'}=\sum xy'-\frac{1}{n}\sum x\cdot\sum y'\approx -25.00$$

$$L_{xx}=\sum x^2-\frac{1}{n}(\sum x)^2=143$$

$$L_{y'y'}=\sum y'^2-\frac{1}{n}(\sum y)^2=5.84$$

$$r=\frac{L_{xy'}}{\sqrt{L_{xx}\cdot L_{y'y'}}}\approx -0.87$$

$r=-0.87$，说明用指数曲线进行回归分析，在一定程度上反映了该矿工伤人数的趋势。

故，可根据建立的回归方程对以后工伤人数发展趋势进行预测。

表5-2　某矿1984年工伤人数统计数据

月份	时间序号 x	工伤人数 y	$y'=\ln y$	x^2	xy'	y'^2
1	1	15	2.708	1	2.708	7.333
2	2	12	2.485	4	4.970	6.175
3	3	7	1.946	9	5.838	3.787
4	4	6	1.792	16	7.168	3.211
5	5	4	1.386	25	6.930	1.931
6	6	5	1.609	36	9.654	2.589
7	7	6	1.792	49	12.544	3.211
8	8	7	1.946	64	15.568	3.780
9	9	4	1.386	81	12.474	7.000
10	10	4	1.386	100	13.860	1.921
11	11	2	0.696	121	7.623	0.480
12	12	1	0.0	144	0	0
合计	$\sum x=78$		$\sum y'=19.129$	$\sum x^2=650$	$\sum xy'=99.337$	$\sum y'^2=36.336$

回归分析方法还可用于事故预测。根据过去的事故变化情况和事故统计数据进行回归分析，由得到的回归曲线方程，预测判断下一阶段的事故变化趋势，以指导下一步的安全工作。

5.1.5　德尔菲预测法

德尔菲（Delphi）预测法是二战后发展起来的一种直观预测法，是根据有专门知识的人的直接经验，对研究的问题进行判断、预测的一种方法，也称专家调查法。它是美国兰德（RAND）公司于20世纪40年代发明并首先用于预测领域的。德尔菲是古希腊传说中的神谕之地，城中有座阿波罗神殿可以预卜未来，因而借用其名。德尔菲法既可用于科技预测，又可用于社会、经济预测；既可用于短期预测，又可用于长期预测。

5.1.5.1 德尔菲法的一般预测程序

德尔菲预测法的实质是利用专家的知识、经验、智慧等无法数量化而带来很大模糊性的信息，通过通信的方式进行信息交换，逐步地取得较一致的意见，达到预测的目的。

德尔菲预测法的基本步骤如下：

（1）第一步：提出要求，明确预测目标，用书面通知被选定的专家、专门人员。专家一般指掌握某一特定领域知识和技能的人。要求每一位专家讲明有什么特别资料可用来分析这些问题以及这些资料的使用方法。同时，也向专家提供有关资料，并请专家提出进一步需要哪些资料。

（2）第二步：专家接到通知后，根据自己的知识和经验，对所预测事物的未来发展趋势提出自己的预测，并说明其依据和理由，书面答复主持预测的单位。

（3）第三步：主持预测单位或领导小组根据专家的预测意见，加以归纳整理，对不同的预测值，分别说明预测值的依据和理由（根据专家意见，但不注明是哪个专家的意见），然后再寄给各位专家，要求专家修改自己原有的预测，并提出还有什么要求。

（4）第四步：专家等人接到第二次通知后，就各种预测意见及其依据和理由进行分析，再次进行预测，提出自己修改的预测意见及其依据和理由。如此反复征询、归纳、修改，直到意见基本一致为止。修改的次数，根据需要决定。

5.1.5.2 德尔菲法的特点

德尔菲法是一个可控制的组织集体思想交流的过程，使得由各个方面的专家组成的集体能作为一个整体来解答某个复杂问题。它有如下特点：

（1）匿名性。德尔菲法采用匿名函询的方式征求意见。由于专家是背靠背提出各自的意见的，因而可免除心理干扰影响。把专家看成相当于一架电子计算机，脑子里储存着许多数据资料，通过分析、判断和计算，可以确定比较理想的预测值。而专家可以参考前一轮的预测结果以修改自己的意见，由于匿名而无需担心有损于自己的威望。

（2）反馈性。德尔菲法在预测过程中，要进行3~4轮征询专家意见。预测主持单位对每一轮的预测结果作出统计、汇总，提供有关专家的论证依据和资料作为反馈材料发给每一位专家，供下一轮预测时参考。由于每一轮之间的反馈和信息沟通，可进行比较分析，因而能达到相互启发，提高预测准确度的目的。

（3）统计性。为了科学地综合专家们的预测意见和定量表示预测结果，德尔菲法对各位专家的估计或预测数进行统计，然后采用平均数或中位数统计出量化结果。

5.1.5.3 运用德尔菲法预测时应遵循的原则

运用德尔菲法预测时需要遵循以下原则：

（1）专家代表面应广泛，人数要适当。通常应包括技术专家、管理专家、情报专家和高层决策人员。人数不宜过多，一般在20~50人为宜，小型预测8~20人，大型预测可达100人左右。

（2）要求专家总体的权威程度较高，而且要有严格的专家的推荐与审定程序。

（3）问题要集中，要有针对性，不要过分分散，以便使各个事件构成一个有机整体。问题要按等级排队，先简单，后复杂；先综合，后局部，这样易于引起专家回答问题的兴趣。

（4）调查单位或领导小组意见不应强加于调查的意见之中，要防止出现诱导现象，避免专家的评价向领导小组靠拢。

（5）避免组合事件。如果一个事件包括两个方面，一方面是专家同意的，另一方面则是不同意的，这样，专家就难以作出回答。

5.1.5.4 德尔菲法的优缺点

德尔菲法的优点在于：

（1）可以加快预测速度和节约预测费用；

（2）可以获得各种不同但有价值的观点和意见。

德尔菲法的缺点在于：

（1）责任比较分散；

（2）专家的意见有时可能不完整或不切合实际。

5.1.6 时间序列预测法

时间序列是指一组按时间顺序排列的有序数据序列。时间序列预测法，是从分析时间序列的变化特征等信息中，选择适当的模型和参数，建立预测模型，并根据惯性原则，假定预测对象以往的变化趋势会延续到未来，从而作出预测。

时间序列预测法的基本思想是把时间序列作为一个随机应变量序列的一个样本，用概率统计方法尽可能减少偶然因素的影响，或消除季节性、周期性变动的影响，通过分析时间序列的趋势进行预测。该预测方法的一个明显特征是所用的数据都是有序的。这类方法预测精度偏低，通常要求研究系统相当稳定，历史数据量要大，数据的分布趋势较为明显。

5.1.6.1 滑动平均法

一般情况下，可以认为未来的状况与较近时期的状况有关。根据这一假设，可采用与预测期相邻的几个数据的平均值，随着预测期向前滑动，相邻的几个数据的平均值也向前滑动作为滑动预测值。

假设未来的状况与过去 t 个月的状况关系较大，而与更早的情况联系较少，因此可用过去 t 个月的平均值作为下个月的预测值，经过平均后，可以减少偶然因素的影响。平均值可用下列公式计算：

$$\bar{x}_{t+1} = \frac{x_t + x_{t-1} + \cdots + x_{t-(t-1)}}{t} \tag{5-5}$$

式中 $\bar{x}_{t+1}$——预测值；

t——时间单位数；

x——$x_t \sim x_{t-(t-1)}$，实际数据。

也可以用连加符号把上面的公式归纳为：

$$\bar{x}_{t+1} = \frac{1}{t}\sum_{i=0}^{t-1} x_{t-i} \tag{5-6}$$

在这一方法中，对各项不同时期的实际数据是同等看待的。但实际上距离预测期较近的数据与较远的数据，它们的作用是不等的，尤其在数据变化较快的情况下更应该考虑到这一点。

为了克服上述缺点，可采用加权滑动平均法来缩小预测偏差。加权滑动平均法根据距离预测期的远近，预测对象的不同，给各期的数据以不同的权数，把求得的加权平均数作为预测值。

对不同月份数据进行加权后，其公式为：

$$\bar{x}_{t+1} = \frac{c_t x_t + c_{t-1} x_{t-1} + \cdots + c_{t-(t-1)} x_{t-(t-1)}}{c_t + c_{t-1} + \cdots + c_{t-(t-1)}} \tag{5-7}$$

式中 c_t——各期的权数；

x_t——各期的实际数据。

由式（5-5）和式（5-6）可得：

$$\bar{x}_{t+1} = \frac{\sum_{i=0}^{t-1} c_{t-i} x_{t-i}}{\sum_{i=0}^{t-1} c_{t-i}} \tag{5-8}$$

5.1.6.2 指数滑动平均法

指数滑动平均法是滑动平均法的改进，它既有滑动平均法的优点，又减少了数据的存储量，应用方便。

指数滑动平均法的基本思想是把时间序列看做一个无穷的序列，即 x_t，x_{t-1}，…，x_{t-i}。

把$\bar{x}_{t+1}$看做是这个无穷序列的一个函数，即：

$$\bar{x}_{t+1} = a_0 x_t + a_1 x_{t-1} + \cdots + a_i x_{t-i}$$

为了在计算中使用单一的权数，并且使权数之和等于1，即 $\sum_{i=0}^{+\infty} a_i = 1$，

令：$a_0 = a$，$a_k = a(1-a)^k$，$k = 1, 2, \cdots, n$。

当$0 < a < 1$时，则：$\sum_{i=0}^{+\infty} a_i = 1$。

这样，应用指数滑动平均法得到的预测值$\bar{x}_{t+1}$为：

$$\begin{aligned}\bar{x}_{t+1} &= a x_t + a(1-a) x_{t-1} + a(1-a)^2 x_{t-2} + \cdots + a(1-a)^i x_{t-i} \\ &= a x_t + (1-a)[a x_{t-1} + a(1-a) x_{t-2} + \cdots + a(1-a)^{i-1} x_{t-i}] \\ &= a x_t + (1-a) \bar{x}_t\end{aligned} \tag{5-9}$$

即： 预测值 = 平滑系数 × 前期实际值 + (1 - 平滑系数) × 前期预测值

上面的公式并项后可得：

$$\bar{x}_{t+1} = \bar{x}_t + a(x_t - \bar{x}_t) \tag{5-10}$$

即： 预测值 = 前期预测值 + 平滑系数 × (前期实际值 - 前期预测值)

由此可见，指数滑动平均法得到的预测值$\bar{x}_{t+1}$是上一时期的实际值 x_t 和预测值$\bar{x}_t$ 的加权平均而得的。或者是上一时期的预测值$\bar{x}_t$ 加上实际与预测值的偏差的修正值而得。

平滑系数 a 取值大小对时间序列均匀程度影响很大，a 的选定取决于实际情况。一般

来说，近期数据作用越大，则值就取得越大。根据经验，在实际应用中取 a 为0.8或0.7为宜。

5.1.7 马尔科夫链预测法

若事物未来的发展及演变仅受当时状况的影响，即具有马尔科夫性质，且一种状态转变为另一种状态的规律又是可知的情况下，就可以利用马尔科夫链的概念进行计算和分析，预测未来特定时刻的状态。

马尔科夫链是表征一个系统在变化过程中的特性状态，可用一组随时间进程而变化的变量来描述。如果系统在任何时刻上的状态是随机性的，则变化过程是一个随机过程，当时刻 t 变到 $t+1$，状态变量从某个取值变到另一个取值，系统就实现了状态转移。而系统从某种状态转移到各种状态的可能性大小，可用转移概率来描述。

马尔科夫计算所使用的基本公式如下：

已知，初始状态向量为：

$$\boldsymbol{s}^{(0)} = [s_1^{(0)}, s_2^{(0)}, s_3^{(0)}, \cdots, s_n^{(0)}] \tag{5-11}$$

状态转移概率矩阵为

$$\boldsymbol{p} = \begin{pmatrix} p_{11} & \cdots & p_{1n} \\ \vdots & \ddots & \vdots \\ p_{n1} & \cdots & p_{nn} \end{pmatrix} \tag{5-12}$$

状态转移概率矩阵是一个 n 阶方阵，它满足概率矩阵的一般性质，即有：

（1）$0 \leqslant p_{ij} \leqslant 1$；

（2）$\sum_{j=1}^{n} p_{ij} = 1$。

满足这两个性质的行向量称为概率向量。

状态转移概率矩阵的所有行向量都是概率向量；反之，所有行向量都是概率向量组成的矩阵，即概率矩阵。

一次转移向量 $\boldsymbol{s}^{(1)}$ 为

$$\boldsymbol{s}^{(1)} = \boldsymbol{s}^{(0)}\boldsymbol{p} \tag{5-13}$$

二次转移向量 $\boldsymbol{s}^{(2)}$ 为

$$\boldsymbol{s}^{(2)} = \boldsymbol{s}^{(1)}\boldsymbol{p} = \boldsymbol{s}^{(0)}\boldsymbol{p}^2 \tag{5-14}$$

类似地

$$\boldsymbol{s}^{(k+1)} = \boldsymbol{s}^{(0)}\boldsymbol{p}^{k+1} \tag{5-15}$$

[例5-3] 某单位对1250名接触矽尘人员进行健康检查时，发现职工的健康状况分布如表5-3所列。

表5-3 本年度接尘职工健康状况

健康状况	健康	疑似矽肺	矽肺
代表符号	$s_1^{(0)}$	$s_2^{(0)}$	$s_3^{(0)}$
人数	1000	200	50

根据统计资料，前年到去年各种健康人员的变化情况如下：

健康人员继续保持健康者剩70%，有20%变为疑似矽肺，10%的人被定为矽肺，即：

$$p_{11}=0.70,\quad p_{22}=0.20,\quad p_{13}=0.10$$

原有疑似矽肺者一般不可能恢复为健康者，仍保持原状者为80%，有20%被正式定为矽肺，即：

$$p_{21}=0,\quad p_{22}=0.8,\quad p_{23}=0.2$$

矽肺患者一般不可能恢复为健康或返回疑似矽肺，即：

$$p_{31}=0,\quad p_{32}=0,\quad p_{33}=1$$

状态转移概率矩阵为：

$$p=\begin{pmatrix}0.7 & 0.2 & 0.1\\ 0 & 0.8 & 0.2\\ 0 & 0 & 1\end{pmatrix}$$

试预测来年接尘人员的健康状况。

解 一次转移向量：

$$s_1^{(1)}=s^{(0)}p=[s_1^{(0)},s_2^{(0)},s_3^{(0)}]\begin{pmatrix}p_{11} & p_{12} & p_{13}\\ p_{21} & p_{22} & p_{23}\\ p_{31} & p_{32} & p_{33}\end{pmatrix}=[1000\quad 200\quad 50]\begin{pmatrix}0.7 & 0.2 & 0.1\\ 0 & 0.8 & 0.2\\ 0 & 0 & 1\end{pmatrix}$$

一年后健康者的人数 $s_1^{(1)}$ 为：

$$s_1^{(1)}=[s_1^{(0)},s_2^{(0)},s_3^{(0)}]\begin{bmatrix}p_{11}\\ p_{21}\\ p_{31}\end{bmatrix}=[1000\quad 200\quad 50]\begin{bmatrix}0.7\\ 0\\ 0\end{bmatrix}$$

$$=1000\times 0.7+200\times 0+50\times 0=700$$

一年后疑似矽肺人数 $s_2^{(1)}$ 为：

$$s_2^{(1)}=[s_1^{(0)},s_2^{(0)},s_3^{(0)}]\begin{bmatrix}p_{12}\\ p_{22}\\ p_{32}\end{bmatrix}=[1000\quad 200\quad 50]\begin{bmatrix}0.2\\ 0.8\\ 0\end{bmatrix}$$

$$=1000\times 0.2+200\times 0.8+50\times 0=360$$

一年后矽肺患者人数 $s_3^{(1)}$ 为：

$$s_3^{(1)}=[s_1^{(0)},s_2^{(0)},s_3^{(0)}]\begin{bmatrix}p_{13}\\ p_{23}\\ p_{33}\end{bmatrix}=[1000\quad 200\quad 50]\begin{bmatrix}0.1\\ 0.2\\ 1\end{bmatrix}$$

$$=1000\times 0.1+200\times 0.2+50\times 1=190$$

预测结果表明，该单位矽肺发展速度快，必须立即加强防尘工作和医疗卫生工作。

5.1.8 灰色预测法

灰色系统（Grey System）理论是我国著名学者邓聚龙教授20世纪80年代初创立的一种兼备软硬科学特性的新理论。该理论将信息完全明确的系统定义为白色系统，将信息完全不明确的系统定义为黑色系统，将信息部分明确、部分不明确的系统定义为灰色系统。

灰色系统内的一部分信息是已知的，另一部分信息是未知的，系统内各因素间具有不确定的关系。例如构成系统安全的各种关系是一个灰色系统，各种因素和系统安全主行为的关系是灰色的，人、机、环境系统中三个子系统之间的关系也是灰色关系，安全系统所处的环境也是灰色的。因此就可以利用灰色预测模型对安全系统进行预测。

尽管灰色过程中所显示的现象是随机的，但毕竟是有序的，因此这一数据集合具备潜在的规律。灰色预测通过鉴别系统因素之间发展趋势的相异度，即进行关联分析，并对原始数据进行生成处理来寻找系统变动的规律，生成有较强规律性的数据序列，然后建立相应的微分方程模型，从而预测事物未来的发展趋势的状况。

灰色系统预测是从灰色系统的建模、关联度及残差辨识的思想出发，获得关于预测的新概念、观点和方法。

将灰色系统理论用于厂矿企业预测事故，一般选用 GM(1, 1) 模型，是一阶的一个变量的微分方程模型。

5.1.8.1　灰色预测建模方法

设原始离散数据序列 $x^{(0)}=\{x_1^{(0)}, x_2^{(0)}, \cdots, x_n^{(0)}\}$，其中 n 为序列长度，对其进行一次累加生成处理

$$x_k^{(1)}=\sum_{j=1}^{k}x_j^{(0)}, k=1,2,\cdots,n \tag{5-16}$$

则以生成序列 $x^{(1)}=\{x_1^{(0)}, x_2^{(0)}, \cdots, x_n^{(0)}\}$ 为基础建立灰色的生成模型

$$\frac{\mathrm{d}x^{(1)}}{\mathrm{d}t}+\boldsymbol{a}x^{(1)}=u \tag{5-17}$$

称为一阶灰色微分方程，记为 GM(1, 1)，式中 $\boldsymbol{a}$、u 为待辨识参数。

设参数向量 $\boldsymbol{a}=[au]^{\mathrm{T}}$，$y_n=[x_2^{(0)}, x_3^{(0)}, \cdots, x_n^{(0)}]^{\mathrm{T}}$ 和

$$B=\begin{bmatrix}\frac{-(x_2^{(1)}+x_1^{(1)})}{2} & 1\\ \vdots & \vdots\\ \frac{-(x_n^{(1)}+x_{n-1}^{(1)})}{2} & 1\end{bmatrix}$$

则由下式求得的最小二乘解：

$$\boldsymbol{a}=(\boldsymbol{B}^{\mathrm{T}}\boldsymbol{B})^{-1}\boldsymbol{B}^{\mathrm{T}}\boldsymbol{y}_n \tag{5-18}$$

时间响应方程［即式（5-17）的解］

$$\bar{x}_1^{(1)}=\left(x_1^{(1)}-\frac{u}{\boldsymbol{a}}\right)\mathrm{e}^{-ak}+\frac{u}{\boldsymbol{a}} \tag{5-19}$$

离散响应方程：

$$\bar{x}_{k+1}^{(1)}=\left(x_1^{(1)}-\frac{u}{\boldsymbol{a}}\right)\mathrm{e}^{-ak}+\frac{u}{\boldsymbol{a}} \tag{5-20}$$

式中，$x_1^{(1)}=x_1^{(0)}$。

将 $\bar{x}_{k+1}^{(1)}$ 计算值作累减还原，即得到原始数据的估计值：

$$\bar{x}_{k+1}^{(0)}=\bar{x}_{k+1}^{(1)}-\bar{x}_k^{(1)} \tag{5-21}$$

GM(1, 1) 模型的拟合残差中往往还有一部分动态有效信息，可以通过建立残差

GM(1, 1) 模型对原模型进行修正。

5.1.8.2 预测模型的后验差检验

可以用关联度及后验差对预测模型进行检验，下面介绍后验差检验。记0阶残差为：

$$\varepsilon_1^{(0)} = x_1^{(0)} - \bar{x}_i^{(0)}, i = 1,2,\cdots,n \tag{5-22}$$

式中，$\bar{x}_i^{(0)}$ 为通过预测模型得到的预测值。

残差均值：

$$\bar{\varepsilon}^{(0)} = \frac{1}{n}\sum_{i=1}^{n} \varepsilon_i^{(0)} \tag{5-23}$$

残差方差：

$$s_1^2 = \frac{1}{n}\sum_{i=1}^{n} (\varepsilon_i^{(0)} - \bar{\varepsilon})^2 \tag{5-24}$$

原始数据均值：

$$\bar{x} = \frac{1}{n}\sum_{i=1}^{n} x_i^{(0)} \tag{5-25}$$

原始数据方差：

$$s_2^2 = \frac{1}{n}\sum_{i=1}^{n} (x_i^{(0)} - \bar{x})^2 \tag{5-26}$$

为此可计算后验差检验指标：

后验差比值 c：

$$c = \frac{s_1}{s_2} \tag{5-27}$$

小误差概率 P：

$$P = P\{\ |\varepsilon_i^{(0)} - \bar{\varepsilon}^{(0)}| < 0.6745 s_2\} \tag{5-28}$$

按照上述两指标，可从表5-4查出精度检验等级。

表5-4 精度检验等级

预测精度等级	P	c
好（good）	>0.95	<0.35
合格（qualified）	>0.80	<0.5
勉强（justmark）	>0.70	<0.45
不合格（unqualified）	≤0.70	≥0.65

[例5-4] 已知某矿1980～1988年千人负伤率见表5-5所列，试用GM(1, 1)模型对该矿1989年、1990年两年的千人负伤率进行灰色预测，并对拟合精度进行后验差检验。

表5-5 某矿1980～1988年千人负伤率

年份	1980	1981	1982	1983	1984	1985	1986	1987	1988
千人负伤率/‰	56.165	55.65	49.525	34.585	14.405	9.525	8.970	6.475	4.110

解 由表5-5可以得到：

$$x^{(0)} = [56.165 \quad 55.65 \quad 49.525 \quad 34.585 \quad 14.405 \quad \cdots \quad 4.110]$$

$$x^{(1)} = [56.165 \quad 111.815 \quad 161.34 \quad 195.925 \quad 210.33 \quad \cdots \quad 239.41]$$

故可建立数据矩阵 **B**，y_n：

$$\boldsymbol{B} = \begin{bmatrix} -83.99 & 1 \\ -136.5775 & 1 \\ \vdots & \vdots \\ -237.355 & 1 \end{bmatrix}$$

$$y_n = [55.65 \quad 49.525 \quad 34.585 \quad 14.405 \quad 9.525 \quad \cdots \quad 4.110]^T$$

由式（5－18）得：

$$\boldsymbol{a} = \begin{bmatrix} a \\ u \end{bmatrix} = \begin{bmatrix} 0.37285 \\ 93.336 \end{bmatrix}$$

则

$$a = 0.37285$$

$$u = 93.336$$

将 a、u 代入式（5－20）可得到：

$$\bar{x}_{k+1}^{(1)} = 250.331 - 194.16^{-0.37285k}$$

$$\bar{x}_{k+1}^{(0)} = \bar{x}_{k+1}^{(1)} - \bar{x}_{k}^{(1)}$$

计算结果如表 5－6 所示。

表 5－6 计算结果

年份	序号	$x^{(0)}$	$x^{(1)}$	灰色预测		
				$\boldsymbol{x}^{(1)}$	$\boldsymbol{x}^{(0)}$	$\boldsymbol{\varepsilon}^{(0)}$
1980	1	56.165	56.165	56.165	56.165	0
1981	2	55.65	111.815	116.594	60.429	－4.779
1982	3	49.525	161.34	158.215	41.621	7.904
1983	4	34.585	195.925	186.883	28.668	5.917
1984	5	14.405	210.33	206.628	19.745	－5.34
1985	6	9.525	219.855	220.228	13.60	－4.075
1986	7	8.970	228.825	229.595	9.367	－0.397
1987	8	6.475	235.30	260.047	6.452	－0.397
1988	9	4.110	239.41	240.491	4.444	－0.334
1989	10			243.551	3.06	
1990	11			245.660	2.109	

进行后验差检验

$$\varepsilon_1^{(0)} = x_i^{(0)} - \bar{x}_i^{(0)}, i = 1, 2, \cdots, n$$

$$\varepsilon_1^{(0)} = 0.4408, s_1 = 4.1589$$

$$\bar{x}^{(0)} = 26.60, s_2 = 21.00$$

则

$$c = \frac{s_1}{s_2} = 0.198 < 0.35$$

$$P = P\{ | \varepsilon_i^{(0)} - \bar{\varepsilon}^{(0)} | 0.6745 s_2 \} = 1 > 0.95$$

对照表 5-4 知，灰色系统预测拟合精度为好，预测结果正确可靠。

5.1.9 贝叶斯网络预测法

5.1.9.1 贝叶斯网络简介

贝叶斯网络（Bayesian Network，BN），又称贝叶斯信服网络（Bayesian Belief Network，BBN），是图论和概率论的结合。BN 是变量间概率关系的图形化描述，其提供了一种将知识图解可视化的方法；同时又是一种概率推理技术，使用概率理论来处理不同知识成分之间因条件相关而产生的不确定性。

贝叶斯网络最早由 Judea Pearl 于 1988 年提出。20 世纪 80 年代，贝叶斯网络主要用于专家系统的知识表示，20 世纪 90 年代，进一步研究可学习的贝叶斯网络，用于数据挖掘和机器学习。近年来，贝叶斯网络的研究和应用涵盖了人工智能的大部分领域，包括因果推理、不确定性知识表达、模式识别和聚类分析等。目前，贝叶斯网络以其独特的不确定性知识表达形式、丰富的概率表达能力、综合先验知识的增量学习特性，成为数据挖掘领域中最为引人注目的焦点之一。

贝叶斯网络主要用于解决不确定性的问题，其优势主要体现在以下几个方面。

（1）贝叶斯网络将有向无环图与概率理论有机结合，不但具有正式的概率理论基础，同时也具有更加直观的知识表示形式，促进了知识和数据领域之间的关联关系。由于贝叶斯网络具有语义的因果关系，因而可以直接地进行因果先验知识的分析，所以在贝叶斯网络中可以获得较全面的先验知识。

（2）贝叶斯网络可以对复杂的系统进行建模，应用领域的广泛性可以说明这一点。贝叶斯网络还能够处理不完备数据集。因为贝叶斯网络反映的是整个数据域中数据间的概率关系，即使缺少某一数据变量仍然可以建立精确的模型，不会产生偏差。

（3）贝叶斯网络与一般知识表示方法不同的是对于问题域的建模，当条件或行为等发生变化时，不用对模型进行修正。其特有的学习、更新能力可以不断吸取新信息，缩小与实际的偏差，适应周围环境的变化。

（4）贝叶斯网络没有确定的输入或输出节点，节点之间是相互影响的，任何节点观测值的获取或者对于任何节点的干涉，都会对其他节点造成影响，并可以利用贝叶斯网络推理进行估计和预测。

贝叶斯网络是表示变量间概率依赖关系的有向无环图，网络中每个节点对应问题领域中每个变量（或事件）。节点之间的弧表示变量间的概率关系，同时每个节点都对应着一个条件概率分布表（CPT），指明了该节点与父节点之间概率依赖的数量关系。

设 $V = \{X_1 + X_2 + \cdots + X_n\}$ 是值域 U 上的 n 个随机变量，则值域 U 上的贝叶斯网络为 $BN(BS, BP)$，其中：

（1）$BS = (V, E)$ 是一个定义在 V 上的有向无环图 Γ（Directed Acyclic Graph，DAG），V 是该有向无环图 Γ 的节点集，E 是 Γ 的边集。如果存在一条节点 X_i 到节点 X_j 的有向边，则称 X_i 是 X_j 的父节点（parent），X_j 是 X_i 的子节点（child）。记 X_i 的所有父节点为 πX_i，或 PaX_i。

（2）$BP = \{P(X_i \mid \pi X_i)[0.1] \mid X_i \in V\}$。没有父节点的节点称为根节点（root node），

没有子节点的节点称为叶节点（leaf node）。一个节点的祖先节点（ancestors）包括其父节点及父节点的祖先节点，一个节点的后代节点（descendants）包括其子节点及子节点的后代节点。对于 V 中的每个节点都附有一个概率分布，根节点 X_i 所附的是它的边缘分布 $P(X_i)$，而非根节点 X_j 所附的是条件概率分布函数 $P(X_j \mid \pi X_j)$。

联合概率分布就是各变量所附的概率分布相乘，表示为：

$$P(X_1 + X_2 + \cdots + X_n) = \prod_{i=1}^{n} P(X_i \mid X_{i-1}, \cdots, X_1) \tag{5-29}$$

在不确定信息领域，条件独立性是一种构造知识的重要方法。在贝叶斯网中，每一节点在给定其父节点后都条件独立于它的前辈节点，故有：

$$P(X_1, X_2, \cdots, X_n) = \prod_{i=1}^{n} P(X_i \mid \pi X_i) \tag{5-30}$$

式中，πX_i 为 X_i 的直接祖先节点（父节点），当 $\pi X_i = \Phi$ 时，$P(X_j \mid \pi X_j)$ 即边缘分布 $P(X_i)$。

[例 5-5]　如图 5-4 所示的有向无环图就是贝叶斯网络。对于图中每一节点（X_1，X_2，…，X_n）可以说明两点：

（1）网络中有向弧节点间存在一种依赖关系，如 $X_2 \rightarrow X_4$，表示因果关系。任一变量在给定它的父节点是条件独立于它的非后代节点集。

（2）每一变量都有一个对应的条件概率表，它描述了这个变量在给定它的父节点值的是概率分布，在条件独立的前提下，条件概率表就能求出贝叶斯网络的联合概率。

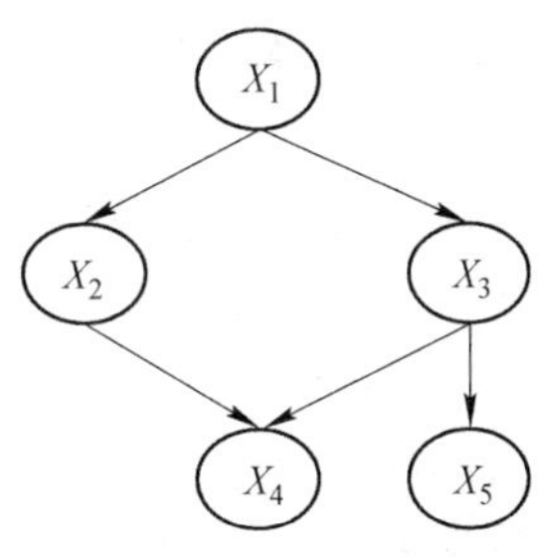

图 5-4　有向无环图

$$P(X_1, \cdots, X_5) = P(X_1)P(X_2 \mid X_1)P(X_3 \mid X_1)P(X_4 \mid X_2, X_3)P(X_5 \mid X_3) \tag{5-31}$$

重要度分析。重要度是指第 i 个基本事件的概率重要性，当第 i 个基本事件发生概率的微小变化而导致顶上事件发生概率的变化率。重要度分析是分析基本事件对事故发生概率的影响，在安全预测、评价中具有重大意义。利用贝叶斯网络可以直接分析基本事件对事故发生的影响程度。概率重要度、结构重要度、关键重要度分别如式（5-32）~式（5-34）所示。

$$I_i^{Pr} = P(T=1 \mid E_i = 1) - P(T=1 \mid E_i = 0) \tag{5-32}$$

$$I_i^{St} = P(T=1 \mid E_i = 1, P(E_i = 1)) = -P(T=1 \mid E_i = 0, P(E_i = 1)) = 0.5 \quad (1 \leqslant j \neq i \leqslant N) \tag{5-33}$$

$$I_i^{Ct} = \{P \mid (E_i = 1)[P(T=1 \mid E_i = 1) - P(T=1 \mid E_i = 0)]\} / P(T=1) \tag{5-34}$$

关于贝叶斯公式的描述：

（1）一个随机变量集组成网络节点，这些变量可以是离散的，也可以是连续的。

（2）一个连续节点对的有向边或箭头集合，如果存在从节点 X 到节点 Y 的有向边，则称 X 是 Y 的一个父节点，表示 X 对 Y 有直接影响，它们之间的关系并不局限于表示因果关系。

（3）每一个节点 X_i 都有一个条件概率分布（Conditional Probability Distribution，CPD），用于量化其父节点对该节点的影响，对离散情况，可以用表格的形式来表示，这种表格称为条件概率表（Conditional Probability Table，CPT）。

（4）贝叶斯网络是一个有向无环图，图中不存在有向环，即一个节点不可能同时为根节点和叶节点。

简言之，贝叶斯网络的拓扑结构（节点和有向边的集合）定性地描述了域中各个随机变量之间的影响关系，而对应于节点的 CPD 和 CPT 则定量地刻画了其父节点对该节点的影响。

5.1.9.2 事故预测应用

综观前面几章介绍的常用的事故预测方法可以看出，大多数的预测都是将事故的发生作为一时间序列事件，预测模型都是针对历年事故发生的次数、伤亡人数以及经济损失等统计指标来建模的，以预测未来某年可能达到的指标值。

这些统计指标（事故次数、死亡人数、受伤人数及直接经济损失等）反映了事故发展的规律性，对其进行分析建立相应的预测模型，就可以较准确地预测出事故发生的趋势，对安全评价和事故预防具有一定的宏观指导意义。然而事故的微观预测也很重要，对危险隐患进行分析，就要研究事故的诱发因素及其形成原理，而前面的预测方法不再适用。事故的发生是多种因素综合作用的结果，而且这些影响因素之间的关系是相互关联的，即其信息具有随机性、不确定性和相关性，而贝叶斯网络能很好地表示变量之间的不确定性和相关性，并进行不确定性推理，这就保证了将贝叶斯网络用于事故预测的可能性。

贝叶斯网络是目前不确定知识和推理领域最有效的理论模型之一。通过专家经验判断和资料分析总结，确定安全系统的主要影响因素，并用图形结构描述这些因素（变量）之间的定性与定量关系，就构建了一个贝叶斯网络的框架，贝叶斯网络可以通过结构学习和参数学习训练不断修正，并且当新信息进入能够更新网络，最后根据建立好的贝叶斯网络模型和已知证据进行推断，来预测某一时间节点发生的概率。

贝叶斯网络适合于对领域知识具有一定了解的情况，至少变量间的依赖关系要比较清楚，否则直接从数据中学习贝叶斯网络复杂性极高。因此，应用贝叶斯网络进行预测的安全系统，往往能够从数据和经验中发现较清晰的网络结构。因此，贝叶斯网络多用来预测安全事故，如操作事故、设备事故、泄露爆炸事故、建筑事故和交通事故等。为了更加有条理地分析某一事故，还可以考虑从多级指标的角度，从上到下找出关键的影响变量，再分析重复的变量、同级和跨级之间变量的相互关系。例如在路侧交通事故中，一级事故指标为道路边形、交通量、气候环境、历史事故和路侧特征，每类指标又有若干个下一级指标构成，如路侧特征中又分为路侧深度、离散危险物、连续危险物和净区状态。

贝叶斯网络也产生了很多扩展模型。例如，如果知道变量之间的定性关系，或只需要得到一个描述性的结果，可以应用定性贝叶斯网络；针对连续的变量，可以用高斯贝叶斯网络来构建预测模型；考虑到事故随着时间变化和发展，有动态贝叶斯网络；应用多模块或面向对象的贝叶斯网络可以解决大规模、复杂的安全问题。

当然，应用贝叶斯网络还有一些需要进一步研究的问题。如贝叶斯网络的模型取决于建模者，不同的建模者可能会有不同的建模结果，模型的准确性、完善与否没有客观的统一标准来衡量；先验密度的确定虽然已经有一些方法，但具体问题，要合理确定许多变量的先验概率仍然是一个比较困难的问题；数据的规模对于网络的结构也有较大的影响，随着数据规模的增大，节点之间的内在关系和长期关系也逐渐显露出来，产生一般性的规律变化模式，但是对数据库的规模化比较敏感；贝叶斯网络需要多种假设为前提，如何判定某个实际问题是否满足这些假设，没有现成的规则，这给实际应用也带来了困难。

5.1.9.3 预测应用示例

针对具体研究对象（如采区），可建立金属矿山冒顶片帮事故树，如图5-5所示，其基本事件和非基本事件分别见表5-7和表5-8，采用基于事件统计的专家预测定量分析法，可确定基本事件的先验概率见表5-7，通过表5-7计算出非基本事件的概率见表5-8。

表5-7 冒顶片帮事故树基本事件

编号	名 称	代 号	先验概率
1	规章制度不健全	X_0	0.0625
2	执行规章制度欠佳	X_1	0.0625
3	未敲帮问顶	X_2	0.0625
4	安全检查欠佳	X_3	0.0625
5	未掌握顶板活动规律	X_4	0.0625
6	工作而无支护	X_5	0.007813
7	工作而正常推进	X_6	0.007813
8	安全意识差	X_7	0.011719
9	未执行作业规程	X_8	0.011719
10	培训无效	X_9	0.011719
11	有冒顶预兆不及时采取措施	X_{10}	0.011719
12	救护欠佳	X_{11}	0.011719
13	隐患整改失误	X_{12}	0.011719
14	预防失误	X_{13}	0.011719
15	矿岩不坚硬	X_{14}	0.125
16	结构而造成矿岩不稳固	X_{15}	0.125
17	支护方式不当	X_{16}	0.125
18	支护质量差	X_{17}	0.125

表5-8 非基本事件概率表

代 号	名 称	发生概率	代 号	名 称	发生概率
A_1	管理缺陷	0.02186	C_1	危险认识欠佳	0.17603
A_2	已存在的危险	0.41382	C_2	支护管理不善	0.04612
B_1	管理系统不健全	0.27580	C_3	处理失误	0.03475
B_2	管理失误	0.07927	D_1	空顶作用	0.00006
B_3	围岩不稳固	0.23438	D_2	作业人员无知	0.03475
B_4	支护无效	0.23438	T	冒顶片帮	0.009005

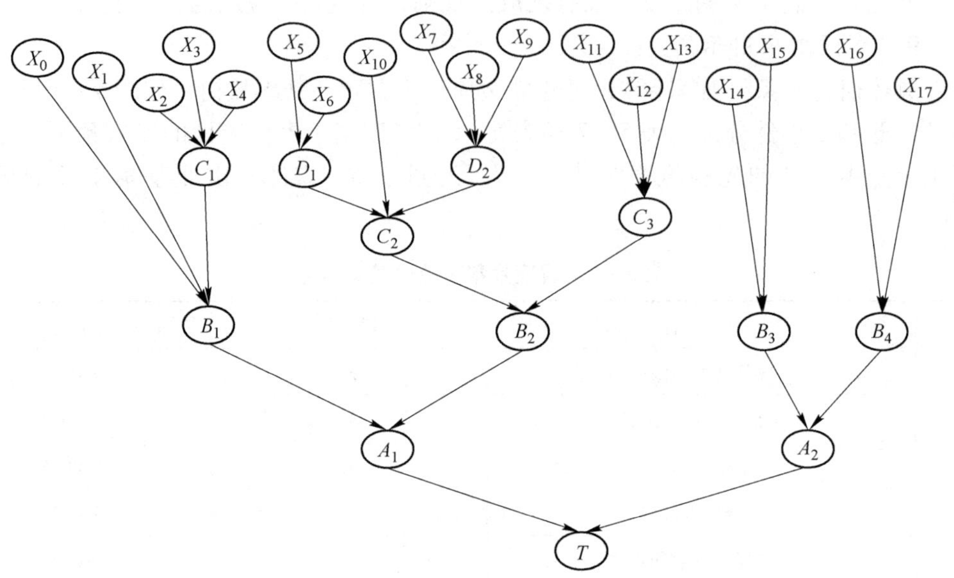

图 5－5　金属矿山冒顶片帮事故 *BN* 图

根据式（5－31）~式（5－34），金属矿山冒顶片帮事故安全预测评价计算结果：概率值及重要度分析，如表 5－9 所示。

表 5－9　金属矿山冒顶片帮事故安全预测评价计算结果

代号	先验概率	后验概率	I_i^{Pr}	I_i^{St}	I_i^{Ct}
X_0	0. 0625	0. 22661	0. 02534	0. 05825	0. 17500
X_1	0. 0625	0. 22661	0. 02534	0. 05825	0. 17500
X_2	0. 0625	0. 22661	0. 02534	0. 05825	0. 17500
X_3	0. 0625	0. 22661	0. 02534	0. 05825	0. 17500
X_4	0. 0625	0. 22661	0. 02534	0. 05825	0. 17500
X_5	0. 007813	0. 00851	0. 00082	0. 00355	0. 00071
X_6	0. 007813	0. 00851	0. 00082	0. 00355	0. 00071
X_7	0. 011719	0. 14785	0. 10633	0. 01064	0. 13769
X_8	0. 011719	0. 14785	0. 10633	0. 01064	0. 13769
X_9	0. 011719	0. 14785	0. 10633	0. 01064	0. 13769
X_{10}	0. 011719	0. 14785	0. 10633	0. 01064	0. 13769
X_{11}	0. 011719	0. 14785	0. 10633	0. 01064	0. 13769
X_{12}	0. 011719	0. 14785	0. 10633	0. 01064	0. 13769
X_{13}	0. 011719	0. 14785	0. 10633	0. 01064	0. 13769
X_{14}	0. 125	0. 30206	0. 01464	0. 12038	0. 20221
X_{15}	0. 125	0. 30206	0. 01464	0. 12038	0. 20221
X_{16}	0. 125	0. 30206	0. 01464	0. 12038	0. 20221
X_{17}	0. 125	0. 30206	0. 01464	0. 12038	0. 20221

5.1.10 BP 神经网络预测法

5.1.10.1 人工神经网络概述

20 世纪 40 年代，随着神经解剖学、神经生理学以及神经元的电生理过程等研究取得了突破性进展，人们对脑的结构、组成以及最基本的工作单元有了越来越深刻的认识，在此基础上，借助数学和物理的方法从信息处理角度对人脑神经网络进行抽象和简化，建立起简化的模型，称为人工神经网络（Artificial Neural Networks，ANNs）。

人工神经网络也称为神经网络，是由大量简单的神经元互相连接而成的网络，可以模拟人脑的思维过程，实现了人工智能中的学习、判断、推理等功能。人工神经网络本质上是一种复杂的非线性系统，因为借鉴了生物神经网络的诸多优点，所以它具有高度的并行性、非线性、自适应性和容错性，而且它有着很强的记忆功能和学习能力。

对人工神经网络的研究可以追溯到 20 世纪 40 年代。1943 年神经学家 W. S. McCulloch 和数学家 W. Pitts 首先提出了神经元数学模型即 M－P 模型，开创了人工神经网络研究的先河。此后有关人工神经网络的研究异常活跃。但是 1969 年 M. Minsky 和 S. Papert 出版的专著《感知器》，指出单层感知器神经网络只能用于线性问题的求解，而非线性网络问题却无法求解。他们的悲观结论使很多人放弃了这项研究，神经网络进入一个缓慢发展的低潮期。又经过十多年低潮期的理论积累，直到 20 世纪 80 年代，人工神经网络的研究终于取得了新的突破，特别是 1982 年 John. J. Hopfield 提出了著名的 Hopfield 网络模型，开拓了人工神经网络研究的新途径，重新掀起神经网络研究的热潮。另外一个突破性的研究是 D. E. Rumelhart 等人在 1986 年提出了解决多层网络权值修正的 BP 算法，找到了解决非线性网络问题的办法，进一步使得神经网络的研究在近几十年中得到了突飞猛进的发展。到目前为止，各种网络模型及其相应的算法已逐渐成熟，并且还演变出了很多修正的模型和算法。

随着人们对大脑处理机制日益深化的认识，以及各种智能学科领域的交叉渗透，人工神经网络应用的领域也在不断地扩展。神经网络的研究涉及自动控制、组合优化、模式识别等诸多方面，在化工领域、经济领域，以及医学、运输、电子通信等各个领域都有着广泛的应用。

5.1.10.2 神经网络事故预测概述

事故预测较其他领域的预测问题，有其特殊性。因为事故的发生机制往往非常复杂，一般都含有一定的非线性关系，而且没有显式的模型结构。所以用经典回归分析或者时间序列预测方法有时可能无法建立合适的模型。人工神经网络具有极强的非线性逼近能力以及对外部环境的适应能力，可以用来处理这种情况。利用神经网络的特点，对事故进行预测更符合事故发生的特性，也解决了传统预测方法需要事先构建含有参数结构模型的局限。

事故预测中最常用的是基于神经网络的趋势预测，包括交通事故预测、煤矿生产安全预测、火灾事故预测、工伤事故预测、民航安全预测等，通过神经网络将时间序列的历史数据映射到未来数据，从而预测未来事故的发生。

基于神经网络的回归预测是通过神经网络分析事故的各个相关因素与预测样本的关联程度，把各相关因素的未来之作为时间序列的历史数据映射到未来数据。涉及的安全领域主要有交通事故预测、煤矿安全生产等。

此外，神经网络还可以与常规的预测方法相结合，建立非线性组合预测模型，即在一定的误差评定模式下，将各个常规预测结果作为神经网络的输入。

5.1.10.3 人工神经网络的基本结构和模型

人工神经网络由生物神经网络抽象而来的。复杂的生物神经系统是由基本的神经元组成的，而人工神经网络同样也是有基本的处理单元构成的，这些处理单元就是人工神经元。而生物神经网络中的轴突－突触－树突结构在人工神经网络中用有向弧来表示，对有向弧赋以权重来表现相互连接的人工神经元之间相互作用的强弱。因此，人工神经网络可以看作是以人工神经元为节点，由有向弧链接起来的有向图。

A 人工神经元模型

人工神经元是对生物神经元的简化模型。生物神经元所产生的传递的基本信息是兴奋或抑制信号。它有细胞体、树突和轴突三个部分组成。树突是细胞的传递信息的输入端，轴突是细胞的传递信息的输出端，而细胞体则是对所有的输入信息进行综合处理的地方。类比生物神经元的结构和功能，最早的人工神经元模型是由心理学家 W. S. McCulloch 和数理逻辑学家 W. Pitts 在 1943 年合作给出了人工神经元的 M－P 模型，如图 5－6 所示。

如图 5－6b，设 x_1，x_2，…，x_n 是人工神经元的信号输入；w_1，w_2，…，w_n 表示各输入的连接强度值，称为连接权重；θ 是对输入信号进行调节值，称为偏移值（bias）；$f(\cdot)$ 表示细胞体对输入信号的处理函数，称为激活函数；y 表示人工神经元的输出信号。

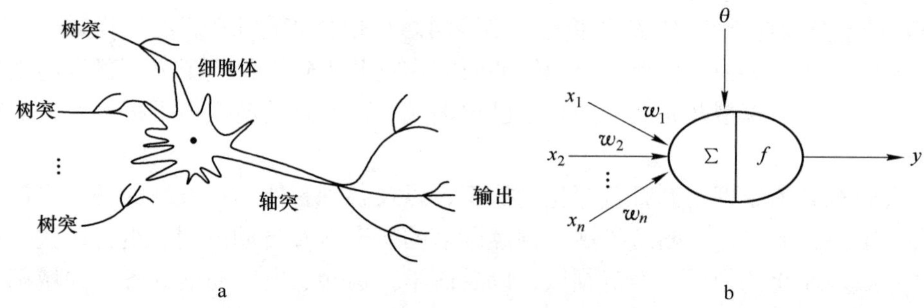

图 5－6 神经元
a—生物神经元；b—人工神经元

对比生物神经元，人工神经元模型应具有两个功能：一是对输入信号的累加功能，一个是激活函数的处理功能。在全部信号加权累加后的值是 u，在经过激活函数的处理形成新的输出值 y。数学表达式 $u = w_1x_1 + w_2x_2 + \cdots + w_nx_n + \theta$，$y = f(u)$。

用函数关系表示上述的神经元模型，为：

$$y = f\left(\sum_{k=1}^{n} w_k x_k + \theta\right) \tag{5-35}$$

由此也可以看出人工神经网络的本质就是网络输入和输出的函数关系。通过选择不同的激活函数，就可以表现出不同的输入输出关系。

B 网络的拓扑结构

上面讨论的是单个神经元的结构，而要组成网络，需要把各个神经元连接起来。不同的连接方式，就会形成不同的网络结构，最常见的是前向神经网络和反馈神经网络。

前向神经网络是应用最为广泛的网络模型之一，也称为前馈神经网络。在前向网络中，神经元分层排列，各层的神经元只能接受前一层各个神经元输出的信号，而各层内的神经元之间没有连接，而且整个网络结构中不含反馈（如图 5 –7 所示）。按照层数可以把前馈网络分为单层前向网络和多层前向网络两种。

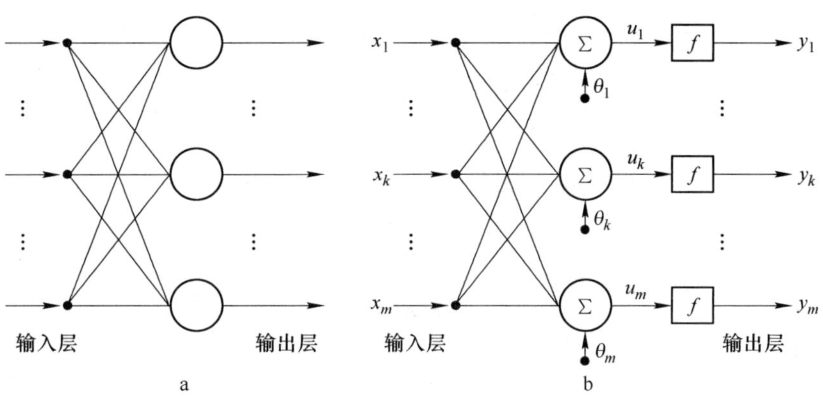

图 5 –7　前向神经网络模型结构

a—简图；b—功能图

前向神经网络的特点是信号从输入端流向输出端，而反馈网络的信号除了从输入端流向输出端外，输出信号通过与输入的连接返回到输入端，形成一个回路，或者不同神经元之间也有信息反馈。因此，在反馈网络中至少包含一个反馈回路。反馈网络图又包括有隐含层的反馈网络和无反馈层的反馈网络，其中有隐含层的反馈网络如图 5 –8 所示。

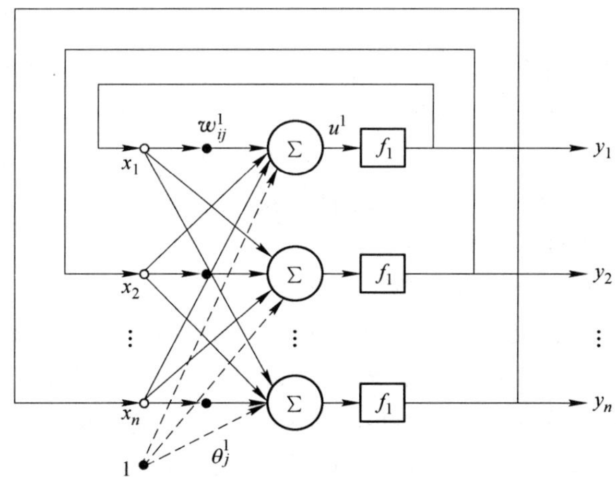

图 5 –8　有隐含层的反馈网络模型结构

5.1.10.4　BP 神经网络预测模型

大部分的预测问题都是单值的预测，所以上述的输出层只有一个节点。

单隐含层前向神经网络模型广泛应用于时间序列的建模与预测中，这一网络模型由三层组成，通过大量简单处理单元（即神经元）的无循环连接而成，如图 5 –9 所示。

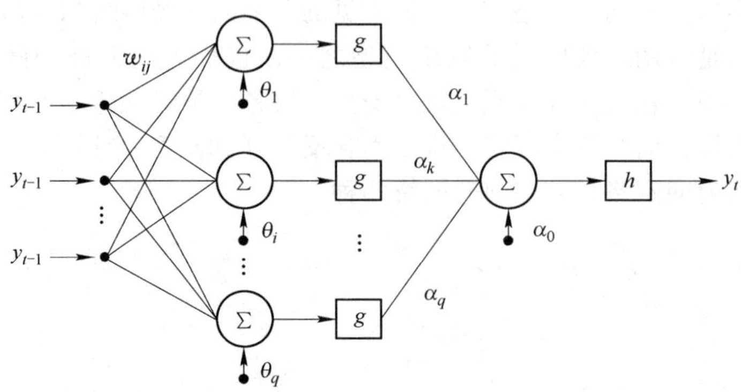

图 5－9 单隐含层 BP 网络的时间序列模型

输出 y_i 与输入 $\{y_{t-1}, y_{t-2}, \cdots, y_{t-p}\}$ 的关系可由式（5－36）表示：

$$y_t = h\left[a_o + \sum_{i=1}^{q}\alpha_i g\left(\theta_i + \sum_{j=1}^{p} w_{ij}y_{t-j}\right)\right] \tag{5－36}$$

式中，p 为输入节点数；q 为隐含层节点数；参数 $w_{ij}(j=1, 2, \cdots, p, i=1, 2, \cdots, q)$ 为第 j 个输入节点与第 i 个隐含层节点的连接权值；$\theta_i(i=1, 2, \cdots, q)$ 为第 i 个隐含层节点的偏移值；$\alpha_i(i=1, 2, \cdots, q)$ 为隐含层节点与输出之间的连接权值。隐含层的激活函数 g 通常采用 logistic S 型函数，而隐含层到输出层的激活函数 h 一般为线性函数：

$$y_i = \alpha_0 + \sum_{i=1}^{q}\alpha_i\left[1 + \exp\left(-\theta_i - \sum_{j=1}^{p} w_{ij}y_{t-j}\right)\right]^{-1} \tag{5－37}$$

由以上关系，可以看到上述模型实现了由过去观测样本（$y_{t-1}, y_{t-2}, \cdots, y_{t-p}$）到预测值 y_t 的非线性映射，即：

$$y_t = f(y_{t-1}, y_{t-2}, \cdots, y_{t-p}, w) \tag{5－38}$$

式中，w 表示上述网络中所有的参数；f 由网络拓扑结构和神经元的激活函数而决定。

若从统计学的较多认识上述的网络关系为：

$$y_t = f(y_{t-1}, y_{t-2}, \cdots, y_{t-p}, w) + \varepsilon \tag{5－39}$$

这样的神经网络实际上等价于一个非线性的自回归模型。

基于 BP 神经网络的预测模型如图 5－10 所示。

BP 神经网络在事故预测的应用如下：

（1）确定网络的拓扑结构，包括中间隐层的层数，输入层、输出层和隐层的节点数。

（2）确定被评价系统的指标体系，包括特征参数和装填参数。运用神经网络进行风险评价，首先必须确定评价系统的内部构成和外部环境，确定能够正确反映被评价对象安全状态的主要特征参数（输入节点数、各节点事假含义及其表达形式等）以及这些参数下系统的状态（输出节点数、各节点实际含义及其表达形式）。

（3）选择学习样本，供神经网络学习。选取多组对应系统不同状态参数值时的特征参数值作为学习样本，供神经网络学习。这些样本应尽可能地反映各种安全状态。其中对系统特征参数进行（$-\infty$，$+\infty$）区间的预处理，对系统参数应进行（0，1）区间的预处理。神经网络的学习过程即根据样本确定网络的连接权值和误差反复修正的过程。

（4）确定作用函数。通常选择非线性 S 型函数。

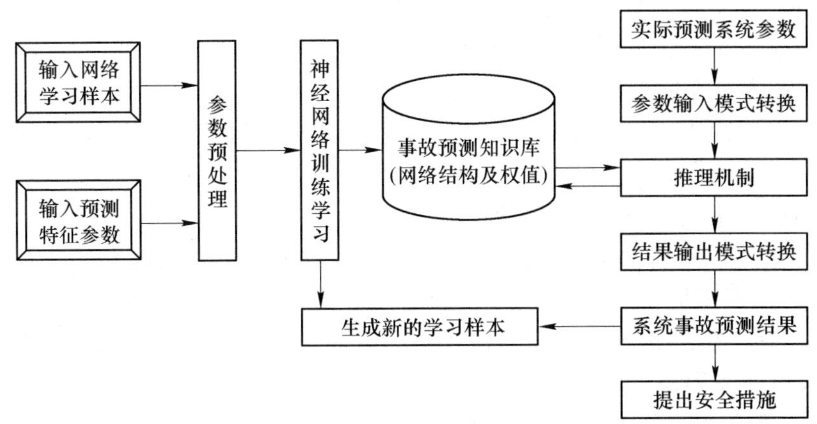

图 5-10 基于 BP 神经网络的事故预测模型

(5) 建立事故预测知识库。通过网络学习确认的网络结构包括：输入、输出和隐节点数以及反映其间关联度的网络权值的组合；具有推理机制的被预测系统的事故预测知识库。

(6) 进行实际系统的事故预测。经过训练的神经网络将实际预测系统的特征值转换后输入到已具有推理功能的神经网络中，运用系统事故预测知识库处理后得到预测实际系统的安全状态的预测结果。

实际系统的预测结果作为新的学习样本输入神经网络中，使系统事故预测知识库进一步得到充实。

神经网络理论应用于系统事故预测中的优点为：

(1) 利用神经网络并行结构和并行处理的特征，选择预测项目克服事故预测的片面性，可以全面预测系统的安全状况和多因素共同作用下的安全状态。

(2) 运用神经网络知识存储的自适应特征，通过适当补充学习样本可以实现历史经验与新知识完满结合，在发展过程中动态地预测系统的安全状态。

(3) 利用神经网络理论的容错特征，通过选取适当的作用函数和数据结构，可以处理各种非数值性的指标，实现对系统安全状态的模糊预测。

5.2 事故的预防理论

5.2.1 事故的预防原理

5.2.1.1 海因里希工业安全公理

海因里希在 20 世纪 20 ~ 30 年代总结了当时工业安全的实际经验，在《工业事故预防》(Industrial Accident Prevention) 一书中，对事故预防工作进行了深入研究，提出了工业事故预防的十项原则，称为“海因里希工业安全公理 (Axioms of Industrial Safety)”。具体内容如下：

(1) 工业生产过程中人员伤亡的发生，往往是处于一系列因果连锁之末端的事故的结果；而事故常常起因于人的不安全行为或（和）机械、物质（统称为物）的不安全状态。

（2）人的不安全行为是大多数工业事故的原因。

（3）由于不安全行为而受到了伤害的人，几乎重复了 300 次以上没有造成伤害的同样事故。换言之，人员在受到伤害之前，已经经历了数百次来自物方面的危险。

（4）在工业事故中，人员受到伤害的严重程度具有随机性质。大多数情况下，人员在事故发生时可以免遭伤害。

（5）人员产生不安全行为的主要原因有：

1）不正确的态度。个别职工忽视安全，甚至故意采取不安全行为；

2）技术、知识不足。缺乏安全生产知识，缺乏经验或技术不熟练；

3）身体不适。生理状态或健康状况不佳，如听力、视力不良，反应迟钝、疾病、醉酒或其他生理机能障碍；

4）物的不安全状态及不良的物理环境。照明、温度、湿度不适宜，通风不良，强烈的噪声、振动，物料堆放杂乱，作业空间狭小，设备、工具缺陷等不良的物理环境，以及操作规程不合适、没有安全规程和其他妨碍贯彻安全规程的事物。

这些原因因素是采取措施预防不安全行为产生的依据。

（6）防止工业事故的四种有效的方法是：

1）工程技术方面的改进；

2）对人员进行说服、教育；

3）人员调整；

4）惩戒。

（7）防止事故的方法与企业生产管理、成本管理及质量管理的方法类似。

（8）企业领导者有进行事故预防工作的能力，并且能把握进行事故预防工作的时机，因而应该承担预防事故工作的责任。

（9）专业安全人员及车间干部、班组长是预防事故的关键，他们工作的好坏对能否做好事故预防工作有影响。

（10）除了人道主义动机之外，下面两种强有力的经济因素也是促进企业事故预防工作的动力：

1）安全的企业生产效率也高，不安全的企业生产效率也低；

2）事故后用于赔偿及医疗费用的直接经济损失，只不过占事故总经济损失的 1/5。

海因里希阐述了事故发生的因果连锁理论，作为事故发生原因的人的因素和物的因素之间的关系问题，事故发生频率与伤害严重程度之间的关系问题，不安全行为的产生原因及预防措施，事故预防工作与企业其他管理机能之间的关系，进行事故预防工作的基本责任，以及安全与生产之间的关系等工业安全中最重要、最基本的问题。数十年来，该理论得到世界上许多国家广大事故预防工作者的赞同，并作为他们从事事故预防工作的理论基础。

尽管随着时代的前进和人们认识的深化，该“公理”中的一些观点已经不再是“自明之理”了，许多新观点、新理论相继问世。但是该理论中的许多内容仍然具有强大的生命力，在现今的事故预防工作中仍产生重大影响。

5.2.1.2 事故预防工作五阶段模型

海因里希定义事故预防是为了控制人的不安全行为、物的不安全状态而开展以某些知识、态度和能力为基础的综合性工作及一系列相互协调的活动。

很早以来，人们就通过图 5 - 11 所示的一系列努力来防止工业事故的发生。

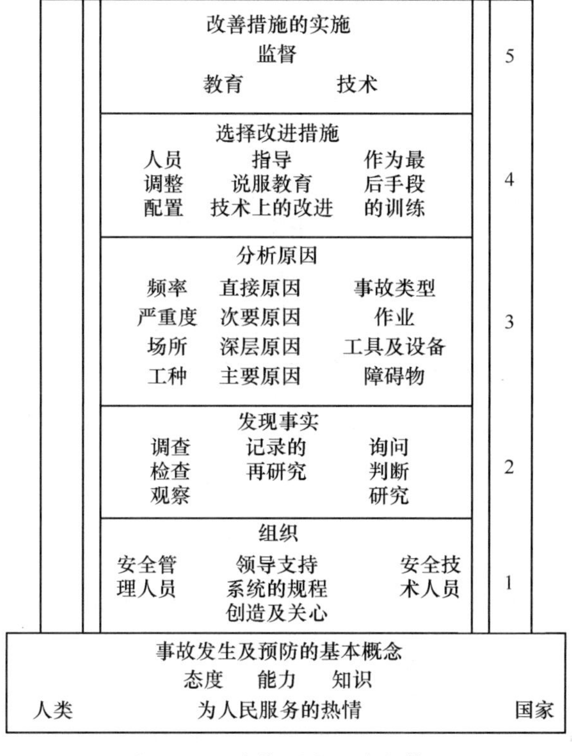

图 5 - 11 事故预防五阶段模型

掌握事故发生及预防的基本原理，拥有对人类、国家、劳动者负责的基本态度，以及从事事故预防工作的知识和能力，是开展事故预防工作的基础。在此基础上，事故预防工作包括以下五个阶段的努力：

（1）建立健全事故预防工作组织，形成由企业领导牵头的，包括安全管理人员和安全技术人员在内的事故预防工作体系，并切实发挥其效能。

（2）通过实地调查、检查、观察及对有关人员的询问，加以认真的判断、研究，以及对事故原始记录的反复研究，收集第一手资料，找出事故预防工作中存在的问题。

（3）分析事故及不安全问题产生的原因。它包括弄清伤亡事故发生的频率、严重程度、场所、工种、生产工序、有关的工具、设备及事故类型等，找出其直接原因和间接原因，主要原因和次要原因。

（4）针对分析事故和不安全问题得到的原因，选择恰当的改进措施。改进措施包括工程技术方面的改进、对人员说服教育、人员调整、制定及执行规章制度等。

（5）实施改进措施。通过工程技术措施实现机械设备、生产作业条件的安全，消除物的不安全状态。通过人员调整、教育、训练，消除人的不安全行为。在实施过程中要进行监督。

以上对事故预防工作的认识被称作事故预防工作五阶段模型，该模型包括了企业事故预防工作的基本内容。但是，它以实施改进措施作为事故预防的最后阶段，不符合“认识

—实践—再认识—再实践”的认识规律以及事故预防工作永无止境的客观规律。因此，对事故预防工作五阶段模型进行改进，得到图 5－12 所示的模型。

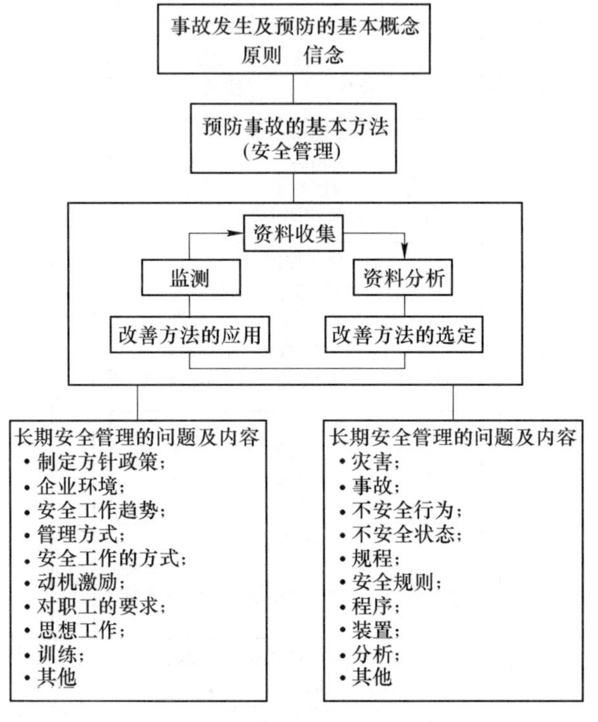

图 5－12 改进的事故预防模型

事故预防工作是一个不断循环进行、不断提高的过程，不可能一劳永逸。在这里，预防事故的基本方法是安全管理，它包括资料收集，对资料进行分析来查找原因，选择改进措施，实施改进措施，对实施过程及结果进行监测和评价，在监测和评价的基础上再收集资料，以及发现问题，等等。

事故预防工作的成败，取决于有计划、有组织地采取改进措施的情况。特别是，执行者工作的好坏至关重要。因此，为了获得预防事故工作的成功，必须建立健全事故预防工作组织，采用系统的安全管理方法，唤起和维持广大干部、职工对事故预防工作的关心，经常不断地做好日常安全管理工作。

海因里希认为，建立与维持职工对事故预防工作的兴趣是事故预防工作的第一原则，其次是要不断地分析问题和解决问题。

改进措施可分为直接控制人员操作及生产条件的即时的措施，以及通过指导、训练和教育逐渐养成安全操作习惯的长期的改进措施。前者对现存的不安全状态及不安全行为立即采取措施解决；后者用于克服隐藏在不安全状态及不安全行为背后的深层原因。

如果有可能运用技术手段消除危险状态，实现本质安全时，则不管是否存在人的不安全行为，都应该首先考虑采取工程技术上的对策。当某种人的不安全行为引起了或可能引起事故，而又没有恰当的工程技术手段防止事故发生时，则应立即采取措施防止不安全行为重复发生。然而，我们绝不能忽略了所有造成工人不安全行为的背后原因，这些原因更重要。否则，改进措施仅仅解决了表面的问题，而事故的根源没有被铲除掉，以后还会发生事故。

5.2.2 事故的预防原则

5.2.2.1 可预防原则

工伤事故是人灾。人灾的特点和天灾不同，原则上讲人灾都是能够预防的。要想防止发生人灾，应立足防患于未然。安全工程学中把预防灾害于未然作为重点，安全管理强调以预防为主的方针，正是基于事故是可能预防的这一基点上的。但是，实际上要预防全部人灾是困难的。为此，不仅必须对物的方面的原因，而且还必须对人的方面的原因进行探讨。归根结底，要贯彻人灾可能预防的原则，就必须把防患于未然作为目标。

在事故原因的调查报告中，常常见到记载事故原因是不可抗拒的。所谓不可抗拒，也许是认为对于受害者本人来说不能避免的意思，而不是从被害者的立场考虑的。如果站在防止这个事故再次发生的立场考虑，则应该存在另外的原因，而且那绝不是不可抗拒的，可以通过实施有效的对策防患于未然。因而从可能预防的原则来看，人灾的原因调查可以不使用“不可抗拒”这个字眼的。

过去的事故对策中多倾向于采取事后对策。例如作为火灾、爆炸的对策有：设计建筑物的防火结构，限制危险物贮存数量、安全距离、防爆墙、防油堤等，以便减少事故发生时的损害；设置火灾报警器、灭火器、灭火设备等，以便早期发现、扑灭火灾；设立避难设施、急救设施等，以便在灾害扩大之后作紧急处理。需要注意的是，即使这些事后对策完全实施，也不一定能够使火灾和爆炸防患于未然。为了防止火灾和爆炸，妥善管理发生源和危险物质是必需的，而且通过这些妥善管理是可能预防火灾、爆炸的发生的。当然为防备万一，采取充分的事后对策也是必要的。但是，防止灾害只着眼于事后对策的做法，可以说是从事故的发生不可避免的观点出发的，而可预防原则则是将可能预防的人灾和天灾一视同仁来考虑的。

总之，作为人为灾害的对策是防患于未然的对策，比事故后处置更为重要。安全工程学的重点应放在事故前的对策上。

5.2.2.2 偶然损失原则

分析“灾害”这个词的概念，包含着意外事故及由此而产生的损失这两层意思，现分别论述如下。

如前所述，所谓事故就是在正常流程图上所没有记载的事件。例如，内装物质从管道内漏出或喷出，高压装置破裂，可燃性气体爆炸，易燃气体发生火灾，锅炉过热，电气设备漏电，钢丝绳断裂，堆积的货物倒塌，物体从高处落下，货车脱轨等种种事件，都列为事故。

这些事故的结果将造成损失。所谓损失包括人的死亡、受伤、有损健康、精神痛苦等，除此以外，还包括原材料、产品的烧毁或者污损，设备破坏，生产减退，赔偿金的支付及市场的丧失等物质损失。据此划分，可以把造成人的损失的事故称之为人的事故，造成物的损失的事故称之为物的事故。

人的事故可分为如下几类：

(1) 由于人的动作所引起的事故：例如，绊倒、高空坠落、人和物相撞、人体扭转等。

（2）由于物的运动引起的事故：例如，人受飞来物体打击、重物压迫、旋转物夹持、车辆撞压等。

（3）由于接触或吸收引起的事故：例如，接触带电导线而触电，受到放射线辐射，接触高温或低温物体，吸入或接触有害物质等。

这些人的事故的结果，在人体的局部或全身引起骨折、脱臼、创伤、电击伤害、烧伤、冻伤、化学伤害、中毒、窒息、放射性伤害等疾病或伤害，有时造成死亡。

事故和损失之间有下列关系："一个事故的后果产生的损失大小或损失种类由偶然性决定"。反复发生的同种事故常常并不一定产生相同的损失。

发生瓦斯爆炸事故时，被破坏设备的种类，有无负伤者或人数多少，负伤部位或程度，爆炸后有无并发火灾等以及所有的爆炸事故当时发生的地点、人员配置、周围可燃物数量等都是由偶然性决定的，一律不能预测。

也有在事故发生时完全不伴有损失的情况，这种事故被称为险肇事故（near accident）。即便是像这种避免了损失的危险事件，如再发生，会产生多大的损失，只能由偶然性决定而不能预测。因此，为了防止造成大的损失，唯一的办法是防止事故的再次发生。

综上所述，灾害这个概念就是由事故及其损失两部分构成的，同样的事故其损失是偶然的，这个原则具有非常大的意义。

5.2.2.3 因果关系原则

如前所述，防止灾害的重点是防止发生事故。事故之所以发生，是有它的必然原因的。亦即，事故的发生与其原因有着必然的因果关系。事故与原因是必然的关系，事故与损失是偶然的关系，这是可以科学地阐明的问题。

一般来讲，事故原因常可分为直接原因和间接原因。直接原因又称为一次原因，是在时间上最接近事故发生的原因，通常又进一步分为两类：物的原因和人的原因。物的原因是指由于设备、环境不良所引起的；人的原因则是指由于人的不安全行为引起的。

其次，事故的间接原因有五项，列举如下：

（1）技术的原因，包括：主要装置、机械、建筑物的设计，建筑物竣工后的检查、保养等技术方面不完善，机械装备的布置，工厂地面、室内照明以及通风、机械工具的设计和保养，危险场所的防护设备及警报设备，防护用具的维护和配备等所存在的技术缺陷。

（2）教育的原因，包括：与安全有关的知识和经验不足，对作业过程中的危险性及其安全运行方法无知、轻视、不理解，训练不足，坏习惯，没有经验等。

（3）身体的原因，包括身体有缺陷，例如头疼、眩晕，癫痫病等疾病，近视、耳聋等残疾，由于睡眠不足而疲劳，酩酊大醉等。

（4）精神的原因，包括：怠慢、反抗、不满等不良态度，焦躁、紧张、恐怖、不和、心不在焉等精神状态，褊狭、固执等性格缺陷，以及白痴等智能缺陷。

（5）管理的原因，包括：企业主要领导人对安全的责任心不强，作业标准不明确，缺乏检查保养制度，人事配备不完善，劳动意志消沉等管理上的缺陷。

一般说来，调查事故发生的原因，不外乎上述五个间接原因中的某一个，或者某两个以上的原因同时存在。实际上，这些原因中，技术、教育及管理这三个原因占绝大部分。

除此之外，还必须考虑以下更深层次的原因：

（6）学校教育的原因。由于小学、中学、大学等教育组织的安全教育不彻底。

（7）社会或历史的原因。由于有关安全的法规或行政机构不完善，社会思想不开化，产业发展的历史过程等。

上述的（6）和（7）两项原因由来是很深远的，要有针对性地直接提出对策是困难的，需要进一步在社会上广泛解决。但是必须深刻认识到这些问题是事故发生的最深层次的基础原因，同样是防止事故的重要问题。

如上所述，分析事故发生的原因，可按下述连锁关系理解事故的经过：

损失←事故←一次原因（直接原因）←二次原因（间接原因）←基础原因

如果去掉其中任何一个原因，就切断了这个连锁，就能够防止事故的发生，这就叫做实施防止对策。因此像上面所叙述的那样，要选定适当的防止对策，取决于正确的事故原因分析。

即使去掉了直接原因，只要间接原因还残留，同样不能防止直接原因再发生。所以，作为最根本的对策，应当分析事故原因，追溯到二次原因和基础原因，并深刻地研究之。

这里要强调指出，“不注意”常常是事故形成原因的通词，是漫不经心及逃避责任的表现，在分析事故原因时是不能使用的。

5.2.2.4 本质安全化原则

本质安全是指通过设计等手段使生产设备或生产系统本身具有安全性，即使在误操作或发生故障的情况下也不会造成事故，具体包括两方面内容：

（1）失误——安全功能。指操作者即使操作失误，也不会发生事故或伤害，或者说设备、设施和技术工艺本身具有自动防止人的不安全行为的功能。

（2）故障——安全功能。指设备、设施或生产工艺发生故障或损坏时，还能暂时维持正常工作或自动转变为安全状态。

上述两种安全功能应该是设备、设施和技术工艺本身固有的，即在其规划设计阶段就被纳入其中，而不是事后补偿的。

本质安全是生产中“预防为主”的根本体现，也是安全生产的最高境界。实际上，由于技术、资金和人们对事故的认识等原因，目前还很难做到本质安全，只能作为追求的目标。

本质安全化就是将本质安全的内涵加以扩大，是指在一定的技术经济条件下，生产系统具有完善的安全防护功能，系统本身具有相当可靠的质量，系统运行中同样具有相当可靠的质量。

实现本质安全化，要求安全技术的发展必须超前于生产技术的发展。同时，还要求不断改进防护器具、安全报警装置等安全保护装置。实现安全本质化，还要求人－机－环境必须具备相当可靠的质量。因为质量不合格的系统必然存在危险因素，并潜伏着事故隐患，不论是设备故障，还是人员技能不合格，都可能酿成事故。实现安全本质化的关键，在于管理主体对管理客体实施有效地控制。因此，企业要想实现本质安全化，必须做到以下几点：

（1）设备本质安全。设备在设计和制造环节上都要考虑到应具有较完善的防护功能，以保证设备和系统能够在规定的运转周期内安全、稳定、正常地运行。这是防止事故的主要手段。

（2）运行本质安全。这是指设备的运行是正常的、稳定的，并且自始至终都处于受控状态。

（3）人员本质安全。这是指作业者完全具有适应生产系统要求的生理、心理条件，具有在生产全过程中很好地控制各个环节安全运行的能力，具有正确处理系统内各种故障及意外情况的能力。要具备这样的能力，首先要提高职工的职业理想、职业道德、职业技能和职业纪律；其次要开展安全教育，实现由“要我安全”到“我要安全”的转变；第三要提高职工的政策法制观念、安全技术素质和应变能力。

（4）环境本质安全。这里所说的环境包括空间环境、时间环境、物理化学环境、自然环境和作业现场环境。环境要符合各种规章制度和标准。实现空间环境的本质安全，应保证企业的生产空间、平面布置和各种安全卫生设施、道路等都符合国家有关法规和标准；实现时间环境的本质安全，必须做到按照设备使用说明和设备定期试验报告，来决定设备的修理和更新。同时必须遵守劳动法，使人员在体力能承受的法定工作时间内从事工作；实现物理化学环境本质安全，就要以国家标准作为管理依据，对采光、通风、温湿度、噪声、粉尘及有毒有害物质采取有效措施，加以控制，以保护劳动者的健康和安全；实现自然环境本质安全，就是要提高装置的抗灾防灾能力，搞好事故灾害的应急预防对策的组织落实。

（5）管理本质安全。安全管理就是管理主体对管理客体实施控制，使其符合安全生产规范，达到安全生产的目的。安全管理的成败取决于能否有效控制事故的发生。当前，安全管理要从传统的问题发生型管理逐渐转向现代的问题发现型管理。为此，必须运用安全系统工程原理，进行科学分析，做到超前预防。

5.2.2.5 *危险因素防护原则*

当无法实现系统的本质安全时，即生产过程中存在危险因素时，为了实现安全生产，避免事故发生，势必要采取一定的防护措施。危险因素的防护原则包括：

（1）消除潜在危险的原则。用高新技术或其他方法消除人周围环境中的危险和有害因素，从而保证系统的最大可能的安全性和可靠性，最大限度地防护危险因素。

安全技术的任务之一就是研制出适应具体生产条件下的确保安全的装置，或称故障自动保险的或失效保护（fail - safe）装置，以增加系统的可靠性。即使人员发生不安全行为或个别部件发生了故障，也会由于该安全装置的作用而完全避免伤亡事故的发生。

（2）降低潜在危险因素数值的原则。当不能根除危险因素时，应采取措施降低危险和有害因素的数量。这一原则可提高安全水平，但不能最大限度地防护危险因素。实质上该原则只能获得折中的解决办法。

需注意的是，人 - 物质（环境）系统，例如室外作业或环境中存在着化学能的有害气体，不像人 - 机系统那样易于装上 fail - safe 系统，因而要从保护人的角度，减少吸入的尘毒数量，加强个体防护。这称之为第二位的 fail - safe。

（3）距离防护原则。生产中的危险和有害因素的作用，依照与距离有关的某种规律而减弱。例如对放射性等致电离辐射的防护，噪声的防护等均可应用距离防护的原则来减弱其危害。采取自动化和遥控，使操作人员远离作业地点，以实现生产设备高度自动化，这是今后的方向。

（4）时间防护原则。这一原则是使人处在危险和有害因素作用的环境中的时间缩短至安全限度之内。

（5）屏蔽原则。这一原则是在危险和有害作用的范围内设置障碍，以防止危险和有害因素对人的侵袭。障碍分为机械式、光电式和吸收式（如铅板吸收放射线）等等。

（6）坚固原则。该原则指提高设备结构强度，提高安全系数。尤其在设备设计时更要充分运用这一原理。例如起重运输的钢丝绳，坚固性防爆的电机外壳等。

（7）薄弱环节原则。与上述原则相反，该原则利用薄弱的元件在危险因素尚未达到危险值之前已预先破坏的机理实现防护，例如保险丝，安全阀等。

（8）不予接近的原则。这一原则是使人无法落入存在危险和有害因素作用的地带，或者在人操作的地带中消除危险和有害因素的落入。例如安全栅栏、安全网等。

（9）闭锁原则。这一原则是以某种方法保证一些元件强制发生相互作用，以保证安全操作。例如防爆电器设备，当防爆性能破坏时则自行断电，提升罐笼的安全门不关闭就不能合闸开启等等。

（10）取代操作人员的原则。在不能消除危险和有害因素的条件下，为摆脱不安全因素对工人的危害，可用机器人或自动控制器来代替人。

（11）警告和禁止信息原则。以主要系统及其组成部分的人为目标，运用组织和技术，如光、声信息和标志，不同颜色的信号，安全仪表，培训工人等，应用信息流来保证安全生产。

5.2.3 事故预防的安全对策理论

5.2.3.1 安全“3E”对策理论

在前述各种原因中，技术的原因、教育的原因以及管理的原因，这三项是构成事故最重要的原因。与这些原因相应的防止对策为技术对策、教育对策以及法制对策。通常把技术（engineering）、教育（education）和法制（enforcement）对策称为“3E”安全对策，被认为是防止事故的三根支柱。

通过运用这三根支柱，能够取得防止事故发生的效果。如果片面强调其中任何一根支柱，例如强调法制，是不能得到满意的效果的，它一定要伴随技术和教育的进步才能发挥作用，而且改进的顺序应该是：（1）技术；（2）教育；（3）法制。技术充实之后，才能提高教育效果；而技术和教育充实之后，才能实行合理的法制。

（1）技术对策。技术的对策是和安全工程学的对策不可分割的。当设计机械装置或工程以及建设工厂时，要认真地研究、讨论潜在危险之所在，预测发生某种危险的可能性，从技术上解决防止这些危险的对策，工程一开始就把它编入蓝图，而且像这样实施了安全设计的机械装置或设施，要应用检查和保养技术，切实保障原计划的实现。

为了实施这样的根本的技术对策，应该知道所有有关的化学物质、材料、机械装置和设施，了解其危险性质、构造及其控制的具体方法。

为此，不仅有必要归纳整理各种已知的资料，而且要测定性质未知的有关物质的各种危险性质。为了得到机械装置安全设计所需要的其他资料，还要反复进行各种实验研究，以收集有关防止事故的资料。

（2）教育对策。教育作为一种安全对策，不仅在产业部门，而且在教育机关组织的各种学校，同样有必要实施安全教育和训练。

安全教育应当尽可能从幼年时期就开始，从小就灌输对安全的良好认识和习惯，还应该在中学及高等学校中，通过化学实验、运动竞赛、远足旅行、骑自行车、驾驶汽车等实行具体的安全教育和训练。

另一方面，培养教师的单位必须培养能在学校进行安全教育的教师。

作为专门教育机构的工业高等学校、工业高等专科学校或大学工程部，对将来担任技术工作的学生，应该系统地教授必要的安全工程学知识；对公司和工厂的技术人员，应该按照具体的业务内容，进行安全技术及管理方法的教育。

（3）法制对策。法制对策是从属于各种标准的。作为标准，除了国家法律规定的以外，还有学术团体编写的安全指针和工业标准，公司、工厂内部的工作标准等。其中，强制执行的叫做指令性标准，劝告性的非强制的标准叫做推荐标准。

法规必须具有强制性，如果规定过于详细，就会使某些工程适合其规定，而其他的工程则不适合，势必妨碍生产。其结果是，只有盛行最低标准的法规，可以适用于所有的场合。换言之，这说明除指令式法规外，大量的推荐式标准也是必需的。

综上所述，选择防止事故的对策时，如果没有选择最恰当的对策，效果就不会好。最适当的对策是在原因分析的基础上得出来的。与只把直接原因作对象的对策相比，以二次原因及基础原因为对象的对策是根本的对策，在可能的情况下，应该选定以基本原因为对象的对策。

更重要的是必须尽量迅速地、不失时机地、确实地实行选定的对策。

5.2.3.2 安全“3P”策略理论

基于事故防范的思维，人们提出了事故预防的“3P”策略理论，即：先其未然——事前预防策略（prevention），发而止之——事中应急策略（pacification），行而责之——事后惩戒策略（precept）。“3P”是事故防范体系，也是纵向的安全保障体系，是时间逻辑，是事故放大的3个层面的防范体系。简称为“事前”、“事中”和“事后”，“事前”是上策，“事中”是中策，“事后”是下策。

在安全保障体系中预防有两个含义：一是事故的预防工作，即通过安全管理和安全技术等手段，尽可能地防止事故的发生，实现本质安全；二是在假定事故必然发生的前提下，通过预先采取的预防措施，来达到降低或减缓事故的影响或后果严重程度，如加大建筑物的安全距离、工厂选址的安全规划、减少危险品的存量、设置防护墙，以及开展公众教育等。从长远观点看，低成本、高效率的预防措施，是减少安全事故的关键。

事中应急策略包括三个方面的内容，即应急准备、应急响应和应急恢复，是应急管理中一个极其关键的过程。应急准备是针对可能发生的事故，为迅速有效地开展应急行动而预先所做的各种准备，包括应急体系的建立，有关部门和人员职责的落实，预案的编制，应急队伍的建设，应急设备、物资的准备和维护，预案的演习及与外部应急力量的衔接等，其目标是保持重大事故应急救援所需的应急能力。应急响应是在事故发生后立即采取的应急与救援行动。恢复工作应该在事故发生后立即进行，其首先使事故影响区域恢复到相对安全的基本状态，然后逐步恢复到正常状态。

基于事故教训的安全策略，即所谓“亡羊补牢”、“事后改进”的战略。通过分析事故致因，制定改进措施，实施整改，坚持“四不放过”的原则，做到同类事故不再发生。具体的策略有：前面的事故调查取证；科学的原因分析；合理的责任追究；充分的改进措施；有效地整改完善。

5.2.3.3 安全分级控制匹配原则

安全分级控制匹配（the match）原理是指“基于分级而采取相应级别的安全监控管理措施的合理性匹配原理”，简称“分级控制原理”。这一原理基于对系统或对象的风险分级，遵循“安全分级监控”的合理性、科学性原则，能够保障和提高安全监控或监管的效能，是现代安全科学控制与管理的发展潮流。

基于风险分级的监控监管匹配原理的方法机制一般采用4个风险级别，分别为“Ⅰ”级、“Ⅱ”级、“Ⅲ”级和“Ⅳ”级，对应的预警颜色分别用红色、橙色、黄色和蓝色的安全色标准表征。相应安全监管措施也分为4个防控级别，分别为高级预控、中级预控、较低级预控和低级预控，对应的颜色同样用红色、橙色、黄色和蓝色的安全色表征。风险分级预控的“匹配原理”如表5－10所示。

表5－10　基于风险分级的安全监管匹配原理

风险分级	风险分级监管或预控匹配原则			
	高	中	较低	低
Ⅰ（高）	合理	不合理	不合理	不合理
	可接受	不可接受	不可接受	不可接受
Ⅱ（中）	不合理	合理	不合理	不合理
	可接受	可接受	不可接受	不可接受
Ⅲ（较低）	不合理	不合理	合理	不合理
	可接受	可接受	可接受	不可接受
Ⅳ（低）	不合理	不合理	不合理	合理
	可接受	可接受	可接受	可接受

5.2.3.4 安全保障体系球体滑坡力学理论

安全保障体系的球体斜坡力学原理见图5－13。这一原理的含义是：组织或安全状态就像一个停在斜坡上的球，物的固有安全、安全设施和安全保护设备，以及各单位或组织安全制度和安全监管措施，是球的基本支撑力，对安全的保证发挥基本性的作用。但是，仅有这一支撑力是不足以使系统安全，这个球稳定和保持在应有的标准水平之上的，这是因为，在组织或单位的系统中存在着一种下滑力。这种不良的下滑力是由如下的原因造成的：一是事故特殊性和复杂性，如事故的偶然性、突发性。例如，人的不安全行为或安全措施不到位不一定会导致事故发生，而这使得人们无意或故意地放弃安全措施，从而对系统安全这一个球产生了不良的下滑作用力；二是人的趋利主义，稳定安全或提高安全水平需要增加安全成本，反之可以将安全成本变为利润，因此当安全与发展、安全与速度、安全与生产、安全与经营、安全与效益发生冲突时，人们往往放弃前者；三是人的惰性和习惯，保障安全费时、费力，增加时间成本，反之便是“投机取巧”，获得利益。这种不良的惰性和习惯是因为安全规范需要付出力气和时间，而违章可带来暂时的舒适和短期的利益。

这种下滑力显然是基本的安全保障措施所不能克服的。克服这种下滑力需要针对性的反作用力，这种反作用力就是文化力，即先进的认识论形成的驱动力、合理价值观和科学观的引导力、正确意识和态度的执行力、道德行为规范的亲和力等。

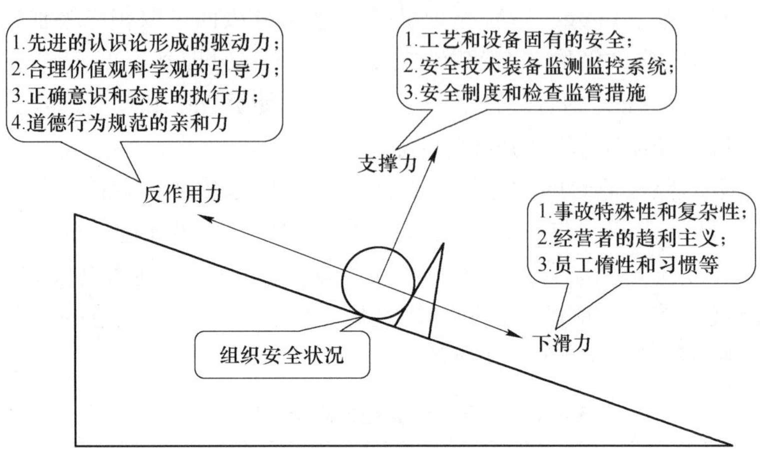

图 5－13 安全保障系统“球体斜坡力学原理”示意图

5.2.3.5 安全强制理论

采取强制管理的手段控制人的意愿和行动，使个人的活动、行为等受到安全管理要求的约束，从而进行有效的安全管理，这就是强制原理。一般来说，管理均带有一定的强制性。管理是管理者对被管理者施加作用和影响，并要求被管理者服从其意志，满足其要求，完成其规定的任务。不强制便不能有效地抑制被管理者的无拘束的个性，将其调动到符合整体管理利益和目的的轨道上来。

安全管理需要强制性的有事故损失的偶然性、人的“冒险”心理以及事故损失的不可挽回性所决定的。安全强制性管理的实现，离不开严格合理的法律、法规、标准和各级规章制度，这些法规、制度构成了安全行为的规范。同时，还要建立强有力的管理和监督体系，以保证被管理者始终按照行为规范进行活动，一旦其行为超出规范的约束，就要有严厉的惩处措施。

安全强制原则分为以下两个方面：

（1）“安全第一”原则。“安全第一”就是要求在进行生产和其他活动的时候把安全工作放在一切工作的首要位置。当生产和其他工作与安全发生矛盾时，要以安全为主，生产和其他工作要服从安全。

“安全第一”原则可以说是安全管理的基本原则，也是我国安全生产方针的重要内容。贯彻“安全第一”原则，就是要求一切经济部门和生产企业的领导者要高度重视安全，把安全工作当作头等大事来抓，要把保证安全作为完成各项任务、做好各项工作的前提条件。在计划、布置、实施各项工作时首先想到安全，预先采取措施，防止事故发生。该原则强调，必须把安全生产作为衡量企业工作好坏的一项基本内容，作为一项有“否决权”的指标，不达到安全标准不准进行生产。

（2）监督原则。为了促使各级生产管理部门严格执行安全法律、法规、标准和规章制度，保护职工的安全与健康，以实现安全生产，必须授权专门的部门和人员行使监督、检查和惩罚的职责，以揭露安全工作中的问题，督促问题的解决，追究和惩戒违章失职行为，这就是安全管理的监督原则。

安全管理带有较多的强制性，只要求执行系统自动贯彻实施安全法规，而缺乏强有力的监督系统去监督执行，则法规的强制威力是难以发挥的。随着社会主义市场经济的发展，企业成为自主经营、自负盈亏的独立法人，国家与企业、企业经营者与职工之间的利益差别，在安全管理方面也有所体现。它表现为生产与安全、效益与安全、局部效益与社会效益、眼前利益与长远利益的矛盾。企业经营者往往容易片面追求质量、利润、产量等，而忽视职工的安全与健康。在这种情况下，必须设立安全生产监督管理部门，配备合格的监督人员，赋予必要的强制权力，以保证其履行监督职责，保证安全管理工作落到实处。

5.2.3.6 安全责任稀释理论

安全责任稀释理论：安全生产，人人有责。

我国1957年实施的《安全生产责任制度》规定，“安全生产，人人有责”。“安全生产，人人有责”八字方针，就是要企业做到安全生产责任制，严格执行生产过程安全责任追究制度，在生产过程中，人人对安全负责。现今很多企业遇有安全问题就归咎于安全管理部门，归咎于某一个安全管理人员，这是安全管理上最大的误区，“管生产，管安全，生产人员即为安全人员”就是说每个生产人员对自己范围内的安全负责。

实行“一岗双责”制度，每一位生产人员既对生产负责，也对安全负责。传统“一岗双责”制度认为领导者既要管生产，也要管安全。安全责任稀释理论认为，每一位职工既负责生产，也负责安全。

传统的安全责任观念认为，安全是领导者的责任，领导既管生产又管安全，企业的安全责任由领导或安全部门承担；普通职工只负责生产，安全与其无关。因此，领导者的安全责任重如泰山，普通职工的安全责任轻如鸿毛。安全责任稀释理论认为，安全生产，人人有责，企业安全既是企业领导的责任，也是部门领导的责任，更是普通职工的责任，人人都对安全负责。因此，企业领导的安全责任不再重如泰山，普通职工的安全责任不再轻如鸿毛，每个人都承担相应的责任，人人都对安全负责。该模型如图5－14所示。

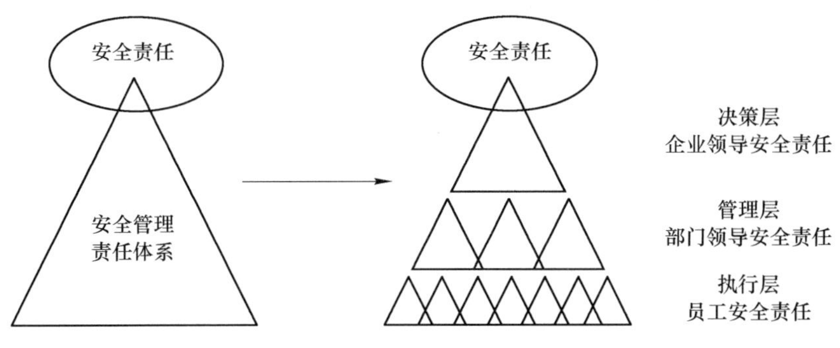

图5－14 安全责任稀释模型

实施安全“安全生产、人人有责”要做到“横向到边，纵向到底”。

首先是横向到边，要将所有的单位和部门都纳入到安全管理的体系当中。而安全管理的各项规章制度、管理活动的运行和检查、考核，本身也是一种体系化的运作，是一个综合的整体，节点就是各个单位、部门之间的各负其责、互相协调、相互配合与促进。

其实就是纵向到底，每一名职工都和企业安全和自身安全息息相关，安全责任落实到每一名职工。职位不分高低，责任不分大小，不管是谁，在责任面前一律平等，每位职工都承担相应的安全责任，只要一位职工发生了伤害或事故，都将使整个企业处于不利的位置。因此，需要建立责任体系，实现人人有责。表 5 – 8 是某公司建立的各级管理人员的安全责任权重系数表。

表 5 – 11 企业安全管理责任权重体系矩阵表

类型系数层次	领导或责任人（20%）		业务主管人员（30%）		安全专管人员（50%）	
	角色	权重	角色	权重	角色	权重
1(40%)	班组长	0.08	项目负责	0.12	现场安全员	0.20
2(30%)	队长或车间主任	0.06	业务分管或值班经理	0.09	车间安全员或负责	0.15
3(20%)	分公司或分厂	0.04	分公司分管领导	0.06	安全环保部门负责	0.10
4(10%)	公司或总厂	0.03	分管领导或部门负责	0.03	安全总监	0.05

习题与思考题

5 – 1 什么是事故预测，应如何分类？

5 – 2 事故预测的原理有哪些？

5 – 3 预测分析的方法有哪些，其现代化、科学化的要求是什么？

5 – 4 简述德尔菲预测法的步骤和特点。

5 – 5 某企业 2000 年至 2008 年间，事故伤亡人数分别为 61，77，73，47，46，59，50，31，33 人。试分别用回归预测法和灰色系统预测法预测该企业 2011 年的事故伤亡人数。

5 – 6 事故预防工作分为几个阶段，每个阶段的具体工作是什么？

5 – 7 事故预防的原则有哪些？

5 – 8 事故预防的安全对策理论有哪些？

6 重大危险源的辨识与控制

6.1 重大危险源基础知识

6.1.1 重大危险源的定义

现代科学技术和工业生产的迅猛发展，在丰富了人类物质生活的同时，也带来了众多的潜在危险。例如，1976 年，意大利塞维索工厂环已烷泄漏事故，造成 30 人伤亡，迫使 22 万人紧急疏散；1984 年，印度博帕尔市郊农药厂发生甲基异氰酸盐泄漏恶性中毒事故，有 2500 多人中毒死亡，20 余万人中毒受伤且其中大多数人双目失明，67 万人受到残留毒气的影响。2004 年 4 月 16 日，重庆市辖区江北区天原化工厂氯氢分厂 8 个液氯储槽罐中的 5 个发生爆炸，致使两边建筑物发生部分倒塌，造成 9 人死亡，3 人受伤，附近约 15 万市民被迫紧急疏散。

20 世纪 70 年代以来，预防重大工业事故已成为各国社会、经济和技术发展的重点研究对象之一，引起国际社会的广泛重视，随之产生了“重大危害（major hazards）”、“重大危害设施（国内称为重大危险源）（major hazard installations）”等概念。1993 年 6 月第 80 届国际劳工大会通过的《预防重大工业事故公约》将“重大事故”定义为：在重大危害设施内的一项活动过程中出现意外的、突发性的事故，如严重泄漏、火灾或爆炸，其中涉及一种或多种危险物质，并导致对工人、公众或环境造成即刻的或延期的严重危险。对重大危害设施定义为：不论长期地或临时地加工、生产、处理、搬运、使用或储存数量超过临界量的一种或多种危险物质，或多类危险物质的设施（不包括核设施、军事设施以及设施现场之外的非管道的运输）。

我国国家标准《危险化学品重大危险源辨识》（GB 18218—2018）中将“危险化学品重大危险源”定义为：长期地或临时地生产、储存、使用和经营危险化学品，且危险化学品的数量等于或超过临界量的单元。

另外，本章使用以下术语和定义：

（1）危险化学品：具有毒害、腐蚀、爆炸、燃烧、助燃等性质，对人体、设施、环境具有危害的剧毒化学品和其他化学品。

（2）单元：涉及危险化学品的生产、储存装置、设施或场所，分为生产单元和储存单元。

（3）临界量：某种或某类危险化学品构成重大危险源所规定的最小数量。

（4）重大事故：工业活动中发生的重点火灾、爆炸或毒物泄漏事故，并给现场人员或公众带来严重危害，或对财产造成重大损失，对环境造成严重污染。

（5）重大事故隐患：可能导致重大人身伤亡或者重大经济损失的事故隐患。事故隐患是指作业场所、设备及设施的不安全状态、人的不安全行为和管理上的缺陷。

（6）危险：可能造成人员伤害、职业病、财产损失、作业环境破坏或其组合的根源或状态。

（7）风险：特定危险事件发生的可能性与后果的结合。

（8）风险评价：也称危险评价或安全评价，是对系统存在的危险进行定性或定量分析，得出系统发生危险的可能性及其后果严重程度的评价，确定风险是否可以承受，通过评价寻求最大事故率、最少的损失和最优的安全投资效益。

6.1.2 国内外重大危险源控制技术的研究与发展概况

6.1.2.1 国外重大危险源控制研究概况

英国是最早系统地研究重大危险源控制技术的国家。1974 年 6 月，弗利克斯巴勒（Flixborough）爆炸事故发生后，英国卫生与安全委员会设立了重大危险咨询委员会（Advisory Committee on Major Hazards，ACMH），负责研究重大危险源的辨识、评价技术和控制措施。随后，英国卫生与安全监察局（HSE）专门设立了重大危险管理处。ACMH 分别于 1976 年、1979 年和 1984 年向英国卫生与安全监察局提交了 3 份重大危险源控制技术研究报告。由于 ACMH 极富成效的开创性工作，英国政府于 1982 年颁布了《关于报告处理危害物质设施的报告规程》，1984 年颁布了《重大工业事故控制规程》。

1982 年 6 月，欧盟颁布了《工业活动中重大事故危险法令》（EEC Directive 82/50），简称《塞韦索法令》。为实施《塞韦索法令》，英国、荷兰、德国、法国、意大利、比利时等欧盟成员国都颁布了有关重大危险源控制规程，要求对工厂的重大危险源进行辨识、评价，提出相应的事故预防和应急计划措施，并向主管当局提交详细描述重大危险源状况的安全报告。

1996 年，欧盟颁布了《塞韦索法令Ⅱ》，并要求其成员国从 1999 年起开始执行。从 1999 年 2 月起，《塞韦索法令Ⅱ》完全代替了原先的《塞韦索法令》，新法令是强制性条约。《塞韦索法令Ⅱ》有两层目标：一是预防包括危险物质的重大事故危害；二是减轻事故对人和环境的影响后果。《塞韦索法令Ⅱ》对法令适用范围、重大危险源相关的用地规划等进行了修订。

英国于 1999 年颁布了《重大事故危险控制条例》（COMAH），它与《塞韦索法令Ⅱ》的要求是一致的。此条例根据企业内危险物质的数量列出了两个层次水平。主管机构由职业安全执行委员会（HSE）、英国及威尔士环保机构和苏格兰环保机构共同组成。企业管理者必须采取必要的措施，以预防重大事故和减轻事故灾害对人和环境的影响。

1985 年 6 月，国际劳工大会通过了《关于危险物质应用和工业过程中事故预防措施的决定》。1985 年 10 月，国际劳工组织（ILO）组织召开了重大工业危险源控制方法的三方讨论会。1988 年，ILO 出版了《重大危险源控制手册》。1991 年，ILO 出版了《预防重大工业事故实施细则》。1992 年，国际劳工大会第 79 届会议对预防重大工业灾害的问题进行了讨论。1993 年，国际劳工大会通过了《预防重大工业事故》公约（第 174 号公约）和建议书，该公约和建议书为建立国家重大危险源控制系统奠定了基础。

为促进亚太地区国家建立重大危险源控制系统，ILO 于 1991 年 1 月在曼谷召开了重大危险源控制区域性讨论会。1992 年 10 月，在 ILO 支持下，韩国召开了预防重大工业事故研讨会。在 ILO 支持下，印度、印尼、泰国、马来西亚和巴基斯坦等国建立了国家重大危险源控制系统。ILO 将来的重点是，进一步支持建立国家重大危险源控制系统。第一步是在确定的危险物质及其临界量表的基础上，辨识重大危险设施和装置，然后逐渐实施企业危险评价、整改措施和应急预案。ILO 将与其他国际组织一起共同促进预防重大工业事故公约的实施，提供技术援助，帮助有关国家对辨识出的重大危险源进行监察。

美国于 1990 年提出了《过程安全管理标准（RMPR）》和《清洁空气行动修正案（CAA）》，要求雇主进行危害辨识，对所有危害以严重度进行分级，并采取适宜的控制措施，如应急计划等等，同时鼓励建立用以针对危险物泄漏的社区化学品安全体系。1992 年美国政府颁布了《高度危险化学品处理过程的安全管理》标准，该标准定义的处理过程是指涉及一种或一种以上的高危险化学物品的使用、储存、制造、处理、搬运的任何一种活动，或这些活动的结合。随后，美国环境保护署（EPA）颁布了《预防化学品泄漏事故的风险管理程序》（RMP）标准，对重大危险源的辨识控制提出了规定。

1996 年，澳大利亚国家职业安全卫生委员会（NOHSC）颁布了重大危险源控制国家标准和实施控制规定，并在 2001 年 7 月 25 日批准公布了重大危险源的第一个年度公告。重大危险源是 NOHSC 建议国家强制控制的 7 个需优先考虑的类别之一。

6.1.2.2 我国重大危险源辨识与监控发展概况

我国从 20 世纪 80 年代开始重视对重大危险源的辨识、分析和评价，并初步在生产实际中加以应用。由原劳动部主持完成的“八五”国家科技攻关课题《重大危险源的评价和宏观控制技术研究》于 1996 年 2 月通过了国家科委组织的专家鉴定和验收，该课题提出了一套基本适合我国国情、适用于各行业的易燃、易爆、有毒、危险建（构）筑物重大危险源辨识、评价和分级方法及安全监察、管理措施，为我国开展重大危险源的普查、评价、分级监控和管理提供了良好的技术依托。

为将科研成果应用于生产实际，提高我国重大工业事故的预防和控制技术水平，1997 年，原劳动部选择北京、上海、天津、青岛、深圳和成都 6 城市开展了重大危险源普查试点工作，取得了良好成效。继上述 6 城市实施重大危险源普查之后，重庆市、泰安市以及南京化学工业集团公司等地方政府和企业也开展了重大危险源普查和监控管理工作。

在上述工作的基础上，我国在 2000 年颁布了国家标准《重大危险源辨识》（GB 18218—2000），作为重大危险源辨识的依据。随后颁布的《安全生产法》、《危险化学品安全管理条例》等法律、法规，都对重大危险源的安全管理与监控提出了明确要求。

根据《安全生产法》的有关规定，为全面掌握重大危险源的数量、状况及其分布，加强对重大危险源的监督管理，有效防范重、特大事故的发生，2003 年 11 月，原国家安全生产监督管理局（国家煤矿安全监察局）在河北、辽宁、江苏、浙江、福建、广西、甘肃和重庆开展了重大危险源申报登记试点工作。《国务院关于进一步加强安全生产工作的决定》（国发［2004］2 号）下发后，各地认真贯彻落实，陆续开展了重大危险源普查登记和监控工作。

2009 年，结合实际，我国对《重大危险源辨识》（GB 18218—2000）标准做了第一次修订，标准正式更名为《危险化学品重大危险源辨识》（GB 18218—2009），并于 2009 年 12 月 1 日起实施。2011 年 7 月 22 日，国家安全生产监督管理总局局长办公会议审议通过《危险化学品重大危险源监督管理规定》，自 2011 年 12 月 1 日起施行。这些法律法规和标准的颁布实施，为政府和企业在重大危险源监督管理方面提供了强有力的法律依据和技术基础支持。2018 年 11 月 19 日，市场监管总局、标准委发布 2018 年第 15 号公告，批准发布了《危险化学品重大危险源辨识》（GB 18218—2018）等国家标准。《危险化学品重大危险源辨识》（GB 18218—2018），代替标准 GB 18218—2009，该标准将于 2019 年 3 月 1 日起实施。

在重大危险源控制领域，我国虽然取得了一些进展，发展了一些实用新技术，对促进企业安全管理、减少和防止伤亡事故起到了良好作用，为重大工业事故的预防和控制奠定了一定基础。但由于我国工业基础薄弱，生产设备老化日益严重，超期服役、超负载运行的设备大量存在，形成了我国工业生产中众多的事故隐患，而我国重大危险源控制的有关研究和应用起步较晚，尚未形成完整的系统，与欧洲以及美国等工业发达国家的差距较大。

6.1.3 重大危险源控制系统的组成

为了预防重大工业事故的发生，降低事故造成的损失，必须建立有效的重大危险源控制系统。

重大危险源控制的目的，不仅是要预防重大事故的发生，而且要做到一旦发生事故，能将事故危害限制到最低程度。一般来说，重大危险源总是涉及易燃、易爆或有毒性的危险物质，并且在一定范围内使用、生产、加工或储存超过了临界数量的这些物质。由于工业活动的复杂性，需要采用系统工程的思想和方法控制重大危险源。

重大危险源控制系统主要由以下几个部分组成。

A 重大危险源的辨识

防止重大工业事故发生的第一步，是辨识或确认高危险性的工业设施（危险源）。由政府主管部门和权威机构在物质毒性、燃烧、爆炸特性基础上，制定出危险物质及其临界量标准。通过危险物质及其临界量标准，可以确定哪些是可能发生事故的潜在危险源。

国际劳工组织认为：各国应根据具体的工业生产情况制定合适的危险物质及其临界量标准。该标准应能代表本国优先控制的危险物质，并便于根据新的知识和经验进行修改和补充。

B 重大危险源的评价

根据危险物质及其临界量标准进行重大危险源辨识和确认后，就应对其进行风险分析评价。

一般来说，重大危险源的风险分析评价包括以下几个方面：

（1）辨识各类危险因素及其原因与机制；

（2）依次评价已辨识的危险事件发生的概率；

（3）评价危险事件的后果；

（4）进行风险评价，即评价危险事件发生概率和发生后果的联合作用；

（5）风险控制，即将上述评价结果与安全目标值进行比较，检查风险值是否达到了可接受水平，否则需进一步采取措施，降低危险水平。

C 重大危险源的管理

企业应对本单位的安全生产负主要责任。在对重大危险源进行辨识和评价后，应针对每一个重大危险源制定出一套严格的安全管理制度，通过技术措施（包括化学品的选择，设施的设计、建造、运转、维修以及有计划的检查）和组织措施（包括对人员的培训与指导，提供保证其安全的设备，工作人员水平、工作时间、职责的确定，以及对外部合同工和现场临时工的管理），对重大危险源进行严格控制和管理。

D 重大危险源的安全报告

要求企业应在规定的期限内，对已辨识和评价的重大危险源向政府主管部门提交安全报告。如属新建的有重大危害性的设施，则应在其投入运转之前提交安全报告。安全报告应详细说明重大危险源的情况，可能引发事故的危险因素以及前提条件、安全操作和预防失误的控制措施、可能发生的事故类型、事故发生的可能性及后果、限制事故后果的措施，现场事故应急救援预案等。

安全报告应根据重大危险源的变化以及新知识和技术进展的情况进行修改和增补，并由政府主管部门经常进行检查和评审。

E 事故应急救援预案

事故应急救援预案是重大危险源控制系统的重要组成部分。企业应负责制定现场事故应急救援预案，并且定期检验和评估现场事故应急救援预案和程序的有效程度，以及在必要时进行修订。场外事故应急救援预案，由政府主管部门根据企业提供的安全报告和有关资料制定。制定事故应急救援预案的目的是抑制突发事件，减少事故对工人、居民和环境的危害。因此，事故应急救援预案应提出详尽、实用、明确和有效的技术措施与组织措施。政府主管部门应保证将发生事故时要采取的安全措施和正确做法的有关资料散发给可能受事故影响的公众，并保证公众充分了解发生重大事故时的安全措施，一旦发生重大事故，应尽快报警。

每隔适当的时间，企业应修订和重新散发事故应急救援预案宣传材料。

F 工厂选址和土地使用规划

政府有关部门应制定综合性的土地使用政策，确保重大危险源与居民区和其他工作场所、机场、水库、其他危险源和公共设施安全隔离。

G 重大危险源的监察

政府主管部门必须派出经过培训的、合格的技术人员定期对重大危险源进行监察、调查、评估和咨询。

6.1.4 我国关于重大危险源管理的法律法规要求

《危险化学品安全管理条例》第十九条规定："除运输工具加油站、加气站外，危险化学品的生产装置和储存数量构成重大危险源的储存设施"，与下列场所、区域的距离必须符合国家标准或者国家有关规定：

（1）居住区、商业中心、公园等人口密集区域；

（2）学校、医院、影剧院、体育场（馆）等公共设施；

（3）供水水源、水厂及水源保护区；

（4）车站、码头（按照国家规定，经批准，专门从事危险化学品装卸作业的除外）、机场以及公路、铁路、水路交通干线、地铁风亭及出入口；

（5）基本农田保护区、畜牧区、渔业水域和种子、种畜、水产苗种生产基地；

（6）河流、湖泊、风景名胜区和自然保护区；

（7）军事禁区、军事管理区；

（8）法律、行政法规规定予以保护的其他区域。

已建危险化学品的生产装置和储存数量构成重大危险源的，储存设施不符合前款规定的，由所在地设区的市级人民政府负责危险化学品安全监督管理综合工作的部门监督，其在规定期限内进行整顿，需要转产、停产、搬迁、关闭的，报本级人民政府批准后实施。

《危险化学品安全管理条例》第二十二条规定："储存单位应当将储存剧毒化学品以及构成重大危险源的其他危险化学品的数量、地点以及管理人员的情况，报当地公安部门和负责危险化学品安全监督管理综合工作的部门备案。"

《危险化学品安全管理条例》第四十八条规定："危险化学品生产、储存企业以及使用剧毒化学品和数量构成重大危险源的其他危险化学品的单位，应当向国务院经济贸易综合管理部门负责危险化学品登记的机构办理危险化学品登记。危险化学品登记的具体办法由国务院经济贸易综合管理部门制定。"

《安全生产法》第三十三条要求："生产经营单位对重大危险源应当登记建档，进行定期检测、评估、监控，并制定应急预案，告知从业人员和相关人员在紧急情况下应当采取的应急措施。生产经营单位应当按照国家有关规定将本单位重大危险源及有关安全措施、应急措施报有关地方人民政府负责安全生产监督管理的部门和有关部门备案。"

《国务院关于进一步加强安全生产工作的决定》要求："搞好重大危险源的普查登记，加强国家、省（区、市）、市（地）、县（市）四级重大危险源监控工作，建立应急救援预案和生产安全预警机制。"

6.2 重大危险源的辨识标准

防止重大工业事故发生的第一步是辨识或确认高危险性的工业设施（危险源）。政府主管部门或权威机构在物质毒性、燃烧、爆炸特性的基础上，确定危险物质及其临界量标准（即重大危险源辨识标准）。通过危险物质及其临界量标准，就可以确定哪些是可能发生重大事故的危险源。

国际劳工组织认为，各国应根据具体的工业生产情况制定适合国情的重大危险源辨识标准。标准的定义应能反映出当地急需解决的问题以及一个国家的工业模式，可能需有一个特指的或是一般类别或是两者兼有的危险物质一览表，并列出每种物质的限额或允许的数量，设施现场的危险物质超过这个数量，就可以定为重大危险源。任何标准一览表都必须是明确的和毫不含糊的，以便使雇主能迅速地鉴别出他控制下的哪些设施是在这个标准定义的范围内。要把所有可能会造成伤亡的工业过程都定为重大危险源是不现实的，因为由此得出的一览表会太广泛，现有的资源无法满足要求。标准的定义需要根据经验和对危险物质了解的不断加深进行修改。

6.2.1 国外重大危险源辨识标准简介

英国是最早系统地研究重大危险源控制技术的国家。1976 年英国重大危险咨询委员会（ACMH）首次建议的重大危险源标准为：

（1）可能发生相当于 10t 氯气泄漏事故效应的有毒物质贮存或加工设施；

（2）可能发生相当于 15t 可燃气体或蒸汽火灾爆炸事故效应的可燃物质贮存或加工

设施；

(3) 贮存或加工5t以上性质不稳定、放热反应性高（如环氧乙烷、乙炔等）的设施；

(4) 具有高压能量的设施，如有10MPa(100bar) 以上压力的气相反应工艺过程；

(5) 贮存或加工闪点低于22.8℃，总量超过10000t的易燃物质的设施；

(6) 贮存或加工总量超过135t液氧的设施；

(7) 贮存或加工总量超过5000t硝酸铵的设施；

(8) 贮存或加工的物质若发生火灾事故，其效应相当于10t氯气危险性的设施。

1979年，ACMH提出了辨识重大危险源的修改标准，见表7－1。

表6－1 ACMH 1979年提出的重大危险源辨识标准

序号	类 别	物质名称	临界量
1	毒物	光气（phosgene）	2t
		氯气（chlorine）	10t
		丙烯腈（acrylonitrile）	20t
		氰化氢（hydrogen cyanide）	20t
		二硫化碳（carbon disulfide）	20t
		二氧化硫（sulfur dioxide）	20t
		溴（bromine）	40t
		氨（ammonia）	100t
2	极毒物质	1mg以内能将人致死的极毒液体、气体及固体物质	100g
3	高反应性物质	氢气	2t
		环氧乙烷	5t
		环氧丙烯（propylene oxide）	5t
		无机过氧化物（organic peroxides）	5t
		硝化火药（nitrocellulose compounds）	50t
		硝酸铵（ammonium nitrate）	500t
		氯酸钠（sodium chlorate）	500t
		液氧（liquid oxygen）	1000t
4	其他物质和工艺过程	上述1～3类未包括的易燃气体	15t
		上述1～3类未包括的易燃液体	20t
		液化石油气（如民用煤气，丙烷，丁烷）	30t
		1.01×10^5Pa(1atm) 下沸点低于0℃，未包括在上述1～3类的液化易燃气体	50t
		闪点低于21℃，未包括在1～3类的易燃液体	10000t
		复合化肥	500t
		泡沫塑料	500t
		具有5MPa（50bar）以上的压力且容积超过200m³高压能量设施	

由于ACMH等机构在重大危险源辨识、评价方面极富成效的工作，促使欧共体在1982年6月颁布了《工业活动中重大事故危险法令》（82/501/EEC），简称《塞韦索法

令》。该法令附件Ⅲ列出了180种物质及其临界量标准。如果工厂内某一设施或相互关联的一群设施中聚集了超过临界量的上述物质，则将这一设施或一群设施定义为一个重大危险源。

为实施《塞韦索法令》，英国、荷兰、德国、法国、意大利、比利时等欧共体成员国都颁布了有关重大危险源控制规程，要求对工厂的重大危险源进行辨识、评价，提出相应的事故预防和应急计划措施，并向主管当局提交详细描述重大危险源状况的安全报告。

根据《塞韦索法令》提出的重大危险源辨识标准，英国已确定了1650个重大危险源，其中200个为一级重大危险源。1985年德国确定了850个重大危险源，其中60%为化工设施，20%为炼油设施，15%为大型易燃气体、易燃液体储存设施，5%为其他设施。

为突出重点，《塞韦索法令》列出了表6-2所示的19类重点控制的危险物质及其临界量清单。1996年12月，欧共体通过了82/501/EEC的修正件："Council Directive 96/82/EC"，其附录Ⅰ第1部分列出了29种（类）物质及临界量，第2部分列出了10类物质及临界量。

表6-2 欧共体用于重大危险源辨识的重点控制危险物质

序号	类　别	物质名称	临界量	物质名称	临界量
1	一般性易燃物质	易燃气体	200t	极易燃液体	50000t
2	特殊易燃物质	氢气	50t	环氧乙烷	50t
3	特殊爆炸性物质	硝铵	2500t	硝化甘油	10t
		梯恩梯	10t		
4	特殊毒性物质	丙烯腈	200t	氨气	500t
		氯气	25t	二氧化硫	250t
		硫化氢	50t	氰化物	20t
		二氧化碳	200t	氟化氢	50t
		氯化氢	250t	三氧化硫	75t
5	极毒物质	甲基异氰酸盐	150kg	光气	750kg

国际经济合作与发展组织在OECD Council Act（88）84中也列出了表6-3所示的15种重点控制的危险物质。

表6-3 OECD用于重大危险源辨识的重点控制危险物质

序号	类　别	物质名称	临界量	物质名称	临界量
1	易燃、易爆或易氧化物质	易燃气体	200t	极易燃液体	50000t
		环氧乙烷	50t	氯酸钠	250t
		硝酸铵	2500t		
2	毒物	氨气	500t	氯气	25t
		甲基异氰酸盐	150kg	二氧化硫	250t
		丙烯腈	200t	光气	750kg
		乙拌磷	100kg	硝苯硫磷酯	100kg
		杀鼠灵	100kg	涕天威	100kg

1992 年，美国政府颁布了《高度危险化学品处理过程的安全管理》标准（PSM），该标准定义的处理过程，是指涉及一种或一种以上高危险化学物品的使用、贮存、制造、处理、搬运等任何一种活动，或这些活动的结合。在标准中提出了 130 多种化学物质及其临界量。该标准中临界量最小为 100lb（注：1lb = 0.45352937kg），最大值为 15000lb。美国劳工部职业安全卫生管理局（OSHA）估计符合标准要求的重大危险源达 10 万个左右，要求企业必须完成对上述规定危险源的分析和评价工作。随后，美国环境保护署（EPA）颁布了《预防化学泄漏事故的风险管理程序》（RMP）标准，对重大危险源的辨识提出了规定。

1996 年 9 月，澳大利亚国家职业安全卫生委员会颁布了重大危险源控制国家标准。澳大利亚各州将使用该标准作为控制重大工业危险源的立法依据。该标准定义重大危险源为制造、加工、贮存或处理超过临界量的特定物质的设备或设施。特定物质是指被确认可能引发重大事故的物质。重大危险设备或设施包括危险物质制造厂、加工厂、永久性或暂时性贮库、排列放置场、仓库、运输管路、浮坞结构、码头等。

6.2.2 我国的重大危险源辨识标准

根据全国化工系统 1949 ~ 1982 年的 13440 个事故案例分析，引起火灾、爆炸和毒物泄漏事故次数超过 10 次的危险物质是一氧化碳（389 次）、乙炔（118 次）、乙醇（23 次）、二氧化硫（17 次）、三氯化磷（10 次）、甲烷（11 次）、甲醇（18 次）、汽油（117 次）、沥青油（11 次）、苯（54 次）、苯酚（13 次）、氢气（46 次）、氢氮混合气（14 次）、氨（包括氨水、氨气、液氨，共 182 次）、氧气（27 次）、氯气（包括液氯，共 34 次）、氯乙烯（19 次）、黄磷（53 次）、硫化氢（64 次）、硫化钠（21 次）。

1997 年，由原劳动部组织实施的六城市重大危险源普查试点结果表明，贮罐区（贮罐）危险源的主要危险物质依次是：汽油、柴油，液化石油气、重油、润滑油、硫酸、原油、煤油、甲苯和甲醇等；库区（库）危险源的主要危险物质依次是：汽油、柴油、液化石油气、甲苯、乙醇、丙酮、油漆、润滑油和二甲苯等；生产场所危险源的主要危险物质依次是：汽油、液化石油气、柴油、硫酸、甲苯、盐酸、乙醇、天那水、二甲苯和液氨等；压力管道的主要危险物质依次是：天然气、液化石油气、氢气、煤气、柴油、汽油、乙烯和乙炔等；压力容器的主要危险物质依次是：液化石油气、氯（氯气、液氯）、丙烯、氨（氨气、液氨、氨水）、氢气、天然气等。

参考国外同类标准，结合我国工业生产的特点和火灾、爆炸、毒物泄漏重大事故的发生规律，以及 1997 年由原劳动部组织实施的重大危险源普查试点工作中对重大危险源辨识进行试点的情况，相关部门制定了国家标准《重大危险源辨识》（GB 18218—2000），此标准自 2001 年 4 月 1 日实施，并于 2009 年对该标准进行了修订，更名为《危险化学品重大危险源辨识》（GB 18218—2009）。而后在 2018 年对 GB 18218—2009 进行了进一步的修改，发布了《危险化学品重大危险源辨识》（GB 18218—2018），于 2019 年 3 月 1 日实施。

我国危险化学品重大危险源的普查、辨识、申报工作按此标准进行，标准的全文见附录。

6.2.3 关于《危险化学品重大危险源辨识》（GB 18218—2018）的说明

6.2.3.1 关于适用范围

本标准规定了辨识危险化学品重大危险源的依据和方法。

本标准适用于生产、储存、使用和经营危险化学品的生产经营单位。

本标准不适用于：

（1）核设施和加工放射性物质的工厂，但这些设施和工厂中处理非放射性物质的部门除外；

（2）军事设施；

（3）采矿业，但涉及危险化学品的加工工艺及储存活动除外；

（4）危险化学品的厂外运输（包括铁路、道路、水路、航空、管道等运输方式）；

（5）海上石油天然气开采活动。

6.2.3.2 关于技术内容

GB 18218—2018 4.1 节主要强调了“火灾、爆炸或毒物泄漏”三种危险。在工业活动中存在着诸多危险，单就事故发生的起数来看，事故发生物体打击等等；但是从死亡人数来分析，火灾、爆炸及中毒事故成为主要危险。例如，根据 1949 ~ 1982 年 33 年间发生的化学工业事故统计结果，事故发生起数中占比较大的前三位是机械伤害（27.23%）、高处坠落（12.32%）及物体打击（10.67%），但在死亡人数中占比较大的前三位依次是火灾、爆炸（20.3%）、中毒窒息（11.99%）及高处坠落（11.03%）。这表明，火灾、爆炸及中毒事故有较严重的后果，这是本标准确定火灾、爆炸和中毒为主要危险的理由之一；其次，与其他危险相比，这三类危险更容易涉及危险源相邻地区，可造成社会性灾难事故。

GB 18218—2018 4.2 节辨识重大危险源的出发点是物质的危险性及其数量。在国际上大多数国家和国际组织均是采用限定某种物质及其数量的方法。如国际劳工局、欧共体、美国、加拿大、澳大利亚等。为与国际接轨，本标准采用了类似的方法。

GB 18218—2018 4.2 节和 4.3 节分别提出了生产场所重大危险源和贮存区重大危险源的概念，并分别给出了辨识标准。同等数量的危险物质在生产过程中和贮存状态下的危险性不同，这是因为生产过程中工艺条件相对复杂，发生事故的危险性较大，这在国内外的危险分析中及我国“重大危险源普查试点”的方案中已经体现出来。从实际危险性的大小来考虑，本标准区分为以上两大类危险源。

关于物质名称及临界量，本标准提供了爆炸性化学物质名称及其临界量、易燃化学物质名称及其临界量、活性化学物质名称及其临界量和毒性化学物质名称及其临界量 4 种类别的危化品相关信息。在国外的有关标准中，虽然一般都包括以上 4 类物质，但有的并没有明确细分，如欧共体在其标准中提出 3 类物质：有毒物质（剧毒和有毒的）、易燃物质和爆炸性物质，但在物质清单中没有分类列出，重点控制的有五大类（一般性易燃物质、特殊易燃物质、特殊爆炸性物质、特殊毒性物质、极毒物质）19 种（类）物质。1996 年，欧共体修改后的塞韦索（SEVESO）法令Ⅱ(96/82/EC)《关于涉及危险物质的重大危险源的控制》中，给出了两个附表，附表 1 列出氯、光气等 29 种（类）物质及临界量，附表 2 列出了剧毒、有毒、氧化性等 10 类物质的临界量，实际上这 10 类可大致划分为：有毒、易燃、易爆、氧化性、环境污染和其他 6 类。以保护操作者安全为宗旨的美国标准 PSM 的内容包括两类：一类是易燃物质（未具体列出物质名称），一类是毒性和活性化学物质（列出 137 种物质清单）；以保护环境为基本出发点的美国标准 RMP 包括 3 大类：一类是有毒物质（列出 77 种物质名称及其临界量），一类是易燃物质（列出 63 种物质名称及其临界量)，另一类是爆炸性物质（未具体列出物质名称)。国际经济合作与发展组织规定包括易燃、易爆及易氧化物质和毒性物质两大类19种物质，英国的同类标准中包括了有毒、燃爆和高能设施几类。

我国的《建筑设计防火规范》(GB 50016—2014）中，储存物品的火灾危险性分为甲、乙、丙、丁、戊五类，每类物品按燃烧性、爆炸性、氧化性等不同性质细分，其主要内容与国外标准相近，考虑到该标准在国内有较大的影响，故参考该标准将危险物质划分为3类：爆炸性物质、易燃物质和活性化学物质。对于毒性物质则另列一类。爆炸性物质、有毒物质采用列表方式，易燃物质及活性化学物质则采取划类方法。

综观各国有关标准，危险物的临界量有较大区别。这不仅取决于生产水平，又与各个标准的立足点有关。总的来说，我国的生产技术和规模与国外尚有差距，因此，临界量的确定应比国外小些为宜，本标准临界量主要参照了欧共体的标准，又结合我国现有的有关法规及实际生产技术水平来制定。如在我国标准《民用爆破器材工厂设计安全规范》(GB 50089—2007）和《火药、炸药、弹药及火工品工厂设计安全规范》（中国兵器工业总公司1990年）中，均对一些爆炸性物质的最大存放量做出了限制。因而在本标准中的临界量均应低于相应的数字。

关于能引发重大事故有毒物质及其临界量的确定，很难找到合适的判定指标，参照国内外已颁布的一些法令和标准的做法，本标准采取直接列名单的形式来确定。本标准有毒物质及其临界量的确定，主要参考了欧共体颁布的《工业活动中重大事故危险法令》、美国环保署颁布的《预防化学泄漏事故的风险管理程序》和美国劳工部职业安全卫生管理局颁发的《高度危险化学品处理过程的安全管理》中列出的危险物质。在确定有毒物质名单时，主要考虑了以下几个方面：

(1）为使制定的标准适合我国国情，在确定有毒物质时，筛选范围主要限于我国目前正在生产和使用的有毒化学品，其重点为国内历年有毒物质泄漏引起中毒事故的有毒化学品。

(2）有毒化学品对人体有急性、慢性致畸、致癌性等危险，本标准在确定有毒化学品名单时，主要考虑了有毒化学品急性毒作用。

(3）从国内外历次发生的毒物泄漏引起的重大中毒事故来看，引起事故的化学品主要为气态或沸点低、蒸气压高的液态有毒化学品，故本标准在确定有毒化学品名单时，充分考虑了有毒物质的这些特性。

(4）综合考虑了毒物的理化特性、半数致死量浓度及其对人体和环境的危险情况。

6.3 重大危险源的评价

6.3.1 风险评价的一般程序

风险评价的一般程序如图6-1所示。

风险评价主要包括如下几个步骤：

(1）资料收集。明确评价的对象和范围，收集国内外相关法规和标准，了解同类设备、设施或工艺的生产和事故情况，评价对象的地理、气象条件及社会环境状况等。

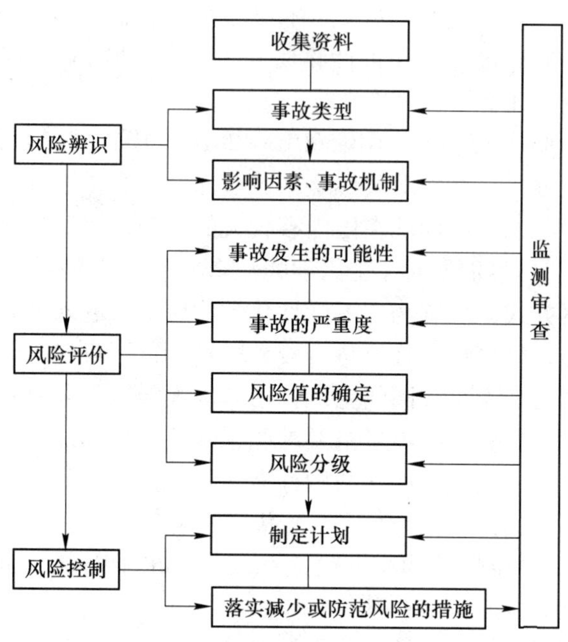

图6-1 风险评价的一般程序

(2) 危险危害因素辨识与分析。根据所评价的设备、设施或场所的地理、气象条件、工程建设方案，工艺流程、装置布置、主要设备和仪表、原材料、中间体、产品的理化性质等辨识和分析可能发生的事故类型、事故发生的原因和机制。

(3) 评价过程。在上述危险分析的基础上，划分评价单元，根据评价目的和评价对象的复杂程度选择具体的一种或多种评价方法。对事故发生的可能性和严重程度进行定性或定量评价，在此基础上进行危险分级，以确定管理的重点。

(4) 提出降低或控制危险的安全对策措施。根据评价和分级结果，高于标准值的危险必须采取工程技术或组织管理措施，降低或控制危险。低于标准值的危险属于可接受或允许的危险，应建立监测措施，防止生产条件变更导致危险值增加，对不可排除的危险要采取防范措施。

6.3.2 易燃、易爆、有毒重大危险源评价方法

6.3.2.1 评价方法介绍

风险评价是重大危险源控制的重要内容。目前，可应用的风险评价方法有数十种，如事故树分析、危险指数法等。本节主要介绍易燃、易爆、有毒重大危险源评价方法，该评价方法是国家“八五”科技攻关专题《易燃、易爆、有毒重大危险源辨识评价技术研究》中提出的。它在大量重大火灾、爆炸、毒物泄漏中毒事故资料的统计分析基础上，从物质危险性、工艺危险性入手，分析重大事故发生的可能性大小以发事故的影响范围、伤亡人数、经济损失，综合评价重大危险源的危险性，并提出应采取的预防、控制措施。

该方法能较准确地评价出系统内危险物质、工艺过程的危险程度、危险性等级，计算事故后果的严重程度（危险区域范围、人员伤亡和经济损失），提出了工艺设备、人员素质以及安全管理缺陷三方面的107个指标组成的评价指标集。

A 评价单元的划分

重大危险源评价以危险单元作为评价对象。

一般把装置的一个独立部分称为单元，并以此来划分单元。每个单元都有一定的功能特点，如原料供应区、反应区、产品蒸馏区、吸收或洗涤区、成品或半成品储存区、运输装卸区、催化剂处理区、副产品处理区、废液处理区、配管桥区等。在一个共同厂房内的装置可以划分为一个单元；在一个共同堤坝内的全部储罐也可划分为一个单元；散设地上的管道不作为独立的单元处理，但配管桥区例外。

B 评价模型的层次结构

根据安全工程学的一般原理，危险性定义为事故频率与事故后果严重程度的乘积，即危险性评价一方面取决于事故的易发性，另一方面取决于一旦发生事故，其后果的严重性。现实的危险性不仅取决于由生产物质的特定物质危险性和生产工艺的特定工艺过程危险性所决定的生产单元的固有危险性，而且还同各种人为管理因素及防灾措施综合效果有密切关系。

C 数学模型

现实危险性评价数学模型如下：

$$A = \left\{ \sum_{i=1}^{n} \sum_{j=1}^{m} (B_{111})_i W_{ij} (B_{112})_j \right\} \times B_{12} \times \prod_{k=1}^{3} (1 - B_{2k}) \tag{6-1}$$

式中 A——现实危险性；

$(B_{111})_i$——第 i 种物质危险性的评价值；

$(B_{112})_j$——第 j 种工艺危险性的评价值；

W_{ij}——第 j 种工艺与第 i 种物质危险性的相关系数；

B_{12}——事故严重度评价值；

B_{21}——$k=1$，工艺、设备、容器、建筑结构抵消因子；

B_{22}——$k=2$，人员素质抵消因子；

B_{23}——$k=3$，安全管理抵消因子。

D 危险物质事故易发性 B_{111} 的评价

具有燃烧爆炸性质的危险物质可分为 7 大类：（1）爆炸性物质；（2）气体燃烧性物质；（3）液体燃烧性物质；（4）固体燃烧性物质；（5）自燃物质；（6）遇水易燃物质；（7）氧化性物质。

每类物质根据其总体危险感度给出权重分；每种物质根据其与反应感度有关的理化参数值给出状态分；每一大类物质下面分若干小类，共计 19 个子类。对每一大类或子类，分别给出状态分的评价标准。权重分与状态分的乘积即为该类物质危险感度的评价值，亦即危险物质事故易发性的评分值。

考虑到毒物扩散的危险性，危险物质分类中将毒性物质定义为第 8 种危险物质。一种危险物质可以同时属于易燃易爆 7 大类中的一类，又属于第 8 类。对于毒性物质，其危险物质事故易发性主要取决于下列 4 个参数：（1）毒性等级；（2）物质的状态；（3）气味；（4）重度。毒性大小不仅影响事故后果，而且影响事故易发性。毒性大的物质，即使微量扩散也能酿成事故，而毒性小的物质不具有这种特点。毒性对事故严重度的影响在毒物伤害模型中予以考虑。对不同的物质状态，毒物泄漏和扩散的难易程度有很大不同，显然气相毒物比液相毒物更容易酿成事故；重度大的毒物泄漏后不易向上扩散，因而容易造成中毒事故。物质危险性的最大分值定为100分。

E 工艺过程事故易发性 B_{112} 的评价及工艺——物质危险性相关系数的确定

工艺过程事故易发性的影响因素确定为21项，分别是：放热反应；吸热反应；物料处理；物料储存；操作方式；粉尘生成；低温条件；高温条件；高压条件；特殊的操作条件；腐蚀；泄漏；设备因素；密闭单元；工艺布置；明火；摩擦与冲击；高温体；电器火花；静电；毒物出料及输送。最后一种工艺因素仅与含毒性物质有相关关系。

同一种工艺条件对于不同类别的危险物质所体现的危险程度是不相同的，因此必须确定相关系数。相关系数 W_{ij} 可以分为5级：

A级：关系密切，$W_{ij}=0.9$；

B级：关系大，$W_{ij}=0.7$；

C级：关系一般，$W_{ij}=0.5$；

D级：关系小，$W_{ij}=0.2$；

E级：没有关系，$W_{ij}=0$。

F 事故严重度评价

事故严重度用事故后果的经济损失（万元）表示。事故后果系指事故中人员伤亡以及房屋、设备、物资等的财产损失，不考虑停工损失。人员伤亡分为人员死亡数、重伤数、轻伤数。财产损失严格讲应分若干个破坏等级，在不同等级破坏区破坏程度是不相同的，总损失为全部破坏区损失的总和。在危险性评估中，为了简化方法，用一个统一的财产损失区来描述，假定财产损失区内财产全部破坏，在损失区外全不受损，即认为财产损失区内未受损失部分的财产与损失区外受损失的财产相互抵消。死亡、重伤、轻伤、财产损失各自都用一当量圆半径描述。对于单纯毒物泄漏事故仅考虑人员伤亡，暂不考虑动植物死亡和生态破坏所受到的损失。

建立了6种伤害模型，分别是：凝聚相含能材料爆炸；蒸气云爆炸；沸腾液体扩展为蒸气云爆炸；池火灾；固体和粉尘火灾；室内火灾。不同类别物质往往具有不同的事故形态，但即使是同一类物质，甚至同一种物质，在不同的环境条件下也可能表现出不同的事故形态。

为了对各种不同类别的危险物质可能出现的事故严重度进行评价，根据下面两个原则建立了物质子类别同事故形态之间的对应关系，每种事故形态用一种伤害模型来描述。这两个原则是：

（1）最大危险原则：如果一种危险物具有多种事故形态，它们的事故后果相差大，则按后果最严重的事故形态考虑。

（2）概率求和原则：如果一种危险物具有多种事故形态，它们的事故后果相差不大，则按统计平均原理估计事故后果。

根据泄漏物状态（液化气、液化液、冷冻液化气、冷冻液化液、液体）和储罐压力、泄漏的方式（爆炸型的瞬时泄漏或持续10min以上的连续泄漏）建立了毒物扩散伤害模型，这些模型分别是：源抬升模型，气体泄放速度模型，液体泄放速度模型，高斯烟羽模型，烟团模型，烟团积分模型，闪蒸模型，绝热扩散模型和重气扩散模型。毒物泄漏伤害严重程度与毒物泄漏量以及环境大气参数（温度、湿度、风向、风力、大气稳定度等）都有密切关系。若在测算中遇到事先评价所无法定量预见的条件时，则按较严重的条件进行评估。当一种物质既具有燃爆特性又具有毒性时，则人员伤亡按两者中较重的情况进行测算，财产损失按燃烧燃爆伤害模型进行测算。毒物泄漏伤害区也分死亡区、重伤区、轻伤区。轻度中毒而无需住院治疗即可在短时间内康复的一般吸入反应不算轻伤。各种等级的毒物泄漏伤害区呈纺锤形，为了测算方便，同样将它们简化成等面积的当量圆，但当量圆的圆心不在单元中心处，而在各伤害区的圆心上。

在本评价方法中使用下面的折算公式：

$$S = C + 20(N_1 + 0.5 \times N_2 + 105/6000N_3) \tag{6-2}$$

式中 S——事故严重度，万元；

C——事故中财产损失的评估值，万元；

N_1，N_2，N_3——事故中人员死亡、重伤、轻伤人数的评估值。

G 危险性抵消因子

尽管单元的固有危险性是由物质的危险性和工艺的危险性所决定的，但是工艺、设备、容器、建筑结构上的用于防范和减轻事故后果的各种设施，危险岗位上操作人员的良好素质，严格的安全管理制度等，能够大大抵消单元内的现实危险性。

在本评价方法中，工艺、设备、容器和建筑结构抵消因子由 23 个指标组成评价指标集；安全管理状况由 11 类 72 个指标组成评价指标集；危险岗位操作人员素质由 4 项指标组成评价指标集。

大量的事故统计数据表明，工艺设备故障、人的误操作和生产安全管理上的缺陷是引发事故发生的三大原因。因而对工艺设备危险进行有效监控，提高操作人员基本素质，提高安全管理的有效性，能大大抑制事故的发生。但是大量的事故统计资料表明，上述 3 种因素在许多情况下并不相互独立，而是耦合在一起发生作用的，如果只控制其中一种或两种，是不可能完全杜绝事故发生的；甚至当上述 3 种因素都得到充分控制以后，只要有固有危险性存在，现实危险性不可能抵消至零。这是因为还有很少一部分事故是由上述 3 种原因以外的原因（自然灾害或其他单元事故牵连）引发的。因此，一种因素在控制事故发生中的作用是与另外两种因素的受控程度密切相关的。每种因素都是在其他两种因素控制得越好时，发挥出来的控制效率越高。根据对火灾爆炸事故的统计资料，用条件概率方法和模糊数学隶属度算法，给出了各种控制因素的最大事故抵消率关联算法以及综合抵消因子的算法。

H 危险性分级与危险控制程度分级

用 $A^* = \lg(B_{1*})$ 作为危险源分级标准，式中 B_{1*} 是以 10 万元为缩尺单位的单元固有危险性的评分值。定级：

一级重大危险源：$A^* \geqslant 3.5$；

二级重大危险源：$2.5 \leqslant A^* < 3.5$；

三级重大危险源：$1.5 \leqslant A^* < 2.5$；

四级重大危险源：$A^* < 1.5$。

单元综合抵消因子的值愈小，说明单元现实危险性与单元固有危险性比值愈小，即单元内危险性的受控程度愈高。因此，可以用单元综合抵消因子值的大小说明该单元安全管理与控制的绩效。一般说来，单元的危险性级别愈高，要求的受控级别也应愈高。建议用下列标准作为单元危险性控制程度的分级依据：

A 级：$B_2 \leqslant 0.001$；

B 级：$0.001 < B_2 \leqslant 0.01$；

C 级：$0.01 < B_2 \leqslant 0.1$；

D 级：$B_2 > 0.1$。

各级重大危险源应达到的受控标准是：一级危险源在 A 级以上；二级危险源在 B 级以上；三级和四级危险源在 C 级以上。

6.3.2.2　应用实例

以某公司原料罐区的火灾、爆炸风险评价简要说明易燃、易爆、有毒重大危险评价方法的应用过程。

A　原料罐区的事故易发性 B_{11} 评价

原料罐区事故易发性 B_{11} 包含物质事故易发性 B_{111} 和工艺事故易发性 B_{112} 两方面及其耦合。

a　物质事故易发性 B_{111}

原料罐区共计 8 个化学危险品储罐，原料罐区平面示意图如图 6－2 所示。储罐基本情况如表 6－4 所示。

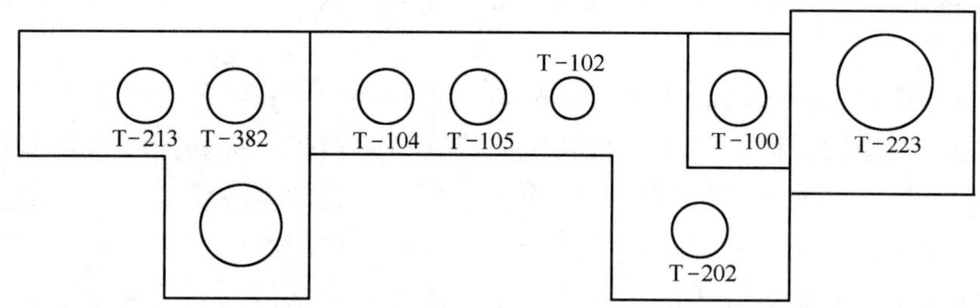

图 6－2　原料罐区平面示意图

表 6－4　储罐基本情况

编号	T－100	T－102	T－202	T－104	T－105	T－213	T－223
直径/m	2	2	2.6	2.9	2.9	2.9	6
容积/m^3	30	30	80	80	80	80	200
储存物质名称	氨水	丙烯腈	丙烯腈	丁二烯	丁二烯	苯乙烯	苯乙烯
最大量/m^3	24	25.5	68	64	64	68	68

化学物质的主要物化特性如表 6－5 所示。

表 6－5　物质物化特性

物质名称	丁二烯	丙烯腈	苯乙烯	氨
GB 编号	21022	32162	33541	82503
相对分子质量	54.09	53.064	104.14	17
液体密度/$g \cdot cm^{-3}$	0.6211	0.806	0.9059	0.88～0.96

续表 6－5

物质名称	丁二烯	丙烯腈	苯乙烯	氨
沸点/℃	4.4	77.3	145.2	
燃点/℃	450	481	490	630
闪点/℃	－60	2.5	32.3	
蒸气压/Pa(mmHg)		11173.75(83.81)	573.29(4.3)	
爆炸上限（体积分数）/%	2	3	1.1	15.3
爆炸下限（体积分数）/%	12	17	6.1	28
临界温度/℃	161.8	263		
临界压力/Pa(mmHg)	5679.53(42.6)	5999.5(45)		
燃烧热/kJ·mol^{-1}	2543.1	1759.4		

选取丁二烯、丙烯腈和苯乙烯作为物质易发性评价的对象。

以丁二烯为例，列表 6－6 计算。

表 6－6 丁二烯事故易发性计算表

性质		分级	得分
爆炸气体特性	最大安全缝隙	0.9～1.14	10
	爆炸极限	2%～12%	11
	最小点燃电流	0.86A	10
	最小点燃能	0.31mJ	14
	引燃温度	450℃	8
总分		$G=53$	
易发性系数 α_i		1.0	
危险系数 $C_{ij}=\alpha_i G$		$1.0\times53=53$	
化学活泼系数 K		0.12	
丁二烯的物质事故易发性 $B_{111}=C_{ij}(1+K)$		$53\times(1+0.12)=63.6$	

丙烯腈是二级易燃液体，物质事故易发性 $B_{111}=50$。

苯乙烯是三级易燃液体，物质事故易发性 $B_{111}=40$。

b 工艺过程事故易发性 B_{112}

从 21 种工艺影响因素中找出罐区工艺过程实际存在的危险，在以下几方面有特殊表现，构成工艺过程事故易发性。

物质事故易发性与工艺事故易发性之间相关性并用相关系数 W_{ij} 表示，二者耦合成为事故易发性 B_{11}

相关系数的取值如表 6－7 所示。

表 6－7 相关系数取值表

影响因素	内容与参数	B_{112}	相关系数
$B_{112}-9$ 高压	0.1～0.8MPa	30	$W_{ij}=2.1_{j=10}=0.9$
$B_{112}-11$ 腐蚀	速率0.5～1.0mm/a	20	$W_{ij}=2.1_{j=12}=0.9$
$B_{112}-13$ 泄露	设备泄露	20	$W_{ij}=2.1_{j=13}=0.9$
$B_{112}-21$ 静电	液体流动	30	$W_{ij}=2.1_{j=21}=0.9$

c 事故易发性 B_{11}

事故易发性 B_{11} 为：

$$
\begin{aligned}
B_{11} &= \sum_{i=1}^{n}\sum_{j=1}^{m} B_{111} W_{ij} (B_{112})_j \\
&= 63.9 \times (30 \times 0.9 + 20 \times 0.7 + 20 \times 0.9 + 30 \times 0.0) + 50 \times \\
&\quad (30 \times 0.7 + 20 \times 0.7 + 20 \times 0.7 + 30 \times 0.0) + 40 \times \\
&\quad (30 \times 0.5 + 20 \times 0.5 + 20 \times 0.5 + 30 \times 0.0) \\
&= 7602.4
\end{aligned}
$$

B 原料罐区的伤害模型及伤害/破坏半径

原料罐区最大的火灾爆炸风险是丁二烯罐的燃烧爆炸，其伤害模型有两种：(1) 蒸气云爆炸（VCE）模型；(2) 沸腾液体扩展蒸气爆炸（BLEVE）模型。前者属于爆炸型，后者属于火灾型。

不同的伤害模型将有不同的伤害/破坏半径，不同伤害/破坏半径所包围的封闭面积内人员多少，财产价值多少将影响事故严重度大小。伤害/破坏半径划分为：死亡半径、重伤（二度烧伤）半径、轻伤（一度烧伤）半径及财产破坏半径。

a 丁二烯蒸气云爆炸（VCE）

丁二烯有两个储罐，分别是 T104 罐（悬挂圆柱立罐，最大贮存量 $64m^3$）和 T105 罐（悬挂圆柱立罐，最大贮存量 $64m^3$）。因此，最大贮存重量为：

$$W_f = (64 + 64) \times 621.1 = 79500.8(\text{kg})$$

(1) TNT 当量计算

TNT 当量计算公式为：

$$W_{TNT} = \frac{1.8 \alpha W_f Q_f}{Q_{TNT}}$$

式中 1.8——地面爆炸系数；

α——蒸气云当量系数，取 $\alpha = 0.04$；

Q_f——丁二烯的爆热，取 $Q_f = 46977.7$kJ/kg；

Q_{TNT}——TNT 的爆热，取 $Q_{TNT} = 4520$kJ/kg。

丁二烯的 TNT 当量为：

$$
\begin{aligned}
W_{TNT} &= 1.8 \times 0.04 \times 79500.8 \times \frac{46977.7}{4520} \\
&= 59491.8(\text{kg, TNT})
\end{aligned}
$$

(2) 死亡半径 R_1

死亡半径 R_1 为：

$$R_1 = 13.6\left(\frac{W_{TNT}}{1000}\right)^{0.37} = 61.7\text{m}$$

（3）重伤半径 R_2

重伤半径 R_2 由下列方程式求解：

$$\Delta p_s = 0.137Z^{-3} + 0.119Z^{-2} + 0.269Z^{-1} - 0.019$$

$$Z = \left(\frac{R_2}{\frac{E}{p_0}}\right)^{\frac{1}{3}} = 0.00722R_2$$

$$\Delta p_s = \frac{44000}{p_0} = 0.4344$$

解得 $R_2 = 151.7$m。

（4）轻伤半径 R_3

下列方程组求解：

轻伤半径 R_3 由

$$\Delta p_s = 0.137Z^{-3} + 0.119Z^{-2} + 0.269Z^{-1} - 0.019$$

$$Z = \left(\frac{R_2}{\frac{E}{p_0}}\right)^{\frac{1}{3}} = 0.00722R_2$$

$$\Delta p_s = \frac{17000}{p_0} = 0.1678$$

解得 $R_3 = 271.7$m。

（5）财产损失半径 $R_{财}$

对于爆炸性破坏，财产损失半径 $R_{财}$ 的计算公式为：

$$R_{财} = K_{\text{II}} W_{TNT}^{1/3}/(1 + (3175/W_{TNT})^2)^{1/6}$$

式中　K_{II}——二级破坏系数，$K_{\text{II}} = 5.6$。

计算得：

$$R_{财} = 218.3\text{m}$$

将结果列表如表 6－8 所示。伤害 1 破坏区域如图 6－3 所示。

表 6－8　蒸气云爆炸伤害

蒸气云爆炸伤害	死亡半径	重伤半径	轻伤半径	财产损失半径
破坏半径/m	61.7	151.7	271.1	218.3

b　丁二烯扩展蒸气爆炸（BLEVE）

丁二烯用两个罐储存，取 $W = 0.7 \times 79500.8 = 55650.6$kg。

按以下公式进行计算：

火球半径：　　$R = 2.9W^{\frac{1}{3}} = 110.7\text{m}$

火球持续时间：　　$t = 0.45W^{\frac{1}{3}} = 17.2\text{s}$

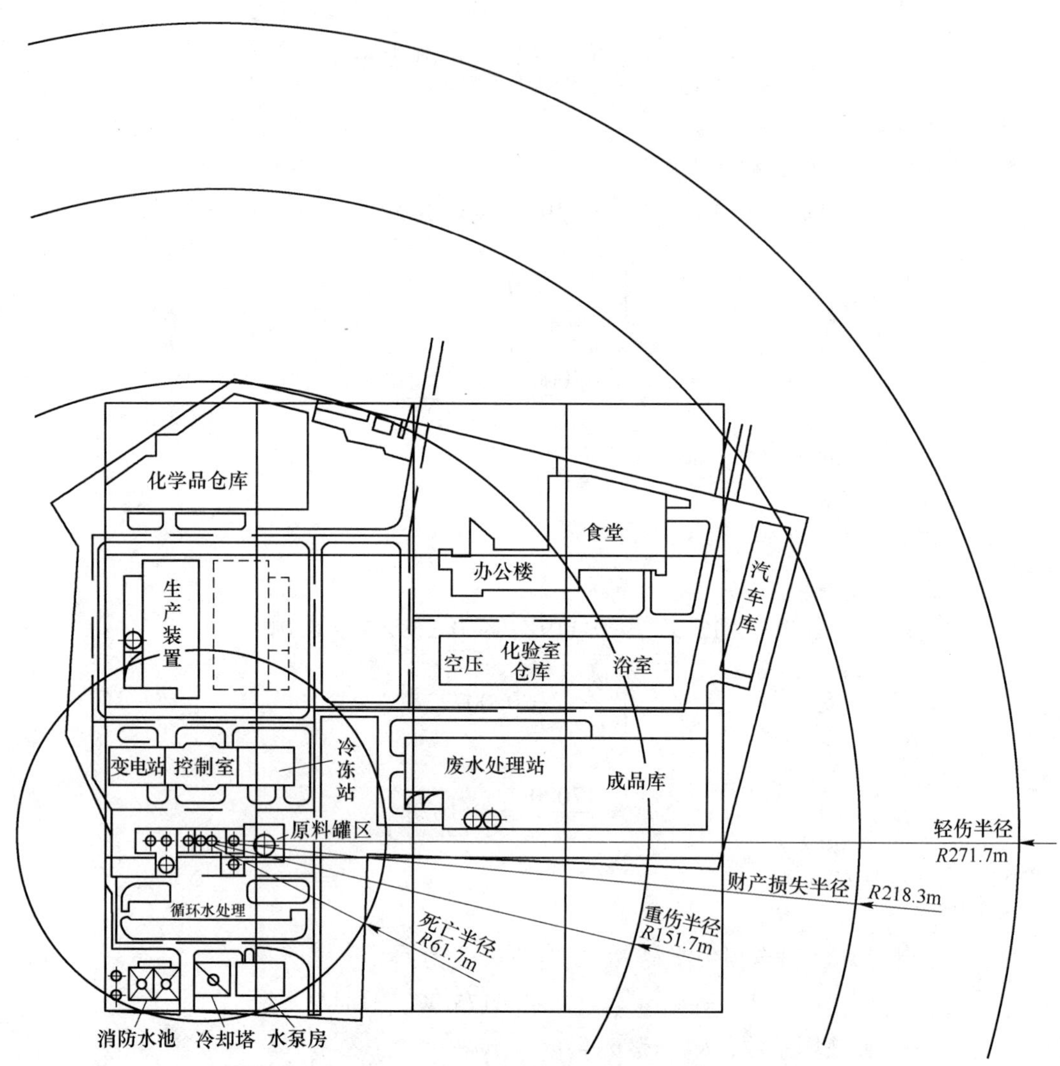

图 6－3　丁二烯蒸气云爆炸伤害/破坏区域

当伤害几率 $P_r=5$ 时，伤害百分数 $D=\int_{-\infty}^{P_r-5}\exp\left(\frac{-\mu^2}{2}\right)d\mu=50\%$，死亡、一度、二度烧伤及烧毁财物，都以 $D=50\%$ 定义。

下面求不同伤害、破坏时的热通量：

（1）死亡。计算公式为：

$$P_r=-37.23+2.56\ln(tq_1^{4/3})$$

式中　$P_r=5$；

t——火球持续时间，$t=17.2s$。

则 $q_1=27956.0W/m^2$。

（2）二度烧伤（重伤）。计算公式为：

$$P_r=-43.14+3.0188\ln(tq_2^{4/3})$$

则 $q_2 = 18515.6\text{W/m}^2$。

（3）一度烧伤（轻伤）。计算公式为：

$$P_r = -39.83 + 3.0186\ln(tq_3^{4/3})$$

则 $q_3 = 1841.7\text{W/m}^2$。

（4）财产损失。计算公式为：

$$q_4 = 6730t^{-4/5} + 25400 = 26091.2(\text{W/m}^2)$$

按上述 q_1、q_2、q_3、q_4 热辐射通量值，计算伤害/破坏半径，由热辐射通量公式计算：

$$q(r) = q_0R^2r\frac{1-0.058\ln r}{(R^2+r^2)^{3/2}}$$

式中 R——火球半径，取 $R = 110.7\text{m}$；

q_0——火球表面的热辐射通量，对圆柱罐，取 $q_0 = 270000\text{W/m}^2$。

此方程难以手算解出，可用计算机求解。

已知火球半径 $R = 110.7\text{m}$，伤害/破坏半径应有 $R_i > R$。求解为：

（1）按死亡热通量 $q_1 = 27956.0\text{W/m}^2$，计算扩展蒸气爆炸的死亡半径 $R_1 = 247.5\text{m}$。

（2）按重伤（一度烧伤）热通道量 $q_2 = 18515.6\text{W/m}^2$，计算扩展蒸气爆炸时的重伤（二度烧伤）半径 $R_2 = 316.4\text{m}$。

（3）由轻伤（一度烧伤）热通量 $q_3 = 1841.7\text{W/m}^2$，计算轻伤（一度烧伤）半径 $R_3 = 491.0\text{m}$。

（4）由财产烧毁热通量 $q_4 = 26091.2\text{W/m}^2$，用上述同样办法计算得到财产破坏半径 $R_4 = 258.5\text{m}$。

综合各项，得扩展蒸气爆炸伤害/破坏半径如表6－9所示。伤害/破坏区域如图6－4所示。

表6－9 沸腾液体扩展蒸气爆炸伤害/破坏半径 （m）

死亡半径	重伤半径（二度烧伤）	轻伤半径（一度烧伤）	财产破坏半径
247.5	316.4	491.0	258.5

显然，如果丁二烯罐发生扩展蒸气爆炸，火球半径 $R = 110.7\text{m}$，使整个原料罐区成为火海一片，全部吞没；由于死亡半径 $R_1 = 247.5\text{m}$，财产损失半径 $R_4 = 258.5\text{m}$，使得罐区如果发生扩展蒸气爆炸，厂区内的人员难以幸免，而且会殃及四邻。

C 事故严重度 B_{12} 的估计

事故严重度 B_{12} 用符号 S 表示，它反映发生事故造成的经济损失大小。事故严重度包括人员伤害和财产损失两个方面，并把人的伤害也折算成财产损失（万元）。

可用下式表示总损失值：

$$S = C + 20 \times \left(N_1 + 0.5N_2 + \frac{105N_3}{6000}\right)$$

式中 C——财产破坏价值，万元；

N_1，N_2，N_3——事故中人员死亡、重伤、轻伤人数。

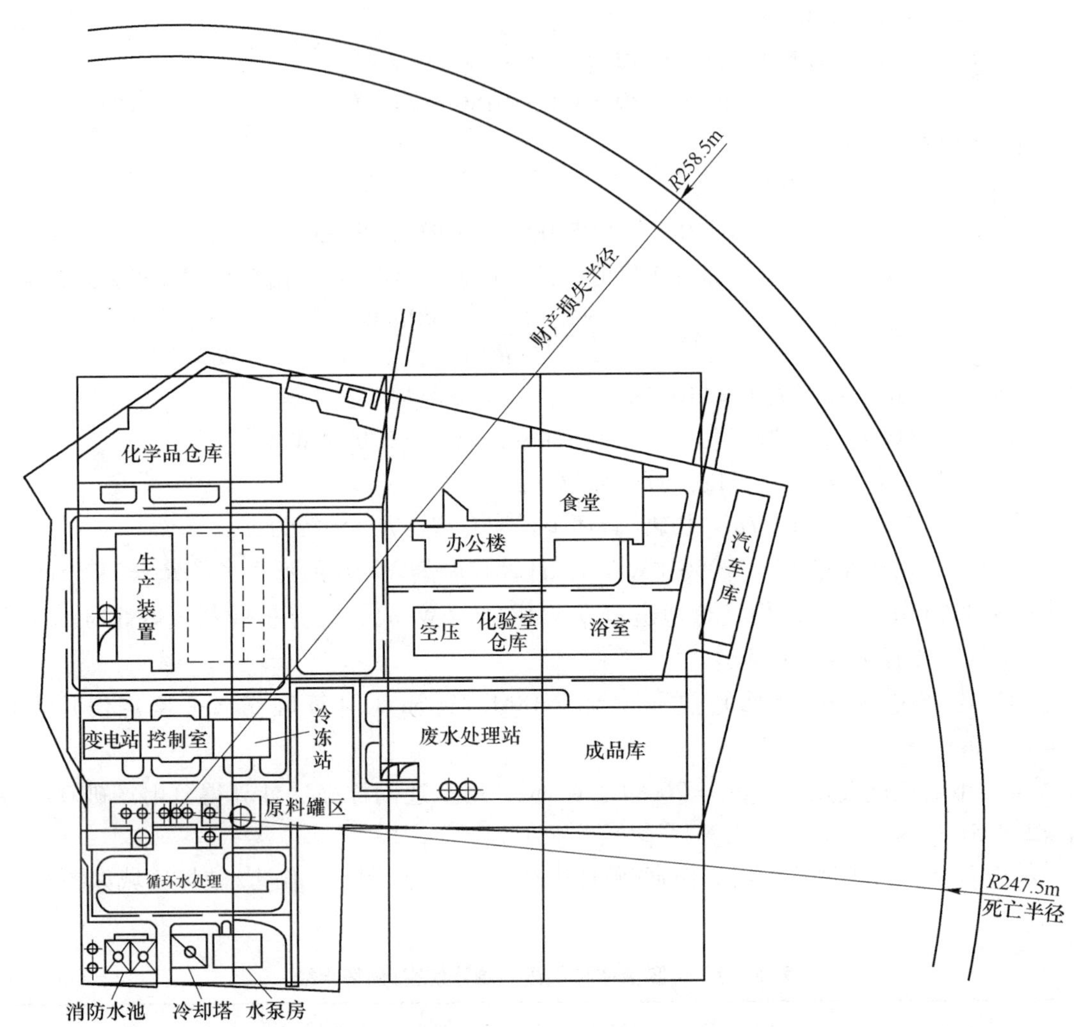

图 6－4 丁二烯扩散蒸气云爆炸伤害/破坏区域

事故严重度 B_{12} 取决于伤害/破坏半径构成圆面积中财产价值和死伤人数。由于丁二烯罐区爆炸伤害模型是两个，即蒸气云爆炸和扩展蒸气爆炸，可能同时发生，则储罐爆炸事故严重度应是两种严重度加权求和：

$$S = aS_1 + (1 - a)S_2$$

式中 S_1，S_2——分别为两种爆炸事故后果；

a，$1 - a$——分别为两种爆炸的发生概率，$a = 0.9$，$1 - a = 0.1$。

蒸气云爆炸的可能性远大于扩展蒸气爆炸，蒸气云爆炸是主要的。

严重度计算结果为：

$$S_1 = 3062.8 + 20 \times \left(30 + 0.5 \times 60 + 105 \times \frac{30}{60}\right) = 4273.3 \text{ 万元}$$

$$S_2 = 3062.8 + 20 \times 120 = 5462.8 \text{ 万元}$$

$$S = 0.9S_1 + 0.1S_2 = 4392.3 \text{ 万元}$$

原料罐区爆炸事故严重度计算如表 6－10 所示。

表 6－10 原料罐区爆炸事故严重度

<table>
<tr><td colspan="2" rowspan="2">事故模型</td><td colspan="2">死亡</td><td colspan="2">重伤（二度烧伤）</td><td colspan="2">轻伤（一度烧伤）</td><td colspan="2">财产破坏</td></tr>
<tr><td>半径/m</td><td>波及范围暴露人员</td><td>半径/m</td><td>波及范围暴露人员</td><td>半径/m</td><td>波及范围暴露人员</td><td>半径/m</td><td>波及范围暴露人员</td></tr>
<tr><td rowspan="2">贮罐爆炸</td><td>蒸气云爆炸</td><td>61.7</td><td>罐区
变电站
控制室
冷冻站
水泵房
冷却塔等
约 30 人</td><td>151.7</td><td>大部分区域约 60 人</td><td>271.7</td><td>厂区波及其他区域</td><td>218.3</td><td>厂区外界广泛区域</td></tr>
<tr><td>扩展蒸气爆炸</td><td>247.5</td><td>厂区全部人员</td><td>316.4</td><td>厂区波及其他区域</td><td>491.0</td><td>厂区波及其他区域</td><td>258.2</td><td>全部财产</td></tr>
</table>

D 固有危险性 B_1 及危险性等级

原料罐区的固有危险性为：

$$B_1 = B_{11}B_{12} = 7602.4 \times 4392.3 = 33392021.52$$

危险性等级为：

$$A = \lg\left(\frac{B_1}{10^5}\right) = 2.52$$

$2.5 < A < 3.5$，属于二级重大危险源。

E 抵消因子 B_2 及单元控制等级估计

抵消因子取值根据抵消因子关联算法实例的结果。

a 安全管理评价

安全管理评价的主要目的是评价企业的安全行政管理绩效。安全管理评价指标体系共 10 个项目，72 个指标，总分 1000 分。

检查结果如下：

（1）安全生产责任制：100 分；

（2）安全生产教育：80 分；

（3）安全技术措施计划：100 分；

（4）安全生产检查：80 分；

（5）安全生产规章制度：70 分；

（6）安全生产管理机构及人员：100 分；

（7）事故统计分析：100 分；

（8）危险源评估与整改：75 分；

（9）应急计划与措施：100 分；

（10）消防安全管理：70 分。

安全管理评价的实得分为：

$$100 + 80 + 100 + 80 + 70 + 100 + 100 + 75 + 100 + 70 = 875 \text{ 分}$$

b 危险岗位操作人员素质评价

原料罐区有5名操作工，均是持证上岗，岗位工龄为6年，无事故工作时间为6年，平均每天工作8h。

人员的合格性为：

$$R_1 = 1$$

人员的熟练性为：

$$R_2 = 1 - \frac{1}{k_2\left(\frac{t}{T_2} + 1\right)} = 1 - \frac{1}{4\left(\frac{6}{0.5} + 1\right)} = 0.9808$$

人员的操作稳定性为：

$$R_3 = 1 - \frac{1}{k_3\left[\left(\frac{t}{T_3}\right)^2 + 1\right]} = 1 - \frac{1}{2\left[\left(\frac{6}{0.5}\right)^2 + 1\right]} = 0.9966$$

操作人员的负荷因子为：

$$R_1 = 1 - k_4\left(\frac{t}{T_4} - 1\right)^2 = 1 - k_4\left(\frac{8}{8} - 1\right)^2 = 1$$

单个人员的可靠性为：

$$R_s = R_1R_2R_3R_4 = 1 \times 0.9808 \times 0.9966 \times 1 = 0.9775$$

指定岗位人员素质的可靠性为：

$$R_s = \sum_{i=0}^{N} \frac{R_{si}}{N} = 0.9775$$

$$R_p = \prod_{i=0}^{n} R_{si} = 0.9775$$

单元人员素质的可靠性为：

$$R_u = 1 - \prod_{i=0}^{m}(1 - R_{pi}) = 1 - (1 - 0.9775) = 0.9775$$

c 工艺、设备消长因子评价

工艺、设备抵消因子评价的应得分为：

$$8+35+12+7+7+35+11+15+62+40+25+10=267\text{ 分}$$

实得分为：

$$8+11+10+7+7+27+11+11+24+22+25+5=168\text{ 分}$$

d 抵消因子的关联算法

取：

$$B_{21}=0.5630$$

$$B_{22}=0.8627$$

$$B_{23}=0.6766$$

综合抵消因子为：

$$B_2 = \prod_{k=1}^{3}(1 - B_{2k}) = 0.0222$$

原料罐区控制程度等级是C级。

原料罐区的危险等级是二级，而控制能力等级是C级。控制能力没有和危险等级相匹配，控制能力未能达到危险等级所要求的 B 级，说明对原料罐区的安全措施和安全管理还未达到较理想的状况。

F 现实危险性 A

原料罐区发生爆炸的现实危险性由于抵消因子的抵消和控制作用，已经较固有危险性大大降低。

罐区发生爆炸的现实危险性为：

$$A = B_1 \prod_{k=1}^{3} (1 - B_{2k}) = B_1 B_2 = 33392021.52 \times 0.0222 = 741302.9$$

现实危险性 A 值是固有危险性 B_1 值的 2.22%，可见有效的安全技术装备和管理会使系统的危险性大大降低。

G 原料罐区评价单元结论

原料罐区的安危关系到工厂的存亡，原料罐区的安全装备、安全管理是至关重要的。

原料罐区的丁二烯火灾爆炸事故发生是极小概率事件，是可以预防的，但是丁二烯爆炸的后果是严重的。用数学模型分析测算表明：原料罐区是二级重大危险源，一旦发生爆炸，将是毁灭性的，将可能导致全厂绝大多数人员死亡或重伤，基地大部分财产毁于一旦。原料罐区的爆炸，在上述分析中都是以两个丁二烯罐作为研究分析对象，它的严重后果足以说明问题，已不必再考虑整个罐区同时爆炸的严重后果。

6.3.3 风险评价报告

6.3.3.1 风险评价报告的目的

风险评价报告有以下目的：

（1）鉴别及确定设施内危险物质的特性和数量；

（2）识别可能发生重大事故的类型、可能性和事故后果；

（3）阐明设施安全操作安排，以及控制那些可能导致重大事故的严重偏离正常操作的情况，并在现场采取应急措施；

（4）说明已辨识出来的重大事故隐患和为此采取的安全措施。

为了达到这些目的，风险评价报告具有两个基本任务：第一，对现场、生产过程和其周围环境给出真实信息；第二，完成风险评价，判断可能发生的重大事故的性质、可能性和事故后果，以及控制这类危险须采用的方法。

6.3.3.2 风险评价报告的内容

风险评价报告应包括以下信息：对设施和生产过程的描述、对危险物质的描述、危险辨识、安全系统相关部分的描述、风险评价、重大事故后果评价安全管理与应急计划措施。

A 对设施和生产过程的描述

a 对设施的描述包括

（1）现场：现场平面图；周围环境（工厂、交通线路、建筑物、医院、学校等）。

（2）结构设计：材料（有关安全的材料）；设计数据（压力、温度和容积）；基础（稳固）。

（3）防护区（爆炸防护，隔离距离）。

(4) 工厂的可接近性：疏散路线；紧急情况的路线。

b 对生产过程的描述包括

(1) 设施的技术目的。

(2) 工艺过程的基本原理：主要工序；物理和化学反应；操作存贮；出料、贮留、循环或废料处理；废气的排出或处理。

(3) 生产过程的条件：描述过程和与安全有关的数据（压力、温度）。

(4) 生产过程描述：最好是给出适用的流程图（PI 图），其中应包括以下信息：过程所用组分；具有特点的操作条件；含危险物质的容器和管路；压力控制系统。

(5) 公用动力供应：所有与安全有关的公用动力类型（电、气、冷却剂、压缩空气、惰性气体）。

B 对危险物质的描述

对危险物质的描述包括：

(1) 物质：物质被引入或可能被引入的过程阶段；物质的数量；物质的数据（物理和化学的）；与安全有关的数据（爆炸极限、闪点、热稳定性）；毒理数据（毒性、毒效、气味）；阈限值（TLV，致死浓度）。

(2) 物质存在形式：物质存在的形式，或是非正常条件发生时物质可能转化的形式。

C 危险辨识

根据所评价的设备、设施或场所的地理、气象条件、工程建设方案、工艺流程、装置布置、主要设备和仪表、原材料、中间体、产品的理化性质等辨识和分析可能发生的事故类型、事故发生的原因和机制。

D 安全系统相关部分的描述

安全系统相关部分的描述包括：

(1) 安全系统的作用；

(2) 负荷类型和限量；

(3) 安全的重要性；

(4) 特殊设计准则；

(5) 控制与报警；

(6) 压力释放系统；

(7) 紧急关闭阀门；

(8) 收集容器；

(9) 喷洒器系统；

(10) 防水。

E 风险评价

根据已辨识出的危险和所有能得到的有关的资料完成风险评价工作。风险评价内容包括：

(1) 风险评价的方法（选用）；

(2) 应考虑的危险因素；

(3) 重大危险控制手段。

作为附加信息，风险评价应包括该厂和其他类似工厂的事故案例以及经验教训。

F 组织与管理

一个工厂安全操作所用的组织系统，在工厂安全整体评价中是应考虑的重要因素。组织与管理应包括以下资料：

（1）维护和检查进度表；

（2）人员培训大纲；

（3）工厂安全责任的分配与委派；

（4）安全措施的实施。

G 重大事故后果评价

重大事故后果评价提供可能发生事故的信息，包括：

（1）对可能泄漏的危险物质或动力的评价；

（2）泄漏物质可能扩散的情况；

（3）对泄漏后果的评价（包括影响地区的规模，对健康的危害和财产的破坏）。

H 安全管理与应急计划

安全管理与应急计划主要用于以下方面：

（1）报警系统；

（2）紧急计划；

（3）紧急措施。

6.3.3.3 风险评价报告的评审

一般情况下，风险评价报告应每隔3～5年进行评审和修改。

在出现下列情况时，需要修改风险评价报告：

（1）工厂或生产过程有重大改变；

（2）对危险物质出现新的信息；

（3）在安全技术上有重要改进。

6.4 重大危险源的监控

安全监督管理部门应建立重大危险源分级监督管理体系，建立重大危险源宏观监控信息网络，实施重大危险源的宏观监控与管理，最终建立和健全重大危险源的管理制度和监控手段。

生产经营单位应对重大危险源建立实时的监控预警系统。应用系统论、控制论、信息论的原理和方法，结合自动检测与传感器技术、计算机仿真、计算机通信等现代高新技术，对危险源对象的安全状况进行实时监控，严密监视那些可能使危险源对象的安全状态向事故临界状态转化的各种参数变化趋势，及时给出预警信息或应急控制指令，把事故隐患消灭在萌芽状态。

6.4.1 重大危险源宏观监控系统

6.4.1.1 宏观监控的主要思路

（1）在对重大危险源进行普查、分级，并制订有关重大危险源监督管理法规的基础上，明确存在重大危险源的企业对于危险源的管理责任、管理要求（包括组织制度、报告制度、监控管理制度及措施、隐患整改方案、应急措施方案等），促使企业建立重大危险源控制机制，确保安全。

（2）安全生产监督管理部门依据有关法规，对存在重大危险源的企业实施分级管理，针对不同级别的企业，确定规范的现场监督方法，督促企业执行有关法规，建立监控机制，并督促企业对隐患整改。建立健全新建、改建企业重大危险源申报和分级制度，使重大危险源管理规范化、制度化。同时与技术中介组织配合，根据企业的行业、规模等具体情况，提供监控的管理及技术指导。在各地开展工作的基础上，逐步建立全国范围内的重大危险源信息系统，以便各级安全生产监督管理部门及时了解、掌握重大危险源状况，从而建立企业负责、安全生产监督管理部门监督的重大危险源监控体系。

（3）重大危险源的安全生产监督管理工作主要由区县一级安全生产监督管理部门进行。信息网络建成之后，市级安全生产监督管理部门可以通过网络了解一、二级危险源的情况和监察信息，有重点地进行现场监察；国家安全监督管理部门可以通过网络对各城市的一级危险源的监察情况进行监督。

6.4.1.2 宏观监控系统的设计思想

各城市应建立重大危险源信息管理系统。该系统包括各企业重大危险源的普查分类申报信息、危险源分级评价信息、企业对重大危险源管理情况信息及事故应急救援预案，以及安全生产监督管理部门对重大危险源的监察记录等信息。有条件的城市可建立以地理信息系统为基础的重大危险源信息管理系统，使重大危险源的分布情况更加直观。该系统可以把安全生产监督管理部门对重大危险源监控管理工作提高到一个新的层次，直接通过计算机实现对各企业重大危险源监控工作的监督管理及跟踪企业重大危险源的分布变化情况，使安全生产监督管理部门的管理工作从直观性到实时性都有很大的提高，更好地为安全生产监督管理部门服务。

为了便于信息的传递和更新，各城市应建立各区县安全生产监督管理部门与市安全生产监督管理部门的信息网络系统，定期进行数据的更新。

设立国家重大危险源监控中心，建立以地理信息系统为基础的重大危险源监控总系统，并搜集各城市重大危险源的分布管理情况，对已经建立地理信息系统的城市，可以将城市重大危险源的分布、状况信息和管理情况直接在总系统的电子地图上显示出来，为国家安全生产监督管理部门决策所用。待条件成熟之后，可以把重大危险源监控总系统、各城市的监控子系统以及企业的计算机监控系统通过网络相连。

6.4.1.3 宏观监控系统网络设计方案

各子系统要求采集城市所辖的重大危险源信息，在各城市的地理信息系统（电子地图）上进行危险源信息的统计、报表以及多媒体信息显示，并将危险源信息和监察企业执行重大危险源安全管理有关规定的情况及时发送给监控总系统。

监控总系统要求上国际互联网（Internet），建立自己的网络主页（Home Page），以便子系统和其他授权用户可以在网上访问总系统的主页，子系统将危险源信息和监察企业执行重大危险源安全管理有关规定的情况通过 Internet 及时发送给监控总系统。

重大危险源宏观监控系统的网络组成结构框图如图 6－5 所示。

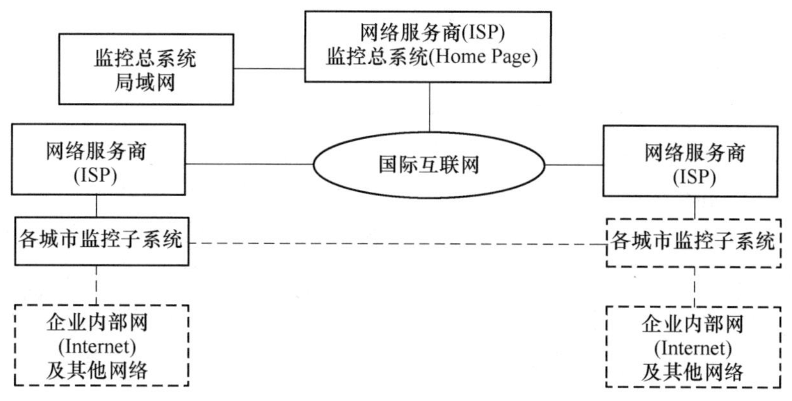

图6-5 重大危险源宏观监控系统的网络组成结构框图

6.4.1.4 城市重大危险源信息管理系统

城市重大危险源信息管理系统集计算机数据管理、多媒体、地理信息系统于一身，能够为领导和有关部门及时、直观、形象地提供重大危险源信息，以及发生事故后抢险、救援信息，有利于有关领导及时、准确地决策，最大限度地减少发生重大事故的可能性及事故后造成的各项损失。城市重大危险源信息管理系统，为城市重大危险源的管理工作在综合采用现代技术和科技新成果，提高工作的现代化水平方面探索了一条新路。目前，北京、青岛等城市在此方面已做出了有益的尝试。

系统的目标和任务主要包括：

（1）重大危险源信息（包括多媒体及地理信息）的管理；

（2）重大危险源危险程度评估的计算机辅助分析；

（3）重大危险源事故应急救援预案的形象表述；

（4）为政府部门宏观管理和政府决策提供准确、全面、形象的信息、依据和手段，提高政府部门安全生产管理水平，促进重大事故隐患及重大危险源管理的规范化和科学化。

图6-6说明了系统各功能的关系。

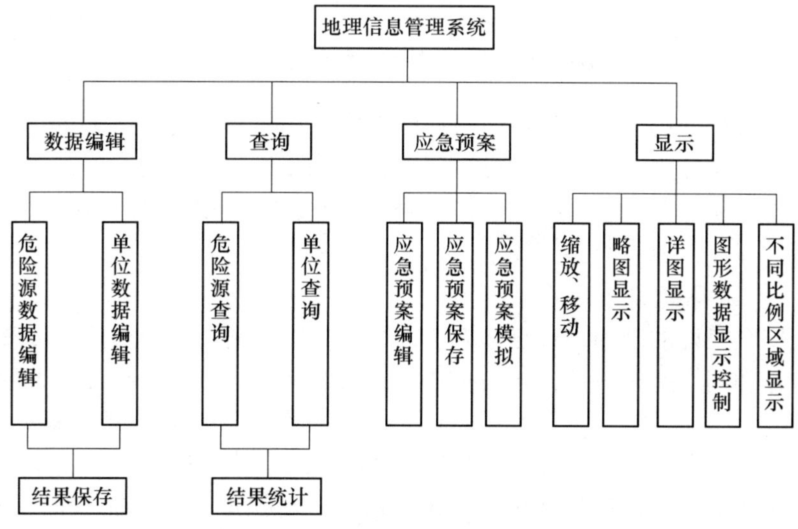

图6-6 地理信息管理系统各功能关系

6.4.2 重大危险源实时监控预警技术

6.4.2.1 计算机控制系统的组成原理

重大危险源计算机实时监控预警系统的主体框架如图6－7所示。

图6－7中的危险源对象是指工业生产过程中所需的以及各种生产场所拥有的设施或设备，如罐区、库区、生产场所等对象。这些对象有各种易燃、易爆、毒性等危险物质，对安全生产和人身安全构成了极大的威胁。它们的特性参数是重大危险源监控预警系统所要关注的主要参数，将这些参数进行数据采集，转换成计算机所能识别的信号，利用计算机对重大危险源进行检测、监视、预警和控制，预防重大事故的发生，实现安全生产。

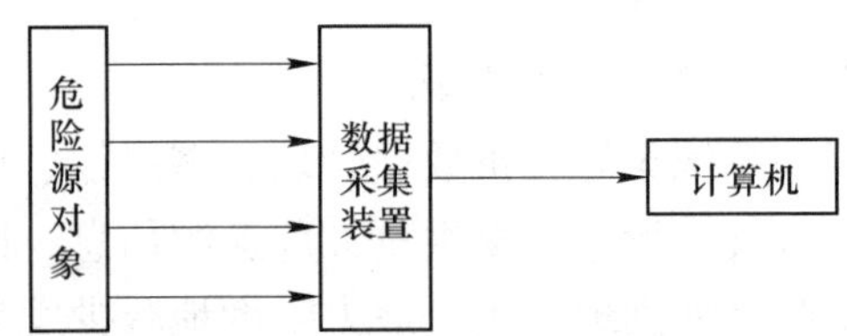

图6－7 重大危险源监控预警系统主体框架

要达到重大危险源的计算机自动检测和自动控制的目的，还应将主计算机计算出的结果动态反馈到危险源对象上去，由执行机构对危险源对象的各种参数进行控制，使之运行在安全范围以内。计算机控制系统的典型结构如图6－8所示。

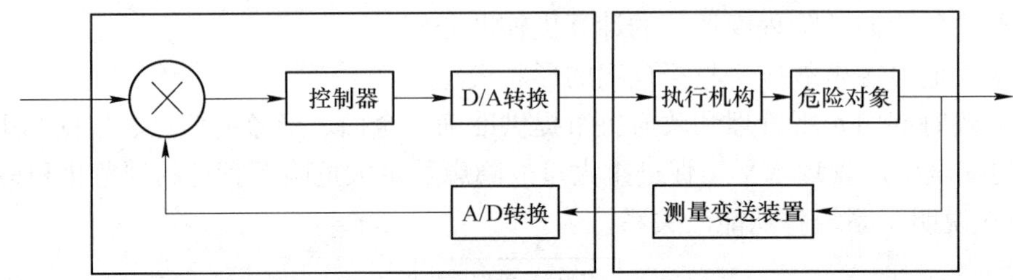

图6－8 计算机控制系统的典型结构

众所周知，表征工业生产过程特性的物理参数（危险源对象）大部分是模拟信号，或者是开关量信号，而计算机采用的是数字信号。为此，两者之间必须采用模/数转换器（A/D）和数/模转换器（D/A），以实现这两种信号之间的转换。尽管各种工业生产过程、危险源对象多种多样，但对其实施控制的计算机却大同小异。

6.4.2.2 危险源数据采集系统

应用系统安全工程的理论、观点和方法，结合过程控制、自动检测、传感器、计算机仿真、数据传输和网络通信等理论与实践技术，构成易燃、易爆、有毒重大危险源监控预警系统。

首先从危险源数据采集系统开始，分析哪些因素是造成事故的原因，找到需要采集的危险源对象和参数。将标准信号通过数据采集装置，转换成计算机能够识别的数字信号，用于控制或预警系统的后处理。

数据采集装置可以是数据采集卡、单片机或 PLC。它往往可以同时采集多路标准信号。如果需采集的标准信号很多，也可以选用多个数据采集装置。

有的系统需要采用数据采集装置所采集来的数据，且监控计算机可能与数据采集装置相距很远，因而需要采用远距离通信技术将数据采集装置采集的数字信号传送到较远的监控计算机上。必要的时候，还要采用网络技术，将其连成局域网。整个数据采集系统采取分布式层级结构，其结构框图如图 6－9 所示。

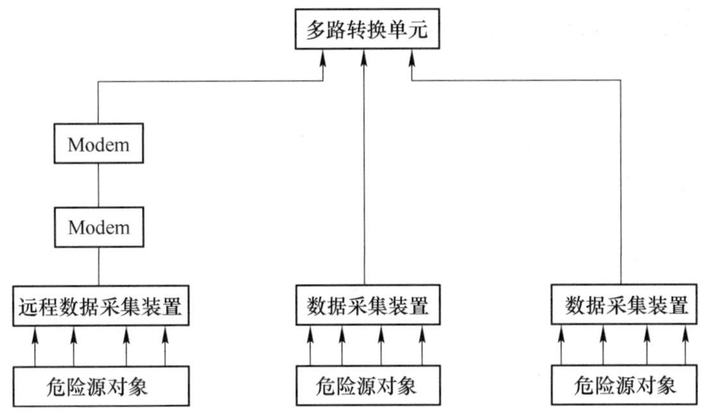

图 6－9 数据采集系统结构框图

6.4.2.3 计算机监控预警系统

重大危险源对象大多数时间运行在安全状况下。监控预警系统的任务主要是监视其正常情况下危险源对象的运行情况及状态，并对其实时和历史趋势作一个整体评判，对系统的下一时刻做出一种超前（或提前）的预警行为。因此，在正常工况下和非正常工况下，应该有对危险源对象及参数的记录显示、报表等功能。

（1）正常运行阶段。正常工况下，危险源运行模拟流程，进行主要参数（温度、压力、浓度、油/水界面、泄漏检测传感器输出等）的数据显示、报表、超限报警，并根据临界状态数据自动判断是否转入应急控制程序。

（2）事故临界状态。当被实时监测的危险源对象的各种参数超出正常值的界限时，如不采取应急控制措施，就会引发火灾、爆炸及重大毒物泄漏事故。在这种状态下，监控系统一方面给出声、光或语言报警信息，由应急决策系统显示排除故障系统的操作步骤，指导操作人员正确、迅速恢复正常工况；另一方面发出应急控制指令（例如，条件具备时可自动开启喷淋装置使危险源对象降温，自动开启泄放阀降压，关闭进料阀制止液位上升等）；或者当可燃气体传感器检测到危险源对象周围空气中的可燃气体浓度达到阈值时，监控预警系统将及时报警，同时还能根据检测的可燃气体的浓度及气象参数（风速、风向、气温、气压、湿度等）传感器的输出信息，快速绘制出混合气云团在电子地图上的覆盖区域、浓度预测值，以便采取相应的措施，防止火灾、毒物的进一步扩大。

（3）事故初始阶段。如果上述预防措施全部失效，或因其他原因致使危险源及周边空间起火，为及时控制火势，应与消防措施结合，可从两个方面采取补救措施：1）应用早期火灾智能探测与空间定位系统及时报告火灾发生的准确位置，以便迅速扑救；2）自动启动应急控制系统，将事故抑制在萌芽状态。

习题与思考题

6－1 什么是重大危险源，什么是危险化学品重大危险源？

6－2 重大危险源控制系统由哪些部分组成？

6－3 简述风险评价的一般程序。

6－4 简述易燃、易爆、有毒重大危险源评价方法的主要步骤。

6－5 重大危险源是如何定级的？

6－6 什么是半数致死半径？

6－7 简述风险评价报告的目的及内容。

6－8 重大危险源宏观监控的主要思路是什么？

6－9 简述重大危险源计算机监控预警系统应具备的功能。

安全流变—突变理论

7.1 流变—突变理论的背景知识

"流变"一词来源于古希腊，意即万物皆流，万物皆变。山是静止的，但经过长久的地质年代也可发生流变。水是可以流动的，不能施加任何剪切力，但在突然施加外力的情况下，亦可表现为静止。这些现象说明事物本身具有修复（保护）和损伤（流变）的性质。毛泽东在《矛盾论》中指出："人的认识物质，就是认识物质的运动形式，因为除了运动的物质以外，世界上什么也没有，而物质的运动必取一定的形式。""突变"一词的本意有彻底转变之意，最初提出是在 1968 年 Thom 的《结构稳定性和形态发生学》著作中。突变主要指事物从临界破坏点向前发生的趋势，具有质的彻底改变的意义，也就是说事物已不具有原来的性质或特征了。突变的发生有多种途径，可以是跳跃式的，也可以是缓慢式的。但重要的一点是事物的性质发生了变化和事物的敏感程度增加了，某个因素的连续变化会导致系统形态的突然变化，即系统从一种形式突然跳跃到完全不同的另一种形式。流变和突变综合起来形成流变—突变理论，它描述了事物从诞生—发展—消亡的全部过程。事物的运动变化，总是先从事物的诞生起进行流变，一种光滑的、连续不断的变化。在整个变化过程中，可以感觉到事物状态、性质的统一、相持和平衡，事物的本质属性没有发生变化。当事物流变到某一阈限值时，事物状态、性质突然发生变化，导致新质的产生或功能和特征的完全丧失。

7.1.1 流变—突变理论的物质观

流变—突变理论承认世界的物质性和物质对意识的根源性，认为世界的统一性在于它自身的物质性。物质世界是互相联系并发展变化的客观存在，流变—突变理论就是对客观物质世界的反映。从"一切皆流，一切皆变"出发，认识物质的具体形态、具体表现、具体关系。科学的发展使人们对事物的量和质有了更深的认识。看到量与质更为紧密的关系，使人的认识没有停留在量与质的规定性的传统理解上，认识到在质中不仅包含定性的质，而且包含定量的质。近代化学早已把硬度、熔点、相对密度看成定量的质；近代物理学中把硬度、能量、功、电阻等看成定量的质。正因为质不仅包含定性的质，而且包含定量的质，才会有量的增加和减少所引起的质变。在流变—突变理论中，已把质、量、质变、量变的概念通过实践活动抽象出来，并在实践中得到了进一步深化。

物质世界具有质的多样性，而多样性只能统一于物质。流变—突变理论是从一个侧面描述了物质世界的多样性、运动性，认为物质世界在不断流变中突变。

7.1.2 流变—突变理论的时空观

空间和时间是一切存在的基本形式，时空是一定物质关系的表现，是从物质的运动来认识时空的属性。时空不但在量上是无限的，在质上也是无限的。一个事物或一个物体的空间广延和时间持续的特征，是该事物或物体的内在属性，而这种特征只能通过同本身也具有一定量的时空特征的其他事物或物体进行比较，才能被人们所认识。流变—突变理论中包含上述时空观，认为一切流变—突变现象离不开空间内物质的相互作用，不论这种相互作用是微观的还是宏观的，其共性总是在时空中要表现出来。

7.1.3 流变—突变理论的运动观

流变—突变是物质的一种运动形式。事物的属性是在流变—突变中显示出来的。凡是有物质的地方就有矛盾，就有运动，这是运动的绝对性。流变—突变是一事物向另一事物转变的流程。流变—突变理论就是要从事物的常住性和变动性中找出事物综合特征变化的规律性。流变—突变现象中变化的原因是一种广义的力，如温度差、环境变化等。

7.2 安全流变—突变的基本特征

根据流变—突变的基本理论，一个事物从诞生到消亡是一个“安全流变与突变”的过程。所谓的“安全流变与突变”就是事物在发展过程中安全与危险的矛盾的运动过程。这一矛盾随时间的运动过程就决定了事物发展各个阶段的安全状态。下面就矿山灾害现象、人的伤亡过程、社会的变革或改革及机械灾害过程四方面的典型过程简要叙述其“安全流变与突变”的基本特征。

7.2.1 矿山灾害

在地下采矿过程中，常常伴有各种灾害现象发生，自燃火灾、煤与瓦斯突出、冲击地压、冒顶和底鼓等。

7.2.1.1 自燃火灾

矿井火灾是煤矿的主要灾害之一，在矿井火灾事故中，自燃火灾约占70%，故研究煤炭自燃发火规律，及时采取预防措施，对保证煤矿安全生产、保护煤炭资源有重要意义。煤炭自燃是煤与氧气两相组分在空间发生激烈化学反应的过程，常伴有放热、发光以及生成新物质等现象。按安全流变论的观点（参见图7-1），OA段是煤与氧气接触开始氧化阶段，煤刚一暴露在空气中，氧化速度特别快，但随着热量的放出和煤氧化复合物的产生，消耗掉周围空间的大量氧气，再由于复合物对深层煤样的包裹，对煤的氧化过程有一个阻滞作用，所以氧化速度减慢，但氧化程度在不断增加。煤的氧化产热量和散发热量大抵相同，氧化速度在A点后几乎为一恒值，热量略有聚积，温度有所上升。该状态可能持续一段时间，当温升达到某一值时（B

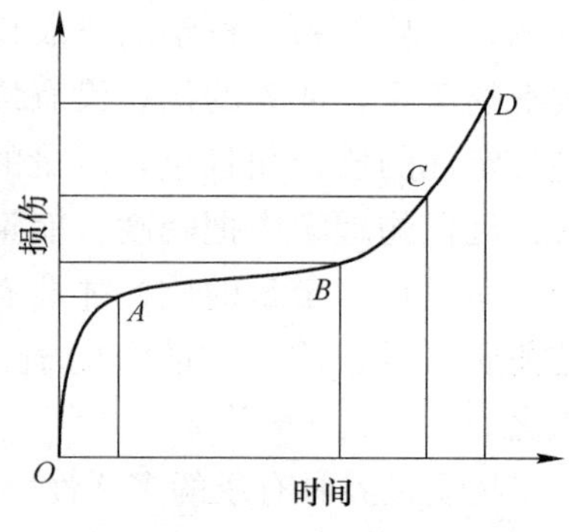

图7-1 安全流变—突变图

点）煤的氧化速度突然又要加快，产热多，温升更高，导致煤的氧化速度越来越快，一旦到达 D 点就自燃发火，形成自燃火灾，完成了煤的自燃突变。点 B 这个状态点是个关键点，可对应一系列反映发火危险程度的参数。如 $t \geqslant 70℃$，CO 的浓度，煤的干馏产物量。C 点是人为设置的报警点，BC 段是处理火灾措施段，时间可能很短，但是是处理火灾的关键时期，如果处理适当，氧化速度可能下降，氧化程度不变，不能进一步形成自燃火灾。

7.2.1.2 冒顶

冒顶也是煤矿常见事故之一。在开巷过程中，破坏了掘巷前围岩应力的平衡状态，巷道围岩压力重新分布，出现应力集中和巷道周围的极限平衡区。新掘出的巷道顶板下沉速度最大，顶底板日相对接近速度几毫米至几十毫米不等，但很快掘巷引起的围岩应力趋于稳定后，巷道表面围岩顶板的变形速率也趋于稳定。由于煤岩一般都具有流变性质，在应力不变的情况下，围岩变形随着时间的延长而不断增加，顶底板日相对接近速度在 0.5mm 以下，但当进入集中应力带或顶板周期来压后，压力高于顶板（支柱）所能承担的极限压力时，顶板（支柱）断裂下沉，发生冒顶事故。在安全流变理论中，纵坐标为反映冒顶危险程度的量。OA 段为刚掘出新巷道变形速度递减段，减到某一变形速度后，围岩以一较小的速度变形，当稳定一段时间后，围岩压力或其他条件发生变化，危险程度超过 B 这个屈服点，变形速度加快，发生冒顶。B 点这个状态点由下列参数决定：顶板最大下沉量、顶板的脆性程度、支柱的支撑力和伸缩量，周期来压应力等。通过实验或实测，一旦掌握 B 点参数的规律，就可以对冒顶事故进行预测和控制。

7.2.1.3 煤与瓦斯突出

煤与瓦斯突出是煤岩介质在外载荷的作用下随时间的形变和破坏过程。从采掘空间在地层中形成时开始，较强烈的煤岩流变损伤现象就开始发展，并在一定的范围内形成灾害发生的准备区域。随着时间的延续，准备区域内的煤岩将可能向两种状态发展：一种是流变损伤加速使煤岩进入到安全突变的灾害状态；另一种是流变损伤的速度衰减并最终恒定而使煤岩进入安全状态。决定煤岩是否进入危险状态或安全状态的因素有两方面：一方面是煤岩自身的性质，即内部因素；另一方面是作用于煤岩的外部因素，如载荷大小、采掘空间的几何条件、扰动等。此外，在考察两因素的影响时，时间是确定安全状态的重要因素。一旦煤岩进入危险状态，则安全流变—突变就开始发生。灾害事故发生后随之便是灾害事故的发展阶段，在此阶段内，造成灾害的物质释放出大量的能量。当能量得到比较充分的释放后，煤岩便进入由危险状态向新的安全状态转化的灾害事故结束阶段，该阶段也是下一个灾害准备阶段的开始。因此，由煤岩破坏所造成的灾害事故过程可分为安全流变阶段、安全突变阶段、结束阶段和后效阶段 4 个阶段。在煤岩达到安全突变之前的“安全流变”特征如图 7－1 所示。图中横轴为时间轴，纵轴为煤岩的安全流变变形量轴（或损伤量轴）。理论上的安全突变点应在 $D=1$ 处，但在实际的事物安全过程研究中，一般人为规定在某 $D<1$ 的点 C 为安全流变的临界损伤值。图中所示的流变变形曲线已为煤岩的流变变形试验所证实。从图中可以看出，煤岩在外载荷作用下具有 3 个典型的损伤阶段，OA 段为损伤减速增加阶段，AB 段为损伤稳定发展阶段，BC 段为损伤加速段，CD 段为灾害的发展阶段；D 为灾害的突变点。煤岩的危险度正比于煤岩的损伤量。

7.2.2　机械事故

机械事故是由构成机械设备的部分元件的破坏磨损等机械因素造成的故障现象。每一种或每一台新机器的投入使用就孕育着新的故障或事故的发生。由安全向危险转化的过程也具有如图 7－1 所示的基本特征。这里，纵轴表示机器的磨损老化程度（损伤量轴）。*OA* 段为机器在投入使用初期的零部件跑合磨损段，具有减速增加磨损的特征；*AB* 段为机器在初期磨损后的恒速磨损老化段，在此阶段中机器的故障率较低，运行平稳；*BC* 段是与元器件寿命相关的加速磨损老化段，在此阶段中机器的故障率增高，磨损老化量剧增；*C* 点为机器由安全流变向安全突变转化的临界磨损老化量。这一磨损老化曲线也已为试验所证实。机械事故的全过程也同样具有安全流变阶段、安全突变阶段、结束阶段和后效阶段 4 个阶段。

7.2.3　社会变革或改革

纵观人类社会的发展史，每一次变革或改革都是从前一次变革或改革后就开始孕育和逐渐发展起来的。每一次变革或改革都是上层建筑与经济基础之间矛盾逐渐激化的结果。每一次变革或改革都是对原社会某些秩序的更新。因此，社会的发展和变革过程即是社会从一种安全状态向另一种安全状态的转变过程，该过程也同样具有图 7－1 所示的基本特征。这里图 7－1 中的纵轴表示矛盾的激化程度（或损伤量轴）；*OA* 段表示一个新的社会形态或管理体制诞生后在新秩序的建立过程中矛盾的逐渐缓和阶段；*AB* 表示新秩序建立后矛盾的稳定发展阶段；*BC* 段表示在旧的管理体制阻碍生产力发展后的矛盾加剧阶段；*C* 点为矛盾激化程度的临界值，即安全突变点（*C*、*D* 点分别为安全突变的实际和理想突变点）。

每一次变革或改革的全过程也同样可分为变革或改革的安全流变阶段、安全突变阶段、结束阶段和后效阶段 4 个阶段。

7.2.4　人的衰亡过程

7.2.4.1　人的生命过程

人的整个生命过程是一个“安全流变与突变”过程。从生命诞生的时刻起就孕育着衰老和死亡的发生。这个“安全流变与突变”过程仍然具有如图 7－1 所示的基本特征。这里图 7－1 中的纵轴代表人体的衰老度（或损伤量轴）。曲线的 *OA* 段为从生命诞生到青春期结束这一生命阶段，该阶段中人体的发育速度逐渐减缓（也即是生命衰老的减速增加）；*AB* 段为青春期结束到老年期开始这一人体稳定衰老阶段；*BC* 段为人体进入到老年期后的加速衰老阶段；*C* 为生命衰亡的临界值。上述的人体“安全流变与突变”过程已为生理学所证实。生命的衰亡过程同样具有 4 个阶段，即生命的安全流变阶段、安全突变阶段、结束阶段和后效阶段 4 个阶段。生命的安全突变阶段是指疾病在人体内的扩散和暴发；结束阶段是指知觉的丧失和血液的停止流动；后效阶段是指尸体的僵化和腐烂。因此，生孕育着死，死孕育着生，人类就是在这种无限的循环中得以延续。

7.2.4.2　人的伤亡过程

人的衰亡除了衰老病死还有工伤事故死亡。工作环境和工作对象也能造成人身的危险状态。人从开始进入工作状态就孕育着新的危险状态的发生，该过程同样具有图 7 - 1 所示的特征。这里图 7 - 1 中纵轴表示人体伤亡事故发生的概率（危险度）。曲线的 *OA* 段表示人开始进入工作环境接触工作对象时对工作环境和工作对象的认识过程，在该阶段中事故发生的概率减速增加；*AB* 段为对工作环境和对象熟悉后的伤亡事故发生概率的稳定增加段，该阶段中人的精力充沛并易于集中；*BC* 段表示随工作时间增长人的精力开始分散，反应速度下降，身体疲劳，感觉阈限增大而导致的危险度加速增长段。*C* 为危险度的临界值。因此，正确地确定工作时间，使其在人体的适当承受能力之内，对安全生产是非常重要的。

由于篇幅所限，以上仅是对某些典型事例的“安全流变与突变”过程进行的简要分析，但由此我们可以看出，事物的发生发展过程均具有“安全流变与突变”的基本特征。

7.2.5 安全突变—流变论

从前述典型事例的“安全流变与突变”过程分析中可以得知，安全与危险这一矛盾贯穿事物存在的始终。安全状态是相对的，危险状态是绝对的。从一个事物诞生的时刻起就孕育着危险状态的出现，危险状态随事物在时间和空间中的发展而发展。事物安全与危险的矛盾运动受两方面因素的影响。一方面是事物的内在因素，例如人体细胞的衰亡，社会生产力的发展，煤岩的物理化学性质等都属于内在危险因素；另一方面是事物的外部环境因素，又称之为外部危险因素。如环境对人、机器对人都属于外部危险因素。内外因在一定的条件下可以互相转化。内在危险因素决定事物“安全流变与突变”的性质和程序；外部危险因素决定事物“安全流变与突变”的速度和形式。对于某一事物的“安全流变与突变”过程，外部危险因素往往是极其复杂而又千变万化的。因此，在研究事物的“安全流变与突变”过程时，必须首先从众多的因素中抽象出内在危险因素，通过研究内在危险因素的变化规律来得出事物“安全流变与突变”的基本规律，然后再考虑外部危险因素的影响和作用。前述的分析中就遵循了这一原则。综上所述，事物“安全流变与突变”的全过程可以表述为：当某一新事物诞生后的初期（*OA* 阶段），其损伤量随时间呈减速递增，新秩序在此期间逐渐形成和完善。当新秩序发展到成熟阶段时（*AB* 阶段），完善的新秩序使损伤量匀速缓慢增加。经过一个稳定增加的时期后，原秩序将再次向无序方向发展，进而使损伤量值开始加速增大（*BC* 段）。任何事物都具有其固有的损伤量承受能力或界限，超出此限后，事物将发生安全突变。事物发生安全突变时的损伤值即为该事物的临界损伤量。当原秩序被破坏后，事物又开始回归到一个新的安全状态，即损伤量为新的近似零值，原事物的秩序消失，从而又形成了另一个同类新事物诞生的起点（*O* 点）。物质世界就是在安全到危险的无限循环中存在和发展的。

从上述的安全流变过程分析中，人们对事物安全流变与突变特征有了定性的概念。下面将对该过程进行定量的数学模型描述，并建立起安全流变的数学模型。

7.3 安全流变—突变理论的基本理论

7.3.1 安全流变—突变的基本概念

安全科学是一门新的交叉科学，它以系统论、控制论、信息论等现代组织理论为宏观策略指导；以流变论、突变论、协同论等自组织理论做指导。它所研究的对象是当今人类极富有挑战性的事故和灾害等人类发展所面临的负效应。显然安全科学涉及的系统是一个以人、社会、环境、技术、经济等因素构成的复杂协调系统，但它作为一门科学必须有其自身的定义体系，一切概念和原理的提出应以此为基础。

概念 7－1 安全：是一个相对的状态概念，是认识主体在某一限度内受到损伤和威胁的状态。

概念 7－2 危险：是一个相对的状态概念，是认识主体受到损伤和威胁超过某一限度的状态。

（1）危险源：是认识主体中产生和强化负效应的核心，是危险能量的爆发点。

（2）危险场：是危险源对某些受体形成损害的威胁范围，表示伤害的终结域。这种范围可以具有时间和空间的特征，即在时间和空间上可以度量，可以划出边界范围，危险场既与危险源的强度有关，又与受体的承受能力有关，是一个可度量的安全量。

（3）危险梯度：在危险场中，危险程度的变化率，即危险源释放的能量因受体或环境的变化率。

（4）危及势（V）：是系统功能残缺或丧失后造成的损害总和。

概念 7－3 灾害：是指事物原来的秩序发生崩溃的状态，是事物达到损伤极限而发生质变的状态，是事物不安全状态的极限。

（1）自然灾害：是以自然变异为主要原因而产生的并表现为自然态的灾害，如地震、风暴等。

（2）人为灾害：以人为主要原因而造成的灾害。如交通事故、过度采伐森林引起水土流失导致的江河决堤等。

（3）事故：也是灾害的一个下属概念，是一种复杂的系统功能丧失现象，其中渗入了多个机体的复杂作用和开放系统的社会艺术作用，是一种已发事件。

概念 7－4 秩序：系统自身的组成、结构和内部运行规律，主要指系统进行物、能、信息等交换过程中的所有运行机制。

概念 7－5 风险（R）：是对认识主体可能发生灾害的后果的定量描述，是一定时期产生灾害的概率与有害事件危及势的乘积。$R=PV$，式中，P 为风险出现的概率，V 为危及势的量度值。

概念 7－6 安全损伤（e）：事物在内外因的作用下随时间的破坏量。按损伤生成的时间前后可分为原生损伤、后生损伤和灾变损伤；按损伤程度的大小可分为本质损伤和非本质损伤；按产生损伤的原因可分为内部因素损伤和外部因素损伤。

概念 7－7 安全度（S）：为了定量地描述事物安全流变—突变过程，需引入一个衡量损伤程度的量，即安全度，它是描述事物保持在安全状态的概率值。

概念 7－8 安全流变：是一个量变过程概念，是事物损伤随时间的渐变积累演化描述。

概念 7－9 安全突变：是一个质变过程概念，是事物损伤随时间的渐变积累演化达到事物自身极限后的瞬变过程描述。

概念 7－10 安全外因：影响事物安全程度的外部因素，指事物周围所有对事物本身有影响的集合体。从能否宏观可见或表现的角度，分为显现因素和隐性因素；从世界的本源角度分为物质因素和意识因素。

概念 7－11　安全内因：影响事物安全程度的内部因素，指事物内部结构、组成、形态等相互作用、相互影响的集合体。它包括本质构件（结构、组成）、流变过程函数、边界容度。

（1）本质构件：是由事物自身所决定的具有某种性质或能实现某种特定功能的组件。

（2）流变过程：是事物在安全场应力和安全场应变作用下的流变函数。

（3）边界容度：事物从某一状态到另一状态变化的极限变量值。安全容度是量度事物向正效应方向转化的条件。危险容度是量度事物向负效应方向转化的条件。

（4）安全能：由事物的状态决定，反映事物运动形态变化的可能性，是事物安全质变和变形的公共度量。从正面量度安全流变形态的转变能力。

（5）安全熵：促使事物向负效应方向转变的量度。

概念 7－12　安全功：过程特征参量，反映事物状态变化的度量。功是状态变化的基本条件，功分为两种，一种转变为安全能储存，另一种转变为耗散能造成永久损伤。

概念 7－13　损伤的滞后效应：当作用于事物的能量对事物损伤做功时，本质损伤不会立即出现，而产生一个弹性前效；当对损伤做功的能量消失后，损伤不会立即停止，而还要延迟一段时间，这两个时间对安全预测很重要。

概念 7－14　寿命极限：指事物在理想态广义力作用下，事物损伤量达到质变的最大时域。

概念 7－15　安全势：指事物从一状态向另一状态转化能力的大小和趋势，是一种可能性的表述。

概念 7－16　安全潜力势：指事物达到安全最佳状态或理想状态的能力大小和趋势，潜力势越大说明事物从现在状态发展到安全最佳状态的能力越大，可能性越强。

概念 7－17　潜力损伤势：是指在事物的不断发展过程中，对事物达到安全最佳状态的能力和趋势损伤程度的反映。如对于人体的背力而言，人体可以达到的最大背力是1800N（年龄可能在25岁左右），年龄较小时，背力可能只有500N，但潜力势很大，潜力损伤势却很小；25岁后，人的背力开始减小，可能减小到500N，但这时的潜力势很小，潜力损伤势却很大。潜力损伤势在人体的整个生命过程中具有流变—突变的特点。

7.3.2　安全流变—突变的理论模型

在对事物的安全流变—突变特征有了定性认识的基础上，建立安全流变—突变的物理模型，并对事物的安全状态进行定量描述。

7.3.2.1　基本元件特征

（1）安全可逆元件：在外界广义力作用下发生安全损伤变形，变形量遵循胡克定律，变形量的安全意义是可恢复安全损伤，用 ⩘⩘ 表示。

$$S_H = 2ke_H \tag{7-1}$$

$$e_H = \frac{S_H}{2k} \tag{7-2}$$

式中　S_H——可修复损伤广义作用力；

k——表征事物可修复损伤过程的系数；

e_H——可修复损伤。

（2）安全阻尼元件：在外界力作用下发生安全损伤，安全损伤速度与力成正比。安全阻尼元件用▬表示。

$$S_N = 2\eta e_N \tag{7-3}$$

式中 S_N——引起永久损伤的广义力；

η——反映永久损伤过程的系数，表征事物永久损伤形成程度的系数；

e_N——永久损伤。

（3）安全摩擦件：f_3 = 常数，用▬表示。

f_3 为反映事物抵抗外界影响的容度，当外界影响小时，事物内部的系统不损伤，摩擦件对系统起一个保护作用，相当于保护层；当外界影响大时，摩擦件开始运动产生永久损伤。

（4）安全质量体：用■表示元件。

该元件可以想象为具有一定质量的物体，但它的质量随损伤的增大而不断衰减，当到达事物的寿命时，元件的质量变为0。当外界的作用力大于初始摩擦力时，质量体可以运动，并且服从牛顿阻力定律，由于质量体质量不断减小，即使外界作用力不变，质量体的运动也要呈现加速趋势。质量体在安全科学中的意义是安全的边界容度，当外界或内部作用小时，质量体不运动，其他元件工作，系统只形成大量的可恢复损伤和小部分永久损伤，系统的本质特征不会受影响；当外界或内部作用大时，质量体开始滑动，形成稳定的不可恢复的损伤，经过一段时间或一定的永久损伤后，安全边界容度值降低，内部永久损伤形成加速之势。

7.3.2.2 安全流变—突变模型的五个层次

安全流变—突变模型由四组元件组成，整个系统可分为五个层次，每层功能和机理各不相同，从外向内依次分为外界广义损伤力区、可立即恢复损伤区、可缓慢恢复损伤区、安全本质损伤区、安全本质损伤加速区。如图7－2、图7－3所示。

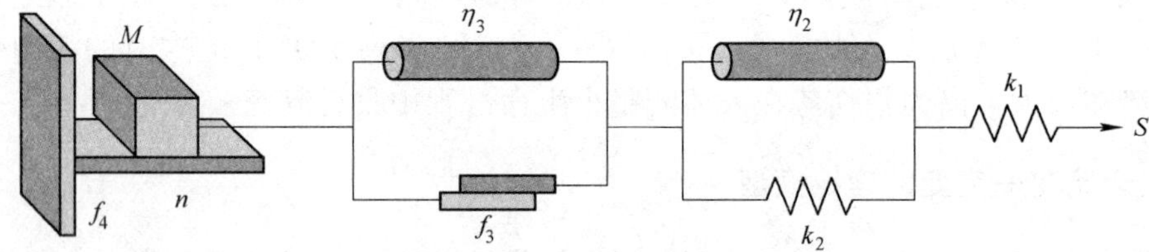

图7－2 安全流变—突变物理模型

图7－3 安全流变—突变模型框图

（1）外界广义力作用区 S。一切外部对事物有影响作用的总称，它通过事物内部而对事物起作用。它可以是看得见、摸得着的，也可以是无形、无迹的，如辐射和磁场等。它的作用方式可能各式各样，有些事物或系统，一经诞生，那么它就会存在其他因素对它的影响，实际研究中力为0的现象不存在。不同事物所受的力不可能相同，有时是数量级的差别。当对于同一事物外界变化范围不大时，可以认为是受相同的力作用，如研究人的寿命规律时，外部环境较稳定，生理、心理变化不大，可以在定常力作用下分析。

（2）可立即恢复损伤区。第一保护区，它由一个安全可逆元件构成，能对外界作用立即形成反应，把作用能以可恢复损伤的形式存储起来，一旦外界作用消失，对事物的危险势也立即消失。k_1 为可恢复损伤系数。k_1 越大储存外界作用的能力越大。

（3）可缓慢恢复损伤区。第二保护区，由安全阻尼和安全可逆两元件组成，它的特点是对作用力不能立即引起应有的损伤，有个时间滞后段，当外力消失后损失不能立即恢复，而是经过一段时间缓慢回复到原始位置。η_2、k_2 共同组成自修复因子。从安全学的观点看，就是事物经过自身缓慢调节修复能够远离危险，达到事物的安全状态。对人的身体而言，就是得小病后，能通过生理系统的自我调理，又恢复如初的过程。对社会而言，社会上一度出现动荡，经多方采取措施还可恢复太平，所以出现的损伤不引起本质特征的恶化。

（4）本质损伤区。事物内部不可修复的损伤区，由安全阻尼和摩擦件组成。当传到本质区的作用力较小时，摩擦件相当于一个保护事物的强度元件，抵抗外部的作用力量，而不产生事物的本质损伤；当传到本质区的作用力较大时，摩擦件消耗一部分外力，把剩余的力作用于阻尼元件，形成本质损伤，f_3、k_3 共同构成本质损伤因子。

（5）本质损伤加速区。本质损伤加速区由质量体元件构成，是描述事物损伤开始加速的元件，如果外界作用超过某一定值，就会引起内部本质损伤加速元件运动。它能消化或吸收一部分外界作用，一开始它的消化或吸收能力为一定值 f_4，但运行一段时间后，安全质量体的质量随时间不断减小，是损伤的单调递减函数，即使在外界作用力不变的情况下，质量体形成的损伤也要加速。由于质量体的不断减小，保护事物免受加速损伤的能力逐渐降低，大量的外界力作用于事物的本质损伤加速区，事物的损伤速度越来越快，损伤程度越来越大，直到整个事物完全破坏。

7.3.3 安全流变—突变的数学模型

在上述物理模型的基础上，根据物理模型中组合元件的特性，可以进一步得出损伤量与作用力的关系式，即安全流变—突变的数学模型：

（1）当 $S<f_3$ 时，本质损伤区、本质损伤加速区内没有运动。

损伤：
$$e = \frac{S}{k_1} + \frac{S}{2k_2}\left[1 - \exp\left(-\frac{k_2}{\eta_2}t\right)\right] \tag{7-4}$$

损伤速度：
$$\dot{e} = \frac{S}{2\eta_2}\exp\left(-\frac{k_2}{\eta_2}t\right) \tag{7-5}$$

损伤加速度：
$$\ddot{e} = -\frac{Sk_2}{2\eta_2^2}\exp\left(-\frac{k_2}{\eta_2}t\right) \tag{7-6}$$

式中 e，$\dot{e}$，$\ddot{e}$——分别代表损伤、损伤速度、损伤加速度；

t——时间变量。

（2）当 $f_4>S>f_3$ 时，本质损伤区开始运动。

损伤：
$$e = \frac{S}{k_1} + \frac{S}{2k_2}\left[1 - \exp\left(-\frac{k_2}{\eta_2}t\right)\right] + \frac{S-f_3}{\eta_3}t \tag{7-7}$$

损伤速度：
$$\dot{e}=\frac{S}{2\eta_2}\exp\left(-\frac{k_2}{\eta_2}t\right)+\frac{S-f_3}{\eta_3} \tag{7-8}$$

损伤加速度：
$$\ddot{e}=-\frac{S}{2\eta_2^2}\exp\left(-\frac{k_2}{\eta_2}t\right) \tag{7-9}$$

（3）当 $S>f_4$ 时，根据事物的损伤发展规律，设 m 是损伤量 e_4 的单调逆减函数，即：$m=g(e_4)$，它随研究分析事物的不同，此函数的表达式亦有不同形式。当时间 $t=0$ 时，$e_4=0$，且 $m=M$；M 表示事物的初始安全质量，当 $t=T$ 时，$e_4=L$ 且 $m=0$。T 是事物的理想极限寿命，L 是事物的最大损伤量。将外界广义作用力 F 与安全质量 m 之间的作用关系视为符合牛顿第二定律，则有：$F=m\cdot\ddot{e}_4$，其中 $F=S-f_4$，$S-f_4=m\cdot\ddot{e}_4$，$\ddot{e}_4=\dfrac{S-f_4}{m}$；式中，$\ddot{e}_4$ 为安全损伤加速度。

$$\ddot{e}_4=(S-f_4)\frac{1}{g(e_4)} \tag{7-10}$$

$$\dot{e}_4=(S-f_4)\int\frac{1}{g(e_4)}\mathrm{d}t+c_1 \tag{7-11}$$

$$e_4=(S-f_4)\iint\frac{1}{g(e_4)}\mathrm{d}t+c_1t+c_2 \tag{7-12}$$

上述方程的通解也可表示为：
$$t=\int\frac{\mathrm{d}e_4}{\sqrt{c_1+2\int\frac{S-f_4}{g(e_4)}\mathrm{d}e_4}}+c_2 \tag{7-13}$$

式中，c_1、c_2 为常数，按边界条件可求出式（7-13）。

则事物总的损伤量有如下公式：

损伤：
$$e=\frac{S}{k_1}+\frac{S}{2k_2}\left[1-\exp\left(-\frac{k_2}{\eta_2}t\right)\right]+\frac{S-f_3}{\eta_3}t+e_4 \tag{7-14}$$

损伤速度：
$$\dot{e}=\frac{S}{2\eta_2}\exp\left(-\frac{k_2}{\eta_2}t\right)+\frac{S-f_3}{\eta_3}+\dot{e}_4 \tag{7-15}$$

损伤加速度：
$$\ddot{e}=-\frac{S}{2\eta_2^2}\exp\left(-\frac{k_2}{\eta_2}t\right)+\ddot{e}_4 \tag{7-16}$$

式（7-4）~式（7-16）是事物在不同外界广义力作用下安全流变—突变的数学模型。

下面进一步分析上述模型在不同损伤阶段的动力学特性。在事物损伤的初始阶段：事物只发生可恢复安全损伤。

即
$$e=\frac{S}{k_1} \tag{7-17}$$

在事物损伤的减速和稳定阶段：

当 $S<f_3$ 时，损伤速度由大变小，最后趋于0；损伤加速度由负变为0。

$$e=\frac{S}{k_1}+\frac{S}{2k_2}\left[1-\exp\left(-\frac{k_2}{\eta_2}t\right)\right] \tag{7-18}$$

$$\dot{e}=\frac{S}{2\eta_2}\exp\left(-\frac{k_2}{\eta_2}t\right),t\to\infty,\dot{e}\to0 \tag{7-19}$$

$$\ddot{e} = -\frac{Sk_2}{2\eta_2^2}\exp\left(-\frac{k_2}{\eta_2}t\right), t\to\infty, \ddot{e}\to 0 \tag{7-20}$$

当 $f_4 > S > f_3$ 时，损伤速度由大变小，最后趋于一定值。

$$e = \frac{S}{k_1} + \frac{S}{2k_2}\left[1 - \exp\left(-\frac{k_2}{\eta_2}t\right)\right] + \frac{S - f_3}{\eta_3}t \tag{7-21}$$

$$\dot{e} = \frac{S}{2\eta_2}\exp\left(-\frac{k_2}{\eta_2}t\right) + \frac{S - f_3}{\eta_3}\cdots, t\to\infty, \dot{e}\to\frac{S - f_3}{\eta_3} \tag{7-22}$$

$$\ddot{e} = -\frac{Sk_2}{2\eta_2^2}\exp\left(-\frac{k_2}{\eta_2}t\right) \tag{7-23}$$

当 $S > f_4$ 时，总的损伤速度由大变小，趋向一极小值，由于质量体开始运动，总损伤量比 $f_4 > S > f_3$ 时的大。

$$e = \frac{S}{k_1} + \frac{S}{2k_2}\left[1 - \exp\left(-\frac{k_2}{\eta_2}t\right)\right] + \frac{S - f_3}{\eta_3}t + e_4 \tag{7-24}$$

$$\dot{e} = \frac{S}{2\eta_2}\exp\left(-\frac{k_2}{\eta_2}t\right) + \frac{S - f_3}{\eta_3} + \dot{e}_4 \tag{7-25}$$

$$\ddot{e} = -\frac{Sk_2}{2\eta_2^2}\exp\left(-\frac{k_2}{\eta_2}t\right) + \ddot{e}_4 \tag{7-26}$$

在事物损伤的加速阶段：

当 $S < f_4$ 时，无加速阶段。损伤速度由大变小，趋于一定值。

当 $S > f_4$ 时，总的损伤速度由大变小，趋向一极小值，然后由小变大。

在整个阶段内损伤加速度由负变正，在加速段内图形是一条下凹的曲线。

$$e = \frac{S}{k_1} + \frac{S}{2k_2}\left[1 - \exp\left(-\frac{k_2}{\eta_2}t\right)\right] + \frac{S - f_3}{\eta_3}t + e_4 \tag{7-27}$$

$$\dot{e} = \frac{S}{2\eta_2}\exp\left(-\frac{k_2}{\eta_2}t\right) + \frac{S - f_3}{\eta_3} + \dot{e}_4 \tag{7-28}$$

$$\ddot{e} = -\frac{Sk_2}{2\eta_2^2}\exp\left(-\frac{k_2}{\eta_2}t\right) + \ddot{e}_4 \tag{7-29}$$

数学模型中各个字母符号的安全意义如下：

S——影响事物安全损伤的外界广义作用力，对于某一事物，在一定条件下可以按定值考虑。如在人类历史长河中，人的一生在社会没有巨大的变化时，可视为常数。

m——事物的安全质量。从事物诞生起就具有的一种安全本质量。它反映事物在外界作用下事物损伤的衰减程度，m 越大越容易阻碍外界作用力的影响，但它随损伤的增大而不断衰减。

k_1——可立即修复损伤因子。它能把外界作用力以弹性潜能的形式保存下来，当外界作用消失后，原来形成的外界损伤可立即修复。

k_2，η_2——事物自缓慢修复因子。这两个因子的变化会影响事物早期流变速度的大小。

f_3——事物的本质损伤门限值。当外界作用力小于 f_3 时，外界作用不会引起事物的本质损伤，产生的损伤可修复达到原始状态；当外界作用力大于 f_3 时，作用力就会形成对事物的永久损伤。

η_3——安全本质损伤速度因子。影响事物不可修复损伤程度的大小。

f_4——安全流变—突变损伤加速门限值。当外界作用力小于f_4时，损伤不会引起加速，只能缓慢随时间变化；当外界作用力大于f_4时，安全质量体开始衰减，损伤形成加速之势。

上述用事物绝对损伤量的大小反映事物的安全过程，因为不同的事物绝对损伤量大小各不相同，所以不便发现事物内在的统一规律，这里用归一化方法取事物相对安全损伤量D的大小：

$$D = \frac{e_1 + e_2 + e_3 + e_4}{\int_0^T (\dot{e}_1 + \dot{e}_2 + \dot{e}_3 + \dot{e}_4)\mathrm{d}t} \tag{7-30}$$

在日常生活中，许多安全问题可以简化为两组元件的模型图，即第二与第四组元件共同构成事物的安全流变—突变模型。第一和第三组元件随时间变化关系比较稳定，可以认为是常数，它们的图形见图7-4，从图中可以清晰地看出用第二与第四组元件就可描述事物的流变状态。每个元件的安全意义进一步可以明确为：k_2——事物的强度系数；η_2——事物内部的磨损系数；M——事物的安全质量，是事物的安全的本质特征量；T——事物的理想寿命值；S——事物外部环境作用的总和；f_4——影响事物安全质量加速损伤的门限值，简化后的方程为：$e = e_2 + e_4$。

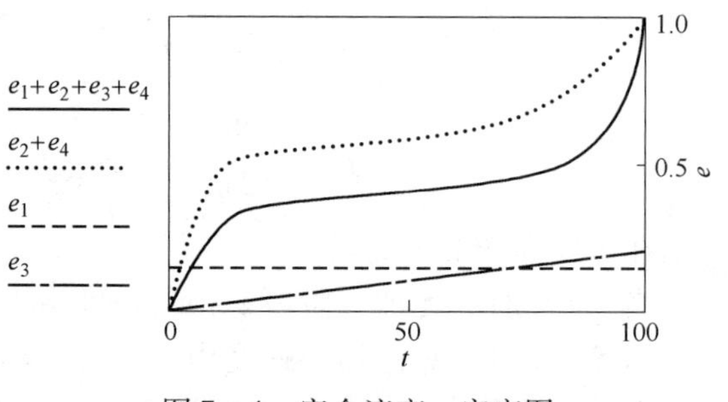

图7-4　安全流变—突变图
（$e_1+e_2+e_3+e_4$，e_2+e_4，e_1，e_3）

7.3.4　安全流变—突变的模型举例分析研究

在上面所建立数学模型的基础上，利用MathCAD绘图工具，通过改变模型中的各个参数的大小，分析各个参数变化对事物损伤流变—突变过程的影响情况，再进一步介绍它们所代表的安全意义。

一般情况下安全质量变化是损伤量的递减函数，但为了简单和便于说明起见，这里假设安全质量是时间的衰减函数，即它只随时间的变化而变化。

设：

$$m = g(t) = M\frac{(T-t)^n}{T^n} \tag{7-31}$$

则有

$$\ddot{e}_4 = (S - f_4)M\frac{T^n}{M(T-t)^n} \tag{7-32}$$

$$\dot{e}_4 = \frac{(S-f_4)T^n}{M}\left[-\frac{(T-t)^{1-n}}{1-n} + \frac{T^{1-n}}{1-n}\right] \tag{7-33}$$

$$e_4 = \frac{(S-f_4)T^n}{M}\left[\frac{(T-t)^{2-n}}{(1-n)(2-n)} + \frac{T^{1-n}}{1-n}t - \frac{T^{2-n}}{(1-n)(2-n)}\right] \tag{7-34}$$

式中，n为事物安全质量衰减因子。它是表征事物固有的安全质量随时间变化的衰减因子，但对于不同的事物，n 值大小不同。$n\neq1$，$n\neq2$。

为了分析事物的安全本质规律，先取定一组基本参数：安全质量 $M=40000$，安全质量的衰减系数 $n=2.01$，事物的强度系数 $k_2=1.25$，事物的磨损系数 $\eta_2=15$，安全广义作用力 $S=100$，加速损伤门限值 $f_4=93$，事物的理想极限寿命 $T=100$，T 也可认为是理想极限寿命百分数，如 $T=50$，则此时寿命为理想极限寿命的 50%。

（1）图 7－5 为当事物的磨损系数 η_2 从 2—15—50—105 变化时，事物相对损伤量的流变—突变图。不难看出，流变曲线随着 η_2 的变化逐渐向下移动，前半部分越来越接近时间轴，这就说明随着时间的变化 η_2 越大事物损伤程度越小，事物的安全度越高，不易形成破坏。η_2 越小事物损伤程度越大，事物的安全度越小，事物极易形成破坏。

（2）图 7－6 为当事物的强度系数 k_2 从 1—1.25—5—10 变化时，事物相对损伤量流变—突变图。事物的强度系数 k_2 越小，事物越容易损伤。$k_2=1$ 是最上面的一条线，事物的初始损伤比较大，实际寿命质量小；$k_2=10$，事物的实际寿命几乎达到理想的极限寿命，而且整个工作期间，损伤变化特别小，也即“生命”质量高，损伤量基本不影响整体功能的发挥。

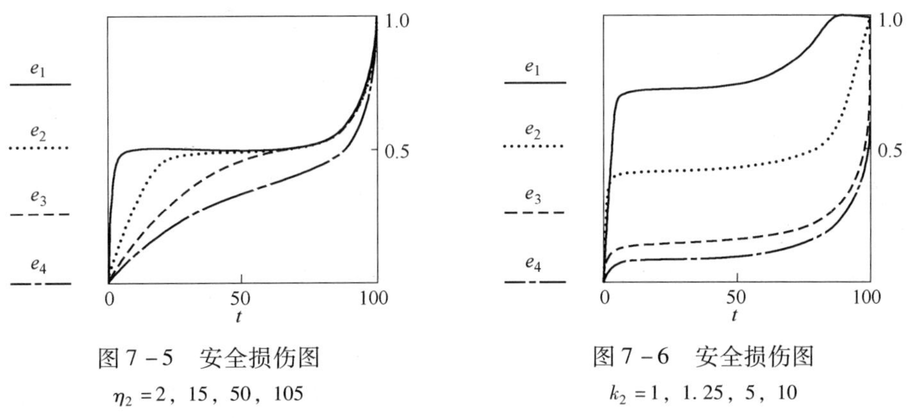

图 7－5 安全损伤图
$\eta_2=2$，15，50，105

图 7－6 安全损伤图
$k_2=1$，1.25，5，10

（3）图 7－7 是安全质量从 400—4000—40000—400000 变化过程中，事物的流变—突变损伤图。随着安全质量的不断增大，流变曲线的前半部分越来越向下弯曲，当 M 大于 400000 后，曲线几乎接近水平轴，也就是说，事物的安全质量特别大时，损伤主要是由后期形成的，前期基本没有大的损伤。事物的安全质量越大事物越安全，越不易受外界干扰。

（4）图 7－8 表示影响事物安全损伤的外界广义作用力从 94—100—150—550 依次增大过程中，事物相对损伤量的流变—突变情况。随着广义作用力的逐渐增大，事物的损伤程度越来越严重，损伤主要是由于质量体加速衰减造成的。当作用力小时（$S=94$）事物的前期损伤占事物全部损伤的比重大；当作用力大时（$S=550$），事物的后期损伤占事物全部损伤的比重大。

（5）图 7－9 表示 n 从 1.01—2.01—2.3—2.6 依次增大过程中事物相对损伤量的流变—突变情况。可以看出，事物的安全度衰减系数对相对损伤量的影响趋势与安全质量一样，随着 n 的增大，曲线越来越向下移动，最下面的曲线说明事物的损伤量主要是后期形成的，整个寿命区相对损伤量曲线趋于平缓，而且平均值较小。

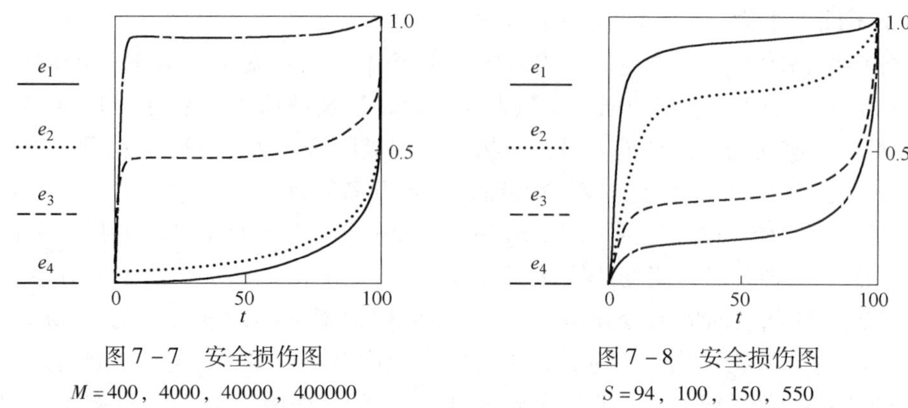

图7-7 安全损伤图

$M=400, 4000, 40000, 400000$

图7-8 安全损伤图

$S=94, 100, 150, 550$

（6）图7-10表示不同极限寿命事物随着极限寿命从20.1—100.1—160.1—200.1依次变化时，事物相对损伤量的安全流变—突变曲线图。T越小，事物寿命区间内的损伤变化幅度越大，基本是陡直线，事物的安全程度相对较小；T越大，事物寿命区间内的损伤变化幅度则越小，事物的安全程度相对较大，也就是说事物的寿命越长，整个寿命区损伤变化较平缓。

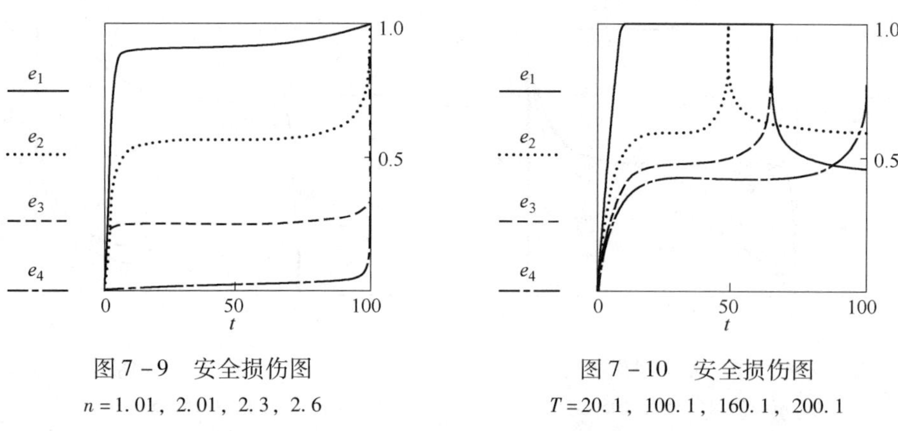

图7-9 安全损伤图

$n=1.01, 2.01, 2.3, 2.6$

图7-10 安全损伤图

$T=20.1, 100.1, 160.1, 200.1$

以上各种相对损伤量的变化过程可以在立体示意图中更直观地表现出来，其中纵轴是事物的相对损伤量；一横轴为时间变量，一横轴为另一参数变量。图7-11中$k_2=1\sim13$，图7-12中$\eta_2=2\sim122$，图7-13中$S=94\sim214$，图7-14中$M=1\sim151500$，图7-15中$n=0.9\sim4.5$，图7-16中$n=0.07\sim2.8$。

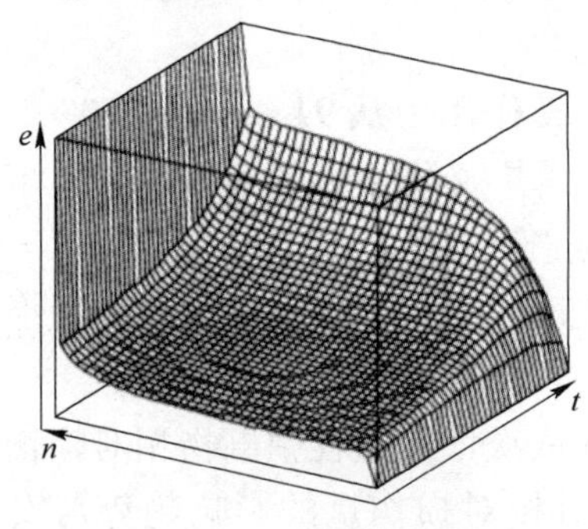

图7-11 安全损伤立体图

$k_2=1\sim13$

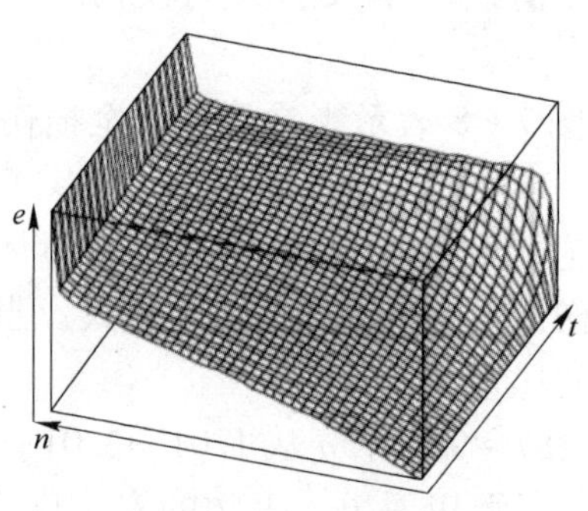

图7-12 安全损伤立体图

$\eta_2=2\sim122$

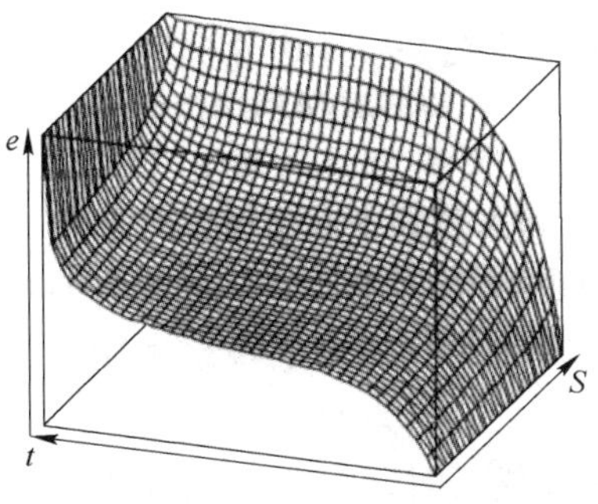

图 7-13 安全损伤立体图

$S=94\sim214$

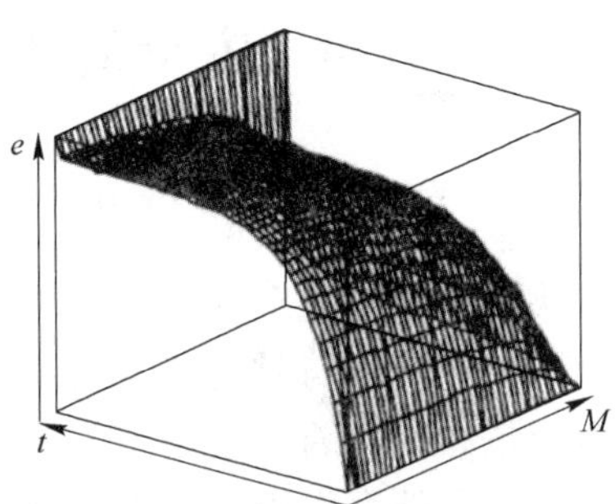

图 7-14 安全损伤立体图

$M=1\sim151500$

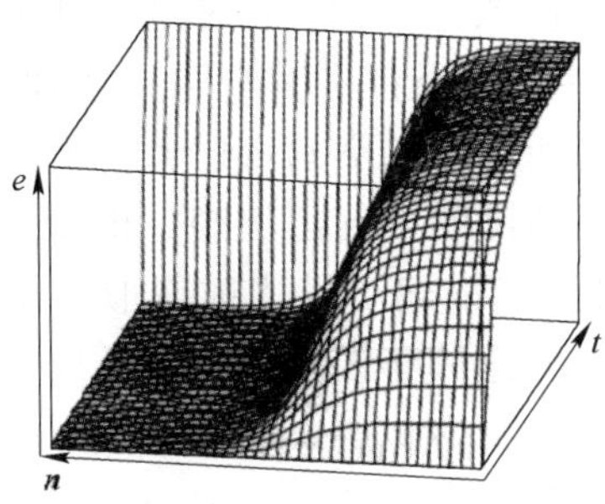

图 7-15 安全损伤立体图（一）

$n=0.9\sim4.5$

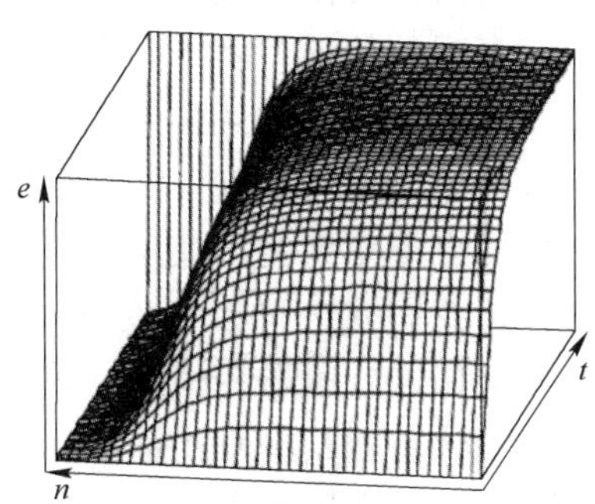

图 7-16 安全损伤立体图（二）

$n=0.07\sim2.8$

安全流变—突变的动力学特性也可用速度和加速度更好地反映，例如当 $S=94$、100、150、550 时，其他参数与前面的基本参数一致，图 7-17、图 7-18 分别为安全流变—突变过程的速度和加速度图。

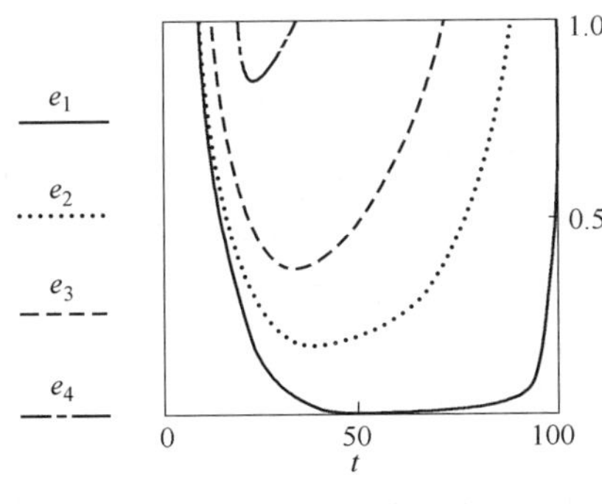

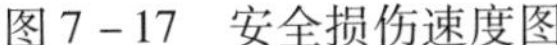

图 7-17 安全损伤速度图

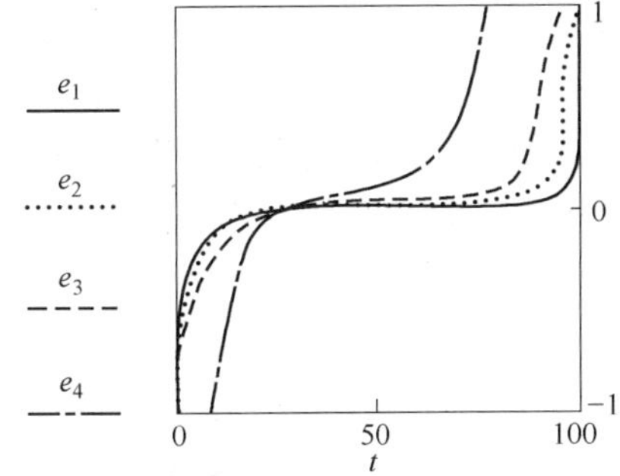

图 7-18 安全损伤加速度图

从速度图可以看出：不管 S 如何变化，速度变化的整体趋势是由大到小，然后又由小变大，直至事物完全破坏；加速度是由负变正，再逐渐增大，以至于无穷。但 S 大小不同，变化曲线也各不相同。在图 7-17 中从下往上依次为 $S=94$、100、150、550 的图。

7.4 安全流变—突变理论的应用研究

7.4.1 含瓦斯煤岩流变—突变行为

目前反映煤与瓦斯突出的“综合作用”假说虽已被普遍接受，但假说没有考虑时间的因素，认为其形变状态与时间因素无关。经大量的现场实验和详细观察表明，参与突出的煤岩体的形变是和时间因素紧密相关的。

含瓦斯煤体在外力作用下，当达到或超过其屈服载荷时，煤与瓦斯突出，整个过程明显地表现为三个阶段：流变损伤减速增加阶段、流变损伤等速增加阶段和流变损伤加速增加阶段。其中，第一、二两阶段对应于煤与瓦斯突出的准备阶段，第三阶段是煤与瓦斯突出的发生发展阶段。突出是含瓦斯煤体快速流变的结果，如果外加载荷未达到屈服载荷时，流变具有衰减的特征，将不会发生突出。流变假说认为，所有含瓦斯煤体都具有前述的流变特征，其流变行为的最终表现取决于其外部的环境条件和其自身的物理力学性质，不存在突出煤与非突出煤差别，如果条件具备，目前所认为的突出煤层也可变为非突出煤层，非突出煤层也可变为突出煤层。流变假说较圆满地阐明了突出机理。根据煤与瓦斯突出的流变特征，我们完全可以用安全科学的流变模型来描述。煤体损伤形变由四部分构成：瞬时形变损伤、减速形变损伤、等速形变损伤、加速形变损伤。含瓦斯煤岩是一种流变介质，其流变状态随其本身的强度和应力水平而异。在含瓦斯煤岩相对强度较低的应力水平下，以弹性可逆变形为主；反之则以不可逆变形为主。较遥远过去变形历史对含瓦斯煤层形变影响比新近过去变形历史的影响小，而且形变是由一个足够小的邻域确定的。原始的含瓦斯煤层经过漫长的地质年代，根据记忆衰退原理，它的流变运动已进行得相当缓慢，变形速度趋向0，煤层处于准平衡状态。采矿作业破坏了原始地层的准平衡状态，使采掘空间附近一定区域内的煤岩体从流变准平衡状态变为变形速度较大的流变状态。在这一采掘空间中，含瓦斯煤的受力状态、瓦斯的渗流状态和煤结构性能都随时间发生变化。这些变化在外界因素的作用下，形成不同的组合，在宏观上表现为煤与瓦斯突出、冲击地压、底鼓片帮等矿井动力学现象。针对含瓦斯煤岩突出的流变—突变过程特点，可用前面建立的安全流变—突变模型描述如下。

含瓦斯煤岩的突出过程，实际上是煤岩损伤形变的过程。损伤量、损伤速度和损伤加速度大小的变化情况，可清楚地反映含瓦斯煤岩的突出过程。损伤量大小反映煤岩的变形程度，损伤速度和损伤加速度反映煤岩变形的过程。三者的数学表达式分别为：

$$e = \frac{S}{k_1} + \frac{S}{2k_2}\left[1 - \exp\left(-\frac{k_2}{\eta_2}t\right)\right] + \frac{S - f_3}{\eta_3}t + e_4 \tag{7-35}$$

$$\dot{e} = \frac{S}{2\eta_2}\exp\left(-\frac{k_2}{\eta_2}t\right) + \frac{S - f_3}{\eta_3} + \dot{e}_4 \tag{7-36}$$

$$\ddot{e} = -\frac{Sk_2}{2\eta_2^2}\exp\left(-\frac{k_2}{\eta_2}t\right) + \ddot{e}_4 \tag{7-37}$$

式中 e——瓦斯突出过程的形变损伤值；

k_1——瞬时形变系数，与煤层裂隙有关；

S——外界作用力 $\sigma_1-\sigma_3$；

k_2——煤样强度系数；

η_3——煤岩稳定蠕变系数；

η_2——煤岩前期蠕变的系数；

f_3——非弹性损伤门限值；

$\dot{e}$——煤岩损伤变形速度；

$\ddot{e}$——煤岩损伤变形加速度；

t——作用时间；

e_4，$\dot{e}_4$，$\ddot{e}_4$——分别为煤岩加速变形段的损伤、损伤速度、损伤加速度，可由式（7－34）、式（7－33）、式（7－32）求出。

通过计算机模拟与前人对含瓦斯煤岩流变特性实验室试验结果相比较，两者吻合得很好。数据与图形见图 7－19、图 7－20。

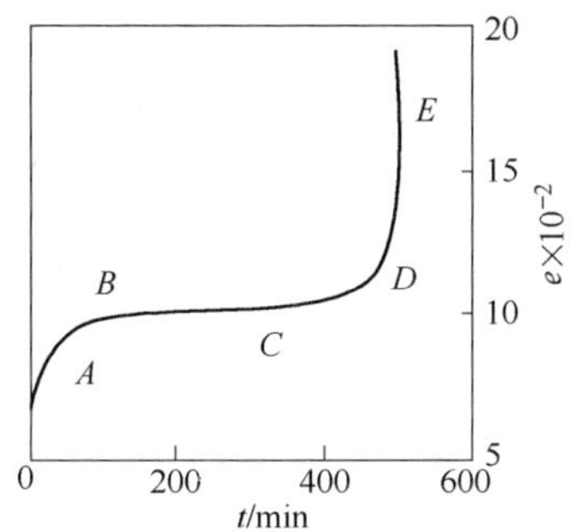

图 7－19　D60 煤样组流变曲线

孔隙相对气压（N_2）$u=2.0$MPa

$S=14.3$，$n=2.18$，$\eta_2=90.22$，$f_3=2$，

$f_4=2$，$k_1=2.23$，$k_2=4.269$，

$\eta_3=11000$，$M=6000000$

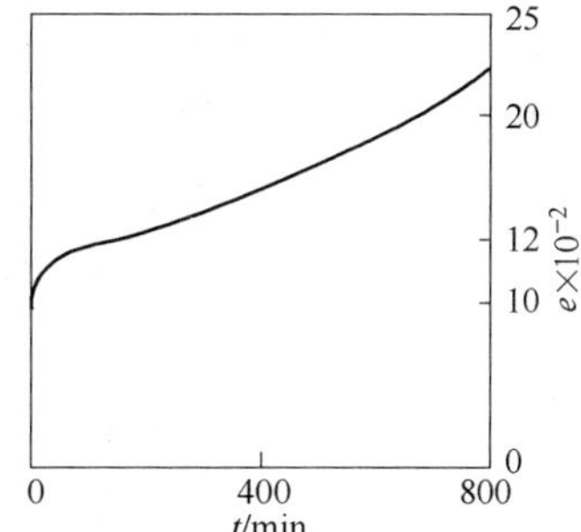

图 7－20　H1 煤样组流变曲线

孔隙相对气压（CO_2）$u=2.0$MPa

$S=15.6$，$T=800.2$，$k_1=1.97$，$n=1.51$，

$T=800$，$f_3=2$，$k_2=4.269$，$M=6000000$，

$\eta_2=90$，$\eta_3=1500$，$f_4=2$

从图 7－19 可以看出含瓦斯煤岩典型的流变—突变过程。横轴代表煤样承载作用时间，纵轴代表煤样损伤形变大小。

这里 OA 为煤在自重作用下形变损伤，与承载时间关系不大，是瞬时损伤。

AB 是含瓦斯煤岩突出的不稳定损伤阶段，损伤速度由大逐渐变小，流变损伤曲线上凸，即 $\dot{e}>0$，$\ddot{e}<0$。

BC 是含瓦斯煤岩突出的稳定损伤阶段，损失速度近似为常数或 0，流变曲线为直线，即 $\dot{e}=0$，$\ddot{e}=0$。

CD 是含瓦斯煤岩突出的加速损伤阶段，煤岩损伤变形量迅速增加，损伤速度逐渐变大，煤岩变形损伤加速度为正，流变曲线下凹，即 $\dot{e}>0$，$\ddot{e}>0$。

D 点是含瓦斯煤岩突出的突变发生阶段，流变损伤已到极限，含瓦斯煤岩的运动开始发生质变。

7.4.2　人的生理与心理功能特征参数流变过程

人的生命过程是一个复杂的过程，从诞生、成型、成熟到衰老、死亡的发展可以理解为安全科学中从流变到突变的演化过程，亦即可以认为损伤从小到大的发展过程。

生命现象是一种特殊的、高级的物质运动形式，高度的有序性、高度的组织化是生命的重要特征。在作用于机体的各类因素中，时间是一个非常特殊的因素，近年来随着时间生物学的发展，有大量的研究表明节律性（如背力、体力、肌力、血糖、血钾、体温及体能随时间波动）也是生命的一个基本特征。如果掌握这些特征的变化规律，就可以准确地预测和预知生命现象中机体功能状态的演化规律，为人的行为提供科学的、合理的指导。对实现人、机和环境协调作用有重要的实际意义。下面阐述反映人体生理和心理功能的特征参数随时间的流变—突变规律。

以下所有的图表都是人体功能或器官随时间变化的情况，纵坐标没有特别说明都指潜力损伤势。通过与前面安全科学的数学模型和图表比较，不难发现有许多相似之处，这样有可能用前面所介绍的安全流变—突变的数学公式和图表反映人体的某些特征。在这里潜力损伤势代表公式中的损伤。

7.4.2.1 新生儿的身体变化

新生儿的身体变化与安全流变与突变的特点十分相符，刚出生时身体变化速度很快，但随着时间的推移，身体变化速度开始减小，并稳定到一定值；年龄达到一定程度，身体的各种器官与功能又向负方向快速变化，变化加速度是正值。表 7 - 1 为体重与身高随年龄的流变情况。

表 7 - 1 体重与身高随年龄的变化

新生儿体重与身高随年龄的变化情况		
年龄/岁	体重增加量/$kg \cdot a^{-1}$	身高增加量/$cm \cdot a^{-1}$
1	6.0 ~ 7.0	20 ~ 25
2	2.5 ~ 3.5	10
2 岁后	1.5 ~ 2.5	4 ~ 5

7.4.2.2 感觉器官

人在日常生活中，总是有意识、无意识地连续接受有关环境及自身的信息，对于不同的刺激，各种不同的器官起不同的反应，把信息转化为电脉冲，再传递给大脑，在那里记录下来并处理成有意识的知觉。

[例 7 - 1] 眼睛传递有关环境的亮度、颜色、形状、大小和运动等的任何信息。环境中约 80% 的信息是通过眼睛接受的。眼睛中的瞳孔，其直径可以借助一种括约肌在 2 ~ 8mm 之间变动（老年人在 2 ~ 4mm 之间）。这种结构允许眼睛适应 $1 \sim 10^{10}$ 范围内的各种亮度。对于亮度的适应只需几秒钟。而对暗度的适应则需要较长的时间，可长达 1h（图 7 - 21）。

眼睛的晶状体可以修正屈光折射能力，通过晶状体天赋的特性使其变厚来观察近物。当观察远物时，晶状体松弛，同时拉紧晶状体的悬吊韧带，使晶状体变平。晶状体折射率的这种变化，使得距离约从 6cm（清晰视觉最近点）到无限远处的物体均能在视网膜上产生清晰的图像。随着年龄的增长，晶状体内的水分渐减，晶状体开始僵化，自然调节功能衰退。图 7 – 22 所示为眼睛的流变—突变规律。

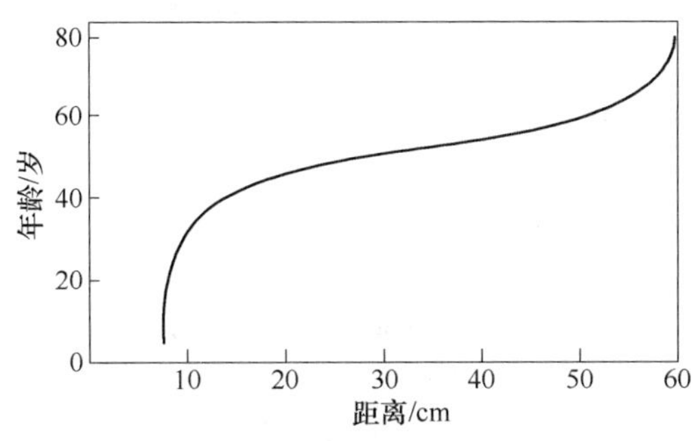

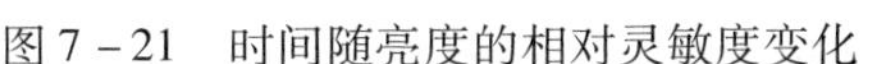
图 7 – 21　时间随亮度的相对灵敏度变化

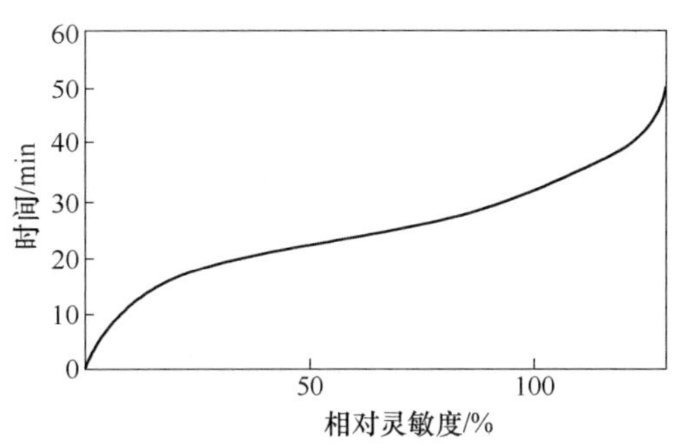

图 7 – 22　眼睛的流变—突变规律

[例 7 – 2]　人体对声音的敏感度，反映一个人的生理状况和对危险的应急能力。人随着年龄的增长，听力会逐渐下降。声音的损伤作用有两条途径，由于中枢神经系统受到影响，导致各种器官呆滞，对器官损伤的常见形式是听力损伤，此外还能增加整个肌肉的紧张状态（肌肉动作电位增加），降低皮肤电阻，血压上升等，损伤的听力还可加重老年性耳聋。图 7 – 23 即为 6kHz 频率时，随着年龄的增长，人的听力损伤情况。

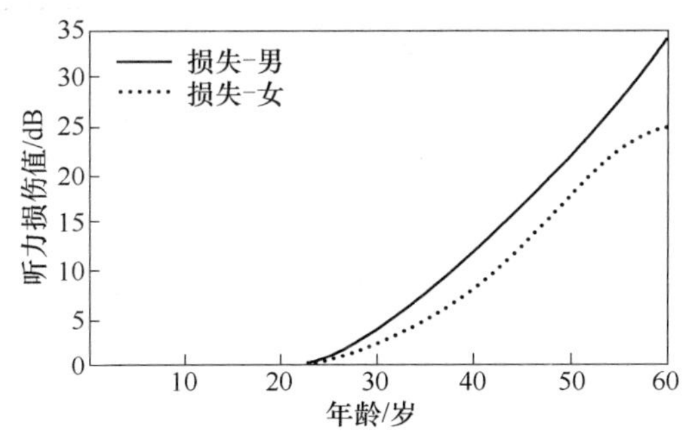

图 7 – 23　听力随时间损伤规律

7.4.2.3　人的新陈代谢与脉搏频率的流变特点

人为了维持其生理功能，需要不断与周围环境进行物质交换和能量交换。通过食物和空气中的氧，对人体提供必要的能量。为了监测和评价人所受的应力，代谢作用和脉搏频率都是重要的指标。发生在人体中的所有化学过程叫做代谢作用。人在休息时所需的物质称之为基础代谢，保证维持最重要的心脏、血液循环、呼吸与消化功能。基础代谢因人的年龄、身高、体重和性别而异。图 7 – 24 所示为基础代谢率的流变曲线。

在正常环境、没有额外心理负担，以及大部分体力劳动是由大的群肌实现时，对人的劳动载荷估价可以简单地用基础代谢来表示。当体力劳动时，肌肉需要足够的血液循环提供氧。这时，在增加血液泵出量方面，脉搏频率可作为一种体力负担的量度。脉搏对于体力劳动强度以及对其他外界刺激因素都能做出快速反应。劳动脉搏频率是由劳动时间、强度以及劳动者对该工作的适应性决定的。在平衡状态（稳定状态）时，脉搏频率与氧吸入量之间几乎呈线性关系。超过稳定状态，脉搏频率将逐渐增加，直到体力完全衰竭。如图 7 – 25 所示。

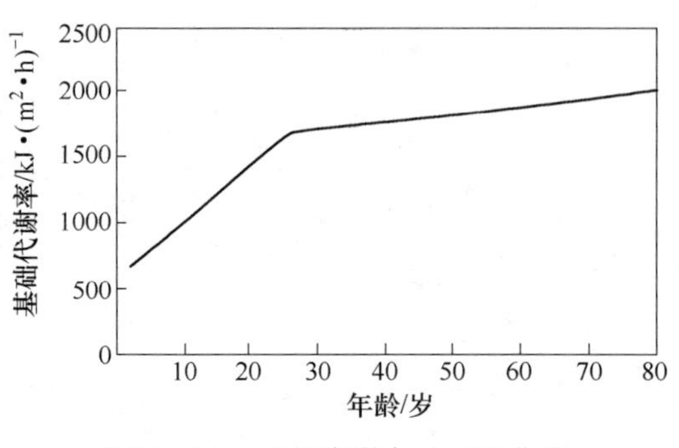

图 7－24　基础代谢率的流变曲线

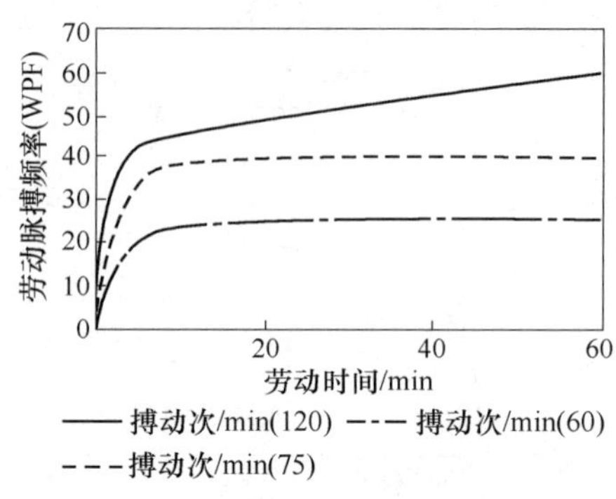

图 7－25　劳动强度与劳动时间的关系

7.4.2.4　人体不同器官随年龄流变过程（见图 7－26，图 7－27）

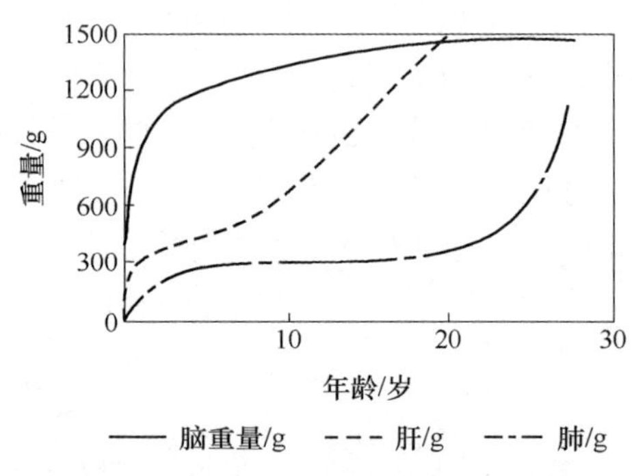

图 7－26　不同年龄各种器官的流变过程

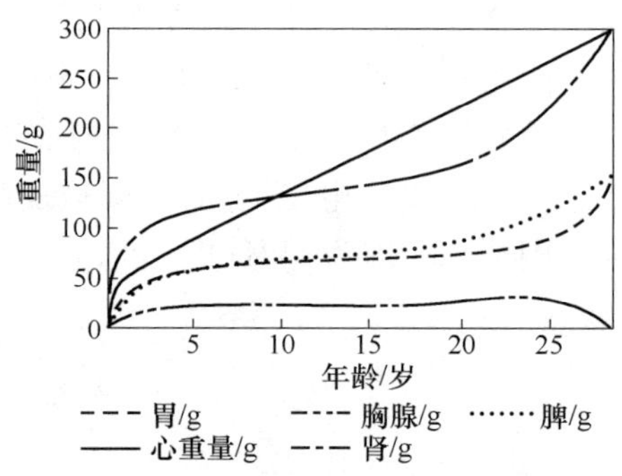

图 7－27　不同年龄各种器官的流变过程

7.4.2.5　不同年龄时心脏的工作能力的流变过程（见图 7－28，图 7－29）

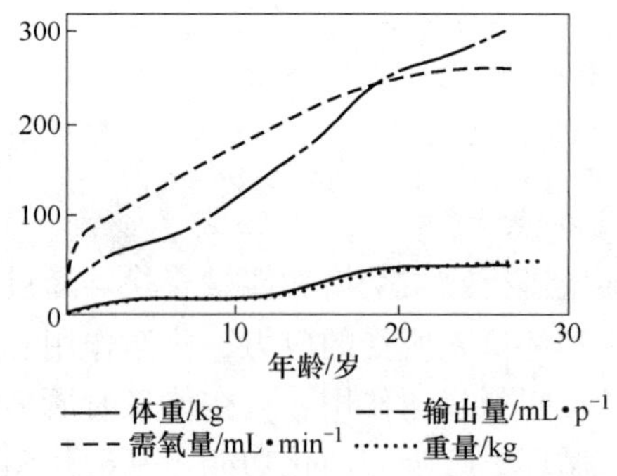

图 7－28　不同年龄心脏特征量的变化情况

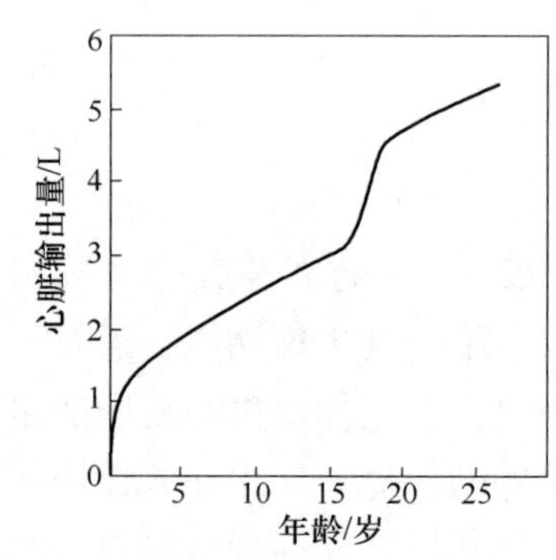

图 7－29　心脏每分钟输出量随年龄变化情况

从上面展示的图中可以看出：人体特征参数随年龄的变化具有流变的特点，下面选择其中一图详细描述流变过程。

图 7－26 是人体脑重量、肝重量、肺重量随着年龄增大的流变过程。一个婴儿诞生后，对周围世界而言，脑重量、肝重量和肺重量就突然产生。脑重量在 0～12 岁之间变化特别大，曲线向上凸，脑重量变化速度逐渐减小，脑重量变化加速度为负值；12 岁后到 26 岁前，脑重量稳定平缓地增加，脑重量变化加速度近似为 0。肝重量在 0～6 个月之间变化快，6 个月～6 岁前变化较稳定，6～18 岁之间以一稳定的速度变化，18～26 岁之间

为肝重量的第二个速度递减段，26 岁后肝重量基本保持恒定。肺重量在 0 ~ 6 岁之间变化速度呈递减趋势，6 ~ 18 岁之间肺重量基本不变化，肺重量变化速度和变化加速度均为 0，18 岁后肺重量开始迅速增加，增加速度越来越大，肺重量变化加速度为正。

习题与思考题

7 - 1　如何理解流变—突变理论的物质观、时空观和运动观?

7 - 2　如何表述安全流变与突变的全过程?

7 - 3　安全流变—突变的理论物理模型包括哪些基本元件?

7 - 4　安全流变—突变模型包括哪五个层次？试进行分析。

7 - 5　试举一个生活中的安全流变与突变的例子，并运用安全流变—突变理论加以分析。

附　　录

附录一　危险化学品重大危险源辨识

中华人民共和国国家标准 GB 18218—2018
2018-11-19 发布　2019-03-01 实施
国家市场监督管理总局、中国国家标准化管理委员会发布

前言

本标准的全部技术内容为强制性的。

本标准按照 GB/T 1.1—2009 给出的规则起草。

本标准代替 GB 18218—2009《危险化学品重大危险源辨识》，与 GB 18218—2009 相比，主要技术变化如下：

——适用范围中明确厂外运输不包括在辨识范围内［见第 1 章 d)，2009 年版的第 1 章 d)］；

——修改了危险化学品、危险化学品重大危险源的定义（见 3.1、3.4，2009 年版的 3.1、3.4）；

——增加了混合物的定义（见 3.7）；

——修改了重大危险源分类，分为生产单元重大危险源和储存单元重大危险源（见 4.1.1，2009 年版的 4.1.1）；

——修改了危险化学品名称（见表 1，2009 年版的表 1）；

——修改了危险化学品分类方法（见 4.1.2，2009 年版的 4.1.2）；

——增加了危险化学品实际存在量的确定方式（见 4.2.2）；

——增加了对混合物的辨识要求（见 4.2.3）；

——增加了重大危险源的分级方法（见 4.3）。

本标准由中华人民共和国应急管理部提出并归口。

本标准起草单位：中国安全生产科学研究院、中国石油化工股份有限公司青岛安全工程研究院。

本标准主要起草人：魏利军、王如君、多英全、师立晨、张圣柱、于立见、罗艾民、杨春生、宋占兵、杨国梁、李运才、赵文芳、王家见。

本标准所代替标准的历次版本发布情况为：

——GB 18218—2000、GB 18218—2009。

1　范围

本标准规定了辨识危险化学品重大危险源的依据和方法。

本标准适用于生产、储存、使用和经营危险化学品的生产经营单位。

本标准不适用于：

a）核设施和加工放射性物质的工厂，但这些设施和工厂中处理非放射性物质的部门除外；

b）军事设施；

c）采矿业，但涉及危险化学品的加工工艺及储存活动除外；

d）危险化学品的厂外运输（包括铁路、道路、水路、航空、管道等运输方式）；

e）海上石油天然气开采活动。

2 规范性引用文件

下列文件对于本文件的应用是必不可少的。凡是注日期的引用文件，仅注日期的版本适用于本文件。凡是不注日期的引用文件，其最新版本（包括所有的修改单）适用于本文件。

GB 30000.2 化学品分类和标签规范 第2部分：爆炸物

GB 30000.3 化学品分类和标签规范 第3部分：易燃气体

GB 30000.4 化学品分类和标签规范 第4部分：气溶胶

GB 30000.5 化学品分类和标签规范 第5部分：氧化性气体

GB 30000.7 化学品分类和标签规范 第7部分：易燃液体

GB 30000.8 化学品分类和标签规范 第8部分：易燃固体

GB 30000.9 化学品分类和标签规范 第9部分：自反应物质和混合物

GB 30000.10 化学品分类和标签规范 第10部分：自燃液体

GB 30000.11 化学品分类和标签规范 第11部分：自燃固体

GB 30000.12 化学品分类和标签规范 第12部分：自热物质和混合物

GB 30000.13 化学品分类和标签规范 第13部分：遇水放出易燃气体的物质和混合物

GB 30000.14 化学品分类和标签规范 第14部分：氧化性液体

GB 30000.15 化学品分类和标签规范 第15部分：氧化性固体

GB 30000.16 化学品分类和标签规范 第16部分：有机过氧化物

GB 30000.18 化学品分类和标签规范 第18部分：急性毒性

3 术语和定义

下列术语和定义适用于本标准。

3.1 危险化学品 dangerous chemicals

具有毒害、腐蚀、爆炸、燃烧、助燃等性质，对人体、设施、环境具有危害的剧毒化学品和其他化学品。

3.2 单元 unit

涉及危险化学品的生产、储存装置、设施或场所，分为生产单元和储存单元。

3.3 临界量 threshold quantity

某种或某类危险化学品构成重大危险源所规定的最小数量。

3.4 危险化学品重大危险源 major hazard installations for dangerous chemicals

长期地或临时地生产、储存、使用和经营危险化学品，且危险化学品的数量等于或超过临界量的单元。

3.5　生产单元 production unit

危险化学品的生产、加工及使用等的装置及设施，当装置及设施之间有切断阀时，以切断阀作为分隔界限划分为独立的单元。

3.6　储存单元 storage unit

用于储存危险化学品的储罐或仓库组成的相对独立的区域，储罐区以罐区防火堤为界限划分为独立的单元，仓库以独立库房（独立建筑物）为界限划分为独立的单元。

3.7　混合物 mixture

由两种或者多种物质组成的混合体或者溶液。

4　危险化学品重大危险源辨识

4.1　辨识依据

4.1.1　危险化学品应依据其危险特性及其数量进行重大危险源辨识，具体见表 1 和表 2。危险化学品的纯物质及其混合物应按 GB 30000.2、GB 30000.3、GB 30000.4、GB 30000.5、GB 30000.7、GB 30000.8、GB 30000.9、GB 30000.10、GB 30000.11、GB 30000.12、GB 30000.13、GB 30000.14、GB 30000.15、GB 30000.16、GB 30000.18 的规定进行分类。危险化学品重大危险源可分为生产单元危险化学品重大危险源和储存单元危险化学品重大危险源。

4.1.2　危险化学品临界量的确定方法如下：

a）在表 1 范围内的危险化学品，其临界量应按表 1 确定；

b）未在表 1 范围内的危险化学品，应依据其危险性，按表 2 确定其临界量；若一种危险化学品具有多种危险性，应按其中最低的临界量确定。

4.2　重大危险源的辨识指标

生产单元、储存单元内存在危险化学品的数量等于或超过表 1、表 2 规定的临界量，即被定为重大危险源。单元内存在的危险化学品的数量根据危险化学品种类的多少区分为以下两种情况：

4.2.1　生产单元、储存单元内存在的危险化学品为单一品种时，该危险化学品的数量即为单元内危险化学品的总量，若等于或超过相应的临界量，则定为重大危险源。

4.2.2　生产单元、储存单元内存在的危险化学品为多品种时，按式（1）计算，若满足式（1），则定为重大危险源：

$$S = q_1/Q_1 + q_2/Q_2 + \cdots + q_n/Q_n \geqslant 1 \qquad (1)$$

式中　S——辨识指标；

$q_1, q_2, \cdots, q_n$——每种危险化学品实际存在量，t；

$Q_1, Q_2, \cdots, Q_n$——与每种危险化学品相对应的临界量，t。

4.2.3　危险化学品储罐以及其他容器、设备或仓储区的危险化学品的实际存在量按设计最大量确定。

4.2.4　对于危险化学品混合物，如果混合物与其纯物质属于相同危险类别，则视混合物为纯物质，按混合物整体进行计算。如果混合物与其纯物质不属于相同危险类别，则应按新危险类别考虑其临界量。

4.2.5　危险化学品重大危险源的辨识流程参见图1。

表1　危险化学品名称及其临界量

序号	危险化学品名称和说明	别　名	CAS 号	临界量/t
1	氨	液氨；氨气	7664-41-7	10
2	二氟化氧	一氧化二氟	7783-41-7	1
3	二氧化氮		10102-44-0	1
4	二氧化硫	亚硫酸酐	7446-09-5	20
5	氟		7782-41-4	1
6	碳酰氯	光气	75-44-5	0.3
7	环氧乙烷	氧化乙烯	75-21-8	10
8	甲醛（含量>90%）	蚁醛	50-00-0	5
9	磷化氢	磷化三氢；膦	7803-51-2	1
10	硫化氢		7783-06-4	5
11	氯化氢（无水）		7647-01-0	20
12	氯	液氯；氯气	7782-50-5	5
13	煤气（CO，CO 和 H_2、CH_4 的混合物）			20
14	砷化氢	砷化三氢、胂	7784-42-1	1
15	锑化氢	三氢化锑；锑化三氢；䏲	7803-52-3	1
16	硒化氢		7783-07-5	1
17	溴甲烷	甲基溴	74-83-9	10
18	丙酮氰醇	丙酮合氰化氢；2-羟基异丁腈；氰丙醇	75-86-5	20
19	丙烯醛	烯丙醛；败脂醛	107-02-8	20
20	氟化氢		7664-39-3	1
21	1-氯-2,3-环氧丙烷	环氧氯丙烷 （3-氯-1,2-环氧丙烷）	106-89-8	20
22	3-溴-1,2-环氧丙烷	环氧溴丙烷 溴甲基环氧乙烷；表溴醇	3132-64-7	20
23	甲苯二异氰酸酯	二异氰酸甲苯酯；TDI	26471-62-5	100
24	一氯化硫	氯化硫	10025-67-9	75
25	氰化氢	无水氢氰酸	74-90-8	1
26	三氧化硫	硫酸酐	7446-11-9	1
27	3-氨基丙烯	丙烯胺	107-11-9	75
28	溴	溴素	7726-95-6	20
29	乙撑亚胺	吖丙啶；1-氮杂环丙烷；氮丙啶	151-56-4	20
30	异氰酸甲酯	甲基异氰酸酯	624-83-9	0.75
31	叠氮化钡	叠氮钡	18810-58-7	0.5

续表 1

<table>
<tr><th>序号</th><th>危险化学品名称和说明</th><th>别　名</th><th>CAS 号</th><th>临界量/t</th></tr>
<tr><td>32</td><td>叠氮化铅</td><td></td><td>13424-46-9</td><td>0.5</td></tr>
<tr><td>33</td><td>雷汞</td><td>二雷酸汞；雷酸汞</td><td>628-86-4</td><td>0.5</td></tr>
<tr><td>34</td><td>三硝基苯甲醚</td><td>三硝基茴香醚</td><td>28653-16-9</td><td>5</td></tr>
<tr><td>35</td><td>2,4,6-三硝基甲苯</td><td>梯恩梯；TNT</td><td>118-96-7</td><td>5</td></tr>
<tr><td>36</td><td>硝化甘油</td><td>硝化丙三醇；甘油三硝酸酯</td><td>55-63-0</td><td>1</td></tr>
<tr><td>37</td><td>硝化纤维素［干的或含水（或乙醇）］</td><td rowspan="5">硝化棉</td><td rowspan="5">9004-70-0</td><td>1</td></tr>
<tr><td>38</td><td>硝化纤维素（未改型的，
或增塑的，含增塑剂＜18%）</td><td>1</td></tr>
<tr><td>39</td><td>硝化纤维素（含乙醇≥25%）</td><td>10</td></tr>
<tr><td>40</td><td>硝化纤维素（含氮≤12.6%）</td><td>50</td></tr>
<tr><td>41</td><td>硝化纤维素（含水≥25%）</td><td>50</td></tr>
<tr><td>42</td><td>硝化纤维素溶液（含氮量≤12.6%，
含硝化纤维素≤55%）</td><td>硝化棉溶液</td><td>9004-70-0</td><td>50</td></tr>
<tr><td>43</td><td>硝酸铵（含可燃物＞0.2%，
包括以碳计算的任何有机物，
但不包括任何其他添加剂）</td><td></td><td>6484-52-2</td><td>5</td></tr>
<tr><td>44</td><td>硝酸铵（含可燃物≤0.2%）</td><td></td><td>6484-52-2</td><td>50</td></tr>
<tr><td>45</td><td>硝酸铵肥料（含可燃物≤0.4%）</td><td></td><td></td><td>200</td></tr>
<tr><td>46</td><td>硝酸钾</td><td></td><td>7757-79-1</td><td>1000</td></tr>
<tr><td>47</td><td>1,3-丁二烯</td><td>联乙烯</td><td>106-99-0</td><td>5</td></tr>
<tr><td>48</td><td>二甲醚</td><td>甲醚</td><td>115-10-6</td><td>50</td></tr>
<tr><td>49</td><td>甲烷，天然气</td><td></td><td>74-82-8（甲烷）
8006-14-2
（天然气）</td><td>50</td></tr>
<tr><td>50</td><td>氯乙烯</td><td>乙烯基氯</td><td>75-01-4</td><td>50</td></tr>
<tr><td>51</td><td>氢</td><td>氢气</td><td>1333-74-0</td><td>5</td></tr>
<tr><td>52</td><td>液化石油气（含丙烷、丁烷及其混合物）</td><td>石油气（液化的）</td><td>68476-85-7
74-98-6（丙烷）
106-97-8
（丁烷）</td><td>50</td></tr>
<tr><td>53</td><td>一甲胺</td><td>氨基甲烷；甲胺</td><td>74-89-5</td><td>5</td></tr>
<tr><td>54</td><td>乙炔</td><td>电石气</td><td>74-86-2</td><td>1</td></tr>
<tr><td>55</td><td>乙烯</td><td></td><td>74-85-1</td><td>50</td></tr>
<tr><td>56</td><td>氧（压缩的或液化的）</td><td>液氧；氧气</td><td>7782-44-7</td><td>200</td></tr>
</table>

续表 1

序号	危险化学品名称和说明	别　名	CAS 号	临界量/t
57	苯	纯苯	71-43-2	50
58	苯乙烯	乙烯苯	100-42-5	500
59	丙酮	二甲基酮	67-64-1	500
60	2-丙烯腈	丙烯腈；乙烯基氰；氰基乙烯	107-13-1	50
61	二硫化碳		75-15-0	50
62	环己烷	六氢化苯	110-82-7	500
63	1,2-环氧丙烷	氧化丙烯；甲基环氧乙烷	75-56-9	10
64	甲苯	甲基苯；苯基甲烷	108-88-3	500
65	甲醇	木醇；木精	67-56-1	500
66	汽油（乙醇汽油、甲醇汽油）		86290-81-5（汽油）	200
67	乙醇	酒精	64-17-5	500
68	乙醚	二乙基醚	60-29-7	10
69	乙酸乙酯	醋酸乙酯	141-78-6	500
70	正己烷	己烷	110-54-3	500
71	过乙酸	过醋酸；过氧乙酸；乙酰过氧化氢	79-21-0	10
72	过氧化甲基乙基酮（10% < 有效含氧量≤10.7%，含 A 型稀释剂≥48%）		1338-23-4	10
73	白磷	黄磷	12185-10-3	50
74	烷基铝	三烷基铝		1
75	戊硼烷	五硼烷	19624-22-7	1
76	过氧化钾		17014-71-0	20
77	过氧化钠	双氧化钠；二氧化钠	1313-60-6	20
78	氯酸钾		3811-04-9	100
79	氯酸钠		7775-09-9	100
80	发烟硝铵		52583-42-3	20
81	硝酸（发红烟的除外，含硝酸 > 70%）		7697-37-2	100
82	硝酸胍	硝酸亚氨脲	506-93-4	50
83	碳化钙	电石	75-20-7	100
84	钾	金属钾	7440-09-7	1
85	钠	金属钠	7440-23-5	10

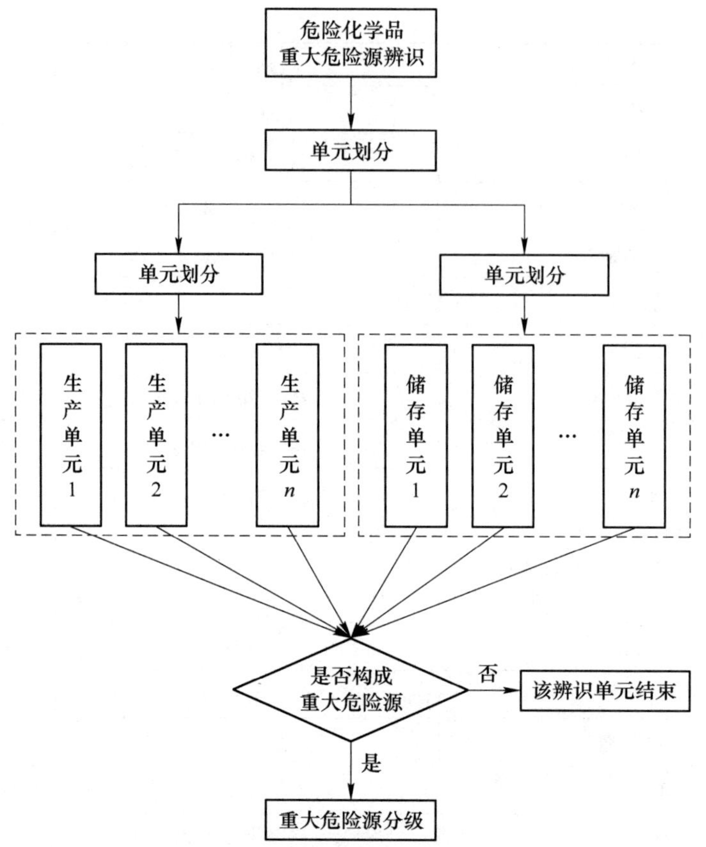

图1　危险化学品重大危险源辨识流程图

表2　未在表1中列举的危险化学品类别及其临界量

类　别	符　号	危险性分类及说明	临界量/t
健康危害	J（健康危害性符号）	—	—
急性毒性	J1	类别1，所有暴露途径，气体	5
	J2	类别1，所有暴露途径，固体、液体	50
	J3	类别2、类别3，所有暴露途径，气体	50
	J4	类别2、类别3，吸入途径，液体（沸点≤35℃）	50
	J5	类别2，所有暴露途径，液体（除J4外）、固体	500
物理危险	W（物理危险性符号）	—	—
爆炸物	W1，1	不稳定爆炸物 1.1项爆炸物	1
	W1，2	1.2、1.3、1.5、1.6项爆炸物	10
	W1，3	1.4项爆炸物	50
易燃气体	W2	类别1和类别2	10
气溶胶	W3	类别1和类别2	150（净重）
氧化性气体	W4	类别1	50

续表 2

类　别	符　号	危险性分类及说明	临界量/t
易燃液体	W5，1	类别 1 类别 2 和类别 3，工作温度高于沸点	10
	W5，2	类别 2 和类别 3，具有引发重大事故的特殊工艺条件，包括危险化工工艺、爆炸极限范围或附近操作、操作压力大于 1.6MPa 等	50
	W5，3	不属于 W5，1 或 W5，2 的其他类别 2	1000
	W5，4	不属于 W5，1 或 W5，2 的其他类别 3	5000
自然反应物质和混合物	W6，1	A 型和 B 型自反应物质和混合物	10
	W6，2	C 型、D 型、E 型自反应物质和混合物	50
有机过氧化物	W7，1	A 型和 B 型有机过氧化物	10
	W7，2	C 型、D 型、E 型、F 型有机过氧化物	50
自燃液体和自燃固体	W8	类别 1 自燃液体 类别 1 自燃固体	50
氧化性固体和液体	W9，1	类别 1	50
	W9，2	类别 2、类别 3	200
易燃固体	W10	类别 1 易燃固体	200
遇水放出易燃气体的物质和混合物	W11	类别 1 和类别 2	200

4.3　重大危险源的分级

4.3.1　重大危险源的分级指标

采用单元内各种危险化学品实际存在量与其相对应的临界量比值，经校正系数校正后的比值之和 R 作为分级指标。

4.3.2　重大危险源分级指标的计算方法

重大危险源的分级指标按式（2）计算。

$$R=\alpha\left(\beta_1\frac{q_1}{Q_1}+\beta_2\frac{q_2}{Q_2}+\cdots+\beta_n\frac{q_n}{Q_n}\right) \tag{2}$$

式中　R——重大危险源分级指标；

α——该危险化学品重大危险源厂区外暴露人员的校正系数；

β_1，β_2，…，β_n——与每种危险化学品相对应的校正系数；

q_1，q_2，…，q_n——每种危险化学品实际存在量，t；

Q_1，Q_2，…，Q_n——与每种危险化学品相对应的临界量，t。

根据单元内危险化学品的类别不同，设定校正系数 β 值。在表 3 范围内的危险化学品，其 β 值按表 3 确定；未在表 3 范围内的危险化学品，其 β 值按表 4 确定。

根据危险化学品重大危险源的厂区边界向外扩展 500m 范围内常住人口数量，按照表 5 设定暴露人员校正系数 α 值。

表 3 毒性气体校正系数 β 取值表

名 称	校正系数 β
一氧化碳	2
二氧化硫	2
氨	2
环氧乙烷	2
氯化氢	3
溴甲烷	3
氯	4
硫化氢	5
氟化氢	5
二氧化氮	10
氰化氢	10
碳酰氯	20
磷化氢	20
异氰酸甲酯	20

表 4 未在表 3 中列举的危险化学品校正系数 β 取值表

类 别	符 号	校正系数 β
急性毒性	J1	4
	J2	1
	J3	2
	J4	2
	J5	1
爆炸物	W1，1	2
	W1，2	2
	W1，3	2
易燃气体	W2	1.5
气溶胶	W3	1
氧化性气体	W4	1
易燃液体	W5，1	1.5
	W5，2	1
	W5，3	1
	W5，4	1
自反应物质和混合物	W6，1	1.5
	W6，2	1
有机过氧化物	W7，1	1.5
	W7，2	1

续表 4

类　别	符　号	校正系数 β
自燃液体和自燃固体	W8	1
氧化固体和液体	W9，1	1
	W9，2	1
易燃固体	W10	1
遇水放出易燃气体的物质和混合物	W11	1

表 5　暴露人员校正系数 α 取值表

厂外可能暴露人员数量	校正系数 α
100 人以上	2.0
50 ~ 99 人	1.5
30 ~ 49 人	1.2
1 ~ 29 人	1.0
0 人	0.5

重大危险源分级标准，根据计算出来的 R 值，按表 6 确定危险化学品重大危险源的级别。

表 6　危险化学品重大危险源的级别

重大危险源级别	R 值
一级	$R \geqslant 100$
二级	$100 > R \geqslant 50$
三级	$50 > R \geqslant 10$
四级	$R < 10$

附录二　安全专业词汇中英文对照

Accident Cause　事故原因
Accident Handling　事故处理
Accident Incidence　事故发生率
Accident Investigation　事故调查
Accident Prevention　事故预防
Accident Proneness　事故倾向性
Accident Rate　事故率
Accident - Causing Theory　事故致因理论
Accident - Proneness Models　事故倾向模型
Casualty Accidents　伤亡事故
Causal Factors　起因
Certified Safety Engineer　注册安全工程师
Corrective Action　纠正措施
Counter - Measure　干预措施
Crime Of Safety Accident　安全事故罪
Critical Safety　临界安全
Dangerous Source　危险源
Development Phase　发展阶段
Direct Cause　直接原因
Disposal Phase　处理阶段
Emergency Countermeasures　应急对策
Emergency Response Plan　应急预案
Evacuation　安全疏散
Event Tree Analysis, ETA　事件树分析法
Failure Mode Effects Analysis, FMEA　故障类型和影响分析
Fault Tree Analysis, FTA　故障树分析
Feedback Loop　反馈环
Harmful Work　有害作业
Hazard Control　危险源控制
Hazard Identification　危险辨识
Hazard Analysis　危险分析
Hazard And Operability Analysis, HAZOP　危险和可操作性研究
Hazardous Material　危险物质
Hazardous Elements　安全危害因素
High Risk Industry　高危行业
Human Errors　人因失误
Indirect Cause　间接原因
Individual Protection Articles　个体保护用品
Industrial Accidents　工伤事故
Inherently Safe System　本质安全系统
Investigation Procedure　调查程序
Job Risk Analysis, LEC　作业条件危险性评价法
Jobsite Safety Inspection　工作场所安全检查
Labor Management Committee　劳动管理委员会
Labour Protection　劳动保护
Major Accident　重大事故
Major Hazard Installations　重大危险源
Occupational Disease　职业病
Occupational Hazard　职业危害
Occupational Health And Safety Management System, OHSMS　职业安全卫生体系
Occupational Health And Safety Standards　职业安全卫生标准
Occupational Health And Safety　职业安全卫生
Operation Against Rules　违章作业
Physical Protection Devices　保险装置
Physiological Needs　生理需求
Planning And Accountability　计划与职责
Potential Accident　潜在事故
Potential Hazards　潜在危险
Potential Safety Hazard　安全隐患
Rate Of Casualty　伤亡率
Regulatory Agency　管理机构
Regulatory Framework　规章制度
Regulatory System　监管体系
Reliability Analysis, RA　可靠性分析
Review Phase　审查阶段

Risk Assessment　危险评估
Risk Rank, RR　危险指数法
Risking Taking　冒险行为
Safe Threshold Value　安全阈值
Safe Accidents　安全事故
Safe Review, SR　安全检查
Safeguard　防护设备
Safety Committee　安全委员会
Safety Criteria　安全标准
Safety Input　安全投入
Safety Management　安全管理
Safety Performance　安全性能
Safety Principle　安全规则
Safety Problem　安全问题
Safety Appraisal　安全鉴定
Safety Approval And Certification　安全认证
Safety Assessment Upon Completion　安全验收评价
Safety Check Assessment　安全考核
Safety Checklist Analysis, SCA　安全检查表分析法
Safety Cost Effectiveness　安全经济效益
Safety Culture　安全文化
Safety Economics　安全经济学
Safety Environment　安全氛围
Safety Evaluation　安全评价
Safety Factor　安全系数
Safety Monitoring　安全监测
Safety Preliminary Evaluation　安全预评价
Safety Production Target System　安全生产指标体系
Safety Regulations For Operations　安全操作规程
Safety Reliability　安全可靠性
Safety Specific Evaluation　专项安全评价
Safety Supervision　安全监察
Severity Rate　严重事故率
System Hazard　系统危害
System Risk Assessment　系统危险性评价
System Safety Analysis　系统安全分析
System's Life Cycle　系统的生命周期
Unsafe Act　不安全行为

参考文献

[1] 金龙哲，宋存义．安全科学原理［M］．北京：化学工业出版社，2004.
[2] 何学秋，等．安全工程学［M］．徐州：中国矿业大学出版社，2000.
[3] 隋鹏程，陈宝智，隋旭．安全原理［M］．北京：化学工业出版社，2005.
[4] 吴宗之．20世纪安全科学的形成与发展［J］．劳动保护杂志，1999（12）：9~10.
[5] 吴宗之．中国安全科学技术发展回顾与展望［J］．中国安全科学学报，2000，10（1）：1~5.
[6] 孙华山，吴超，刘潜，等．再论在《授予博士、硕士学位和培养研究生的学科、专业目录》中设立“安全科学与工程”一级学科［J］．中国安全科学学报，2006（10）：56~66.
[7] 吴超．安全科学学的初步研究［J］．中国安全科学学报，2007，17（11）：5~15.
[8] 刘潜．安全科学学科创建的理论回顾［J］．安全与健康，2002，（5）：32~35.
[9] 中国科学技术协会．2007—2008安全科学与工程学科发展报告［M］．北京：中国科学技术出版社，2008.
[10] 李树刚．安全科学原理［M］．西安：西北工业大学出版社，2008.
[11] 周世宁，林柏泉，沈斐敏．安全科学与工程导论［M］．徐州：中国矿业大学出版社，2005.
[12] 罗云．安全科学导论［M］．北京：中国质检出版社，中国标准出版社，2013.
[13] 张兴容，李世嘉．安全科学原理［M］．北京：中国劳动社会保障出版社，2004.
[14] 吴超，王婷，等．安全统计学［M］．北京：机械工业出版社，2014.
[15] 林柏泉，张景林．安全系统工程［M］．北京：中国劳动社会保障出版社，2007.
[16] 韦冠俊．安全原理与事故预测［M］．北京：冶金工业出版社，1994.
[17] 隋鹏程，陈宝智．安全原理与事故预测［M］．北京：冶金工业出版社，1988.
[18] 王凯全，绍辉．事故理论与分析技术［M］．北京：化学工业出版社，2004.
[19] 安全科学技术百科全书编委会．安全科学技术百科全书［M］．北京：中国劳动社会保障出版社，2003.
[20] 吴宗之．重大危险源辨识与控制［M］．北京：冶金工业出版社，2001.
[21] 中国安全生产协会注册安全工程师工作委员会．安全生产管理知识（2008年版）［M］．北京：中国大百科全书出版社，2008.
[22] 傅贵．安全管理学——事故预防的行为控制方法［M］．北京：科学出版社，2013.
[23] 邢娟娟，等．企业重大事故应急管理与预案编制［M］．北京：航空工业出版社，2005.
[24] 罗云，吕海燕，白福利．事故分析预测与事故管理［M］．北京：化学工业出版社，2006.
[25] 甄亮．事故调查分析与应急救援［M］．北京：国防工业出版社，2007.
[26] 于殿宝．事故预测预防［M］．北京：人民交通出版社，2007.
[27] 罗云．注册安全工程师手册［M］．北京：化学工业出版社，2004.
[28] 沈斐敏．安全系统工程理论与应用［M］．北京：煤炭工业出版社，2001.
[29] 蒋军成．事故调查与分析技术［M］．北京：化学工业出版社，2004.
[30] 毛海峰．现代安全管理理论与实务［M］．北京：首都经济贸易大学出版社，2000.
[31] 李适时．中华人民共和国安全生产法释义［M］．北京：中国物价出版社，2002.
[32] 金龙哲，宋存义．安全科学技术［M］．北京：化学工业出版社，2004.
[33] 罗云．风险分析与安全评价（第三版）［M］．北京：化学工业出版社，2016.